新能源发电逆变器及感应电机模型预测控制

Model Predictive Control of Renewable Energy Power Generation Inverter and Induction Motor

金　涛　沈学宇　刘　页　著

科学出版社

北　京

内 容 简 介

随着微处理器技术的迅猛发展，模型预测控制在电力电子变换器方面的应用受到了广大国内外学者越来越多的关注。本书详细介绍模型预测控制的基本理论以及该理论在新能源发电系统逆变器和感应电机中的应用。本书重点介绍逆变器在新能源发电系统并网运行时的输出电流控制、离网运行时的输出电压控制以及感应电机的预测转矩控制。

本书可供新能源并网、电力电子建模与控制、电机控制、预测控制算法及其工程应用等专业教师、研究生和技术人员参考和阅读。

图书在版编目(CIP)数据

新能源发电逆变器及感应电机模型预测控制 = Model Predictive Control of Renewable Energy Power Generation Inverter and Induction Motor / 金涛，沈学宇，刘页著. —北京：科学出版社，2020.10

ISBN 978-7-03-066398-6

Ⅰ. ①新… Ⅱ. ①金… ②沈… ③刘… Ⅲ. ①新能源-发电-逆变器-研究 ②新能源-发电-感应电机-研究 Ⅳ. ①TM61

中国版本图书馆CIP数据核字(2020)第199656号

责任编辑：范运年 霍明亮 / 责任校对：王萌萌
责任印制：吴兆东 / 封面设计：蓝正设计

科学出版社 出版
北京东黄城根北街16号
邮政编码: 100717
http://www.sciencep.com
北京捷迅佳彩印刷有限公司 印刷
科学出版社发行 各地新华书店经销
*
2020年10月第 一 版 开本：720 × 1000 1/16
2020年10月第一次印刷 印张：12 1/4
字数：246 000

定价：118.00 元

(如有印装质量问题，我社负责调换)

前言

电力是现代社会的基石之一。风能、太阳能等可再生能源利用持续深化，特高压直流、柔性直流输电等技术深入发展，分布式发电、直流配电网和微电网技术蓬勃兴起，智能移动设备和电动汽车、高铁和电驱舰船大量普及，电力电子技术在电力系统应用更加广泛，给电力系统的安全稳定运行带来了巨大的挑战。

随着电力电子技术和微处理器技术的迅速发展，模型预测控制技术以其响应速度快、输出效果好、可直接给出开关状态、可同时对多种控制目标进行优化等优势成为电力电子领域的一个热门研究课题。目前，模型预测控制已经在并网逆变、电机控制以及高压直流输电系统等多个方面得到成功的应用。

本书共分为 9 章。第 1 章为绪论，主要介绍本书的研究背景，并指出模型预测控制技术在功率变换器和电气传动控制领域的优势。第 2 章为三电平 NPC 逆变器的模型预测控制，首先建立三电平 NPC 并网逆变器的离散数学模型，然后以此为基础，详细阐述模型预测控制的基本工作原理，最后针对模型预测控制存在的运算量大、对系统模型依赖性强的问题，提出解决方法。第 3 章为不平衡电网电压下并网逆变器电流质量及功率协调控制策略，首先介绍三种不同的三相逆变器电网同步技术，并给出在不对称故障下仍能保证准确电网同步的解耦双同步参考系锁相环方法，然后建立电网电压不平衡时并网逆变器数学模型，得出输出电流平衡、有功恒定及无功恒定 3 种模式下参考电流值的计算方法，最后针对不平衡电网电压下，光伏并网逆变器出现的功率波动和过流问题，介绍一种三相并网逆变器不平衡及电流限幅模型预测控制方法，并通过 MATLAB/Simulink 仿真对所提控制策略进行初步验证。第 4 章为离网逆变器的多步模型预测电压控制，首先以负载电压为主要控制目标，建立输出端带 LC 型滤波器的离网逆变器数学模型，然后在此基础上，分析传统 FCS-MPVC 策略的基本原理，最后针对该算法优化过程存在的保守性问题，介绍一种多步模型预测电压控制技术，该方法可以在一个控制周期内同时考虑最优开关状态及次优开关状态，并确保所选开关状态在逆变器的两个控制周期内最优。第 5 章为感应电机模型预测转矩控制与数字控制系统，主要建立感应电机的可预测的离散化时间模型，基于此对传统模型预测转矩控制策略原理进行介绍。第 6 章为基于两电平逆变器的多步模型预测转矩控制，首先对两电平逆变器拓扑结构和输出电压矢量进行分析，然后给出一种简化的多步模型预测控制方法，通过省略最后一步预测式的计算达到降低多步模型预测控制算法计算量的目的。第 7 章为基于 NPC 逆变器的模型预测转矩控制，针对三电平逆变器的模型预测转矩控制预测部分所需计算时间过长的问题，介绍一种划分电压矢量扇区的模型预测转矩控制方法。第 8 章为基于 FPGA 的感应电机模型预测转矩控制，介绍一种采用 FPGA 实现模型预测转矩控制的设计方案，同时分析计算延时对模型预测转矩控制的控制性能的影响。第 9 章为实验结果与分析，通过搭建基于 Simulink Real-Time 的实时控制系统，对本书重点介绍的控制策略进行实验验证。

衷心感谢课题组成员 Daniel Nzongo 博士、Rodolfo Flesch 教授、Song Manguelle 博士、Paul Ngome、魏海斌、苏泰新、郭锦涛、Fils Lingom、黄宇升、李泽文等人对该书研究的巨大贡献。

本书成果得到欧盟 FP7 国际科技合作基金资助项目(909880)、国家自然科学基金面上项目(51977039)、国家自然科学基金国际(地区)合作与交流项目(51950410593)、清华大学电力系统及发电设备控制和仿真国家重点实验室开放基金(SKLD17KM04)的资助。在研究过程中，得到美国密歇根大学、英国帝国理工大学、巴西卡塔琳娜州立大学、清华大学电机工程与应用电子技术系、国家电网公司、中铁电气化局集团有限公司、明珠电气股份有限公司、宝亨新电气(集团)有限公司等单位领导和专家的指导与帮助，在此一并表示衷心感谢。

本书旨在抛砖引玉，由于作者水平有限，书中难免有不足之处，诚望广大读者批评指正。

作　者

2020 年 5 月 30 日

目　录

前言
第 1 章　绪论……1
　1.1　研究背景和意义……1
　1.2　逆变器运行控制技术研究现状……5
　1.3　感应电机运行控制技术研究现状……11
　参考文献……15
第 2 章　三电平 NPC 逆变器的模型预测控制……19
　2.1　三电平 NPC 逆变器模型……19
　2.2　模型预测电流控制原理及算法设计……21
　　2.2.1　并网侧预测模型的建立……21
　　2.2.2　多目标约束代价函数的构造……22
　　2.2.3　FCS-MPC 总体流程分析……24
　2.3　改进的 FCS-MPC 策略……26
　　2.3.1　延时补偿后的 FCS-MPC……26
　　2.3.2　基于分区判断的 FCS-MPC……30
　　2.3.3　仿真分析与验证……34
　2.4　基于电流差分矢量的改进无模型预测电流控制……37
　　2.4.1　负载参数变化的影响……38
　　2.4.2　IMFPCC 工作原理……38
　　2.4.3　IMFPCC 算法流程……40
　　2.4.4　仿真分析与验证……42
　2.5　本章小结……47
　参考文献……47
第 3 章　不平衡电网电压下并网逆变器电流质量及功率协调控制策略……49
　3.1　不平衡电网下的三相逆变并网同步技术……49
　　3.1.1　基本锁相环……49
　　3.1.2　同步旋转参考坐标系锁相环(SRF-PLL)……50
　　3.1.3　双二阶广义积分器锁相环(DSOGI-PLL)……52
　　3.1.4　解耦双同步参考坐标系锁相环(DDSRF-PLL)……54
　　3.1.5　仿真分析与验证……57

3.2 不平衡电网下并网逆变器的数学建模……60
3.3 并网逆变器的不平衡及电流限幅灵活控制……62
3.3.1 电流参考发生器……62
3.3.2 功率参考发生器……64
3.3.3 控制方案的总体流程分析……68
3.3.4 仿真分析与验证……69
3.4 本章小结……76
参考文献……76
第4章 离网逆变器的多步模型预测电压控制……78
4.1 三电平 NPC 离网逆变器的离散数学模型……78
4.2 多步模型预测电压控制策略……80
4.2.1 传统 FCS-MPVC 保守性分析……80
4.2.2 本章所提 FCS-MPVC-MSP 控制策略……82
4.3 仿真验证与分析……85
4.3.1 稳态分析……85
4.3.2 暂态分析……89
4.3.3 模型失配的影响……91
4.3.4 多目标 FCS-MPVC-MSP 优化控制……93
4.4 本章小结……95
参考文献……95
第5章 感应电机模型预测转矩控制与数字控制系统……97
5.1 感应电机模型与预测模型……97
5.1.1 感应电机数学模型……97
5.1.2 感应电机预测模型……99
5.1.3 磁链观测器……100
5.2 数字控制系统……101
5.3 计算延时与延时补偿……103
5.4 仿真分析与验证……105
5.5 本章小结……109
参考文献……109
第6章 基于两电平逆变器的多步模型预测转矩控制……111
6.1 两电平逆变器的多步模型预测转矩控制……111
6.1.1 两电平逆变器模型……111
6.1.2 多步模型预测转矩控制……113
6.2 基于改进的多步模型预测的感应电机模型预测转矩控制……116

6.3 仿真结果及分析……118
6.4 本章小结……123
参考文献……123
第7章 基于NPC逆变器的模型预测转矩控制……125
7.1 NPC逆变器的模型预测转矩控制……125
7.1.1 NPC逆变器模型……125
7.1.2 NPC逆变器中点电压平衡……127
7.2 简化的感应电机模型预测转矩控制……128
7.3 仿真结果及分析……130
7.4 本章小结……136
参考文献……137
第8章 基于FPGA的感应电机模型预测转矩控制……138
8.1 基于Xilinx System Generator for DSP的FPGA开发……138
8.2 基于图形化建模的模型预测转矩控制开发……140
8.3 仿真结果比较分析与基于FPGA的硬件协同仿真……149
8.3.1 仿真结果比较分析……150
8.3.2 基于FPGA的硬件协同仿真……154
8.4 本章小结……159
参考文献……159
第9章 实验结果与分析……161
9.1 基于Simulink Real-Time的实时控制系统……161
9.1.1 目标机启动……162
9.1.2 主机设置……164
9.2 新能源发电逆变器的并网和离网实验……166
9.2.1 实验平台……166
9.2.2 硬件电路设计……169
9.2.3 并网实验……171
9.2.4 离网实验……176
9.3 感应电机的模型预测转矩控制实验……179
9.3.1 基于两电平逆变器的多步模型预测控制实验……179
9.3.2 基于三电平NPC逆变器的模型预测转矩控制实验……184
9.4 本章小结……187
参考文献……188

第1章 绪　论

1.1 研究背景和意义

全球气候变化、人口增长、粮食安全及能源短缺等问题是当今世界所要面对的严峻挑战，而全球气候变化可能是未来人类社会将面临的最紧迫的威胁。应对气候变化的一种有效方式是增加风能、太阳能等新能源的使用和投资。因此，努力推动新能源发电与智能电网的融合是未来电网的重要发展方向[1,2]。

常见的新能源发电主要有太阳能发电、风力发电、海洋波浪能发电和地热能发电等。美国和德国等发达国家在新能源发电技术上具有更加成熟与广泛的应用。表 1-1 给出了部分国家未来几十年新能源发电量在电力系统总发电量中所占的比例[3]。从表 1-1 中可以看出，在世界各地，各国政府正在增加对风能、太阳能和其他形式新能源的投资。因此，世界各地新能源发电量正在迅速增长。

表 1-1　未来几十年部分国家的新能源发展计划

国家	年份			
	2004	2010	2020	2050
美国	风电比例约占 1%	新能源利用率达到 7.5%	风电比例为 5%；新能源发电比例达 20%	N/A
德国	风电比例为 4%；新能源发电比例达 8%	风电比例达到 12.5%	新能源发电比例达 20%	新能源发电比例达 50%
英国	新能源发电比例为 4.3%	新能源发电比例达到 10%	新能源发电比例达到 20%	N/A
法国	新能源发电比例达 6.8%	新能源发电比例达到 22.1%	N/A	新能源发电比例达 50%
日本	2005 年新能源利用率为 10.5%	N/A	新能源利用率达到 20%；光伏发电量比 2009 年增加 20 倍	N/A
中国	风电比例约占 0.2%	新能源发电比例达到 5.3%	风电比例达到 2%；新能源发电比例达到 12%	新能源发电利用率达到 30%

如今，由于技术的进步和经济的发展，风电机组、光伏组件和电池储能的成本越来越低，进而也使太阳能发电和风力发电得到迅速的发展，这在过去的 5 年里尤为显著。2009 年，美国风力发电机组的装机容量累计达 35GW，其中，新增机组的装机容量为 10GW。同样地，随着光伏(photovoltaic，PV)和聚焦式太阳能发电(concentrating solar power，CSP)技术的发展，美国光伏发电系统装机量涨势乐观，也超过了 2GW，其中有 1.65GW 机组并入电网。相比于 2008 年，美国开

发和新建了三座太阳能热电站，住宅太阳能市场翻一番，每年新增容量从351MW提高到481MW，增长了37%。在欧洲，新能源发电产业发展的加速推动开始于2007年3月。当时欧盟的国家首脑们达成一项具有约束力的规划目标，即到2020年，欧洲新能源发电量将占到其总发电量的20%。

我国风力发电和太阳能光伏发电的发展速度位居世界首位，并且具有巨大的潜在市场。风电装机容量增速34%，相当于每年新增加4个丹麦国家的风电装机容量。“十二五”规划期间，随着《太阳能发电“十二五”规划》等文件的发布，太阳能发电的装机容量呈现爆发式增长，年均增速为178%[4]。如图1-1所示，截至2017年年底，我国风力和太阳能发电的装机容量分别为130.3GW和163.7GW，两者的装机总容量大约占据我国电源总量的17%。我国的东北、华北和西北地区新能源发电累计装机容量达到197.3GW，占全国的67%。预计到2035年，我国“三北”地区的新能源电力总装机容量将占全国的70%。

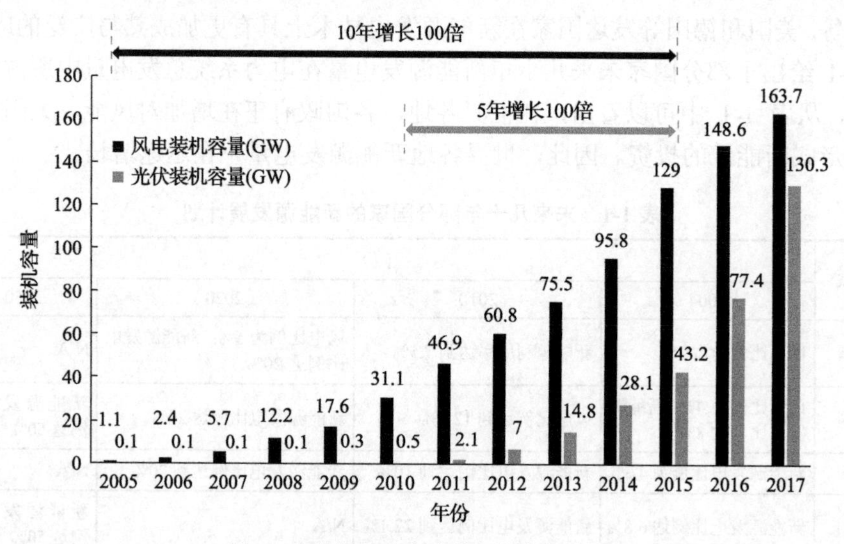

图1-1 我国风力和光伏历年装机容量

整体上，未来新能源发电产业的发展建设仍将快速进行。受弃风弃光限电、红色预警等因素的影响，短期内“三北”地区发展集中式新能源发电的空间进一步压缩，从2016年起，国内新增的新能源发电装机将开始向东、中地区转移，且该趋势仍将继续。根据《中国电力行业年度发展报告2018》，2017年我国东、中部地区新增新能源发电装机容量占全国新增新能源总装机的比例由2016年的57.9%提高至76.2%，如图1-2所示。

随着我国未来新能源占比的逐步提高，新能源发电将进入加速建设和发展时期。可以说，新能源、分布式能源、储能及需求侧资源与电网实现一体化，是电网发展史上最大的“前沿阵地”。图1-3给出了一种新能源接入微电网的典型示

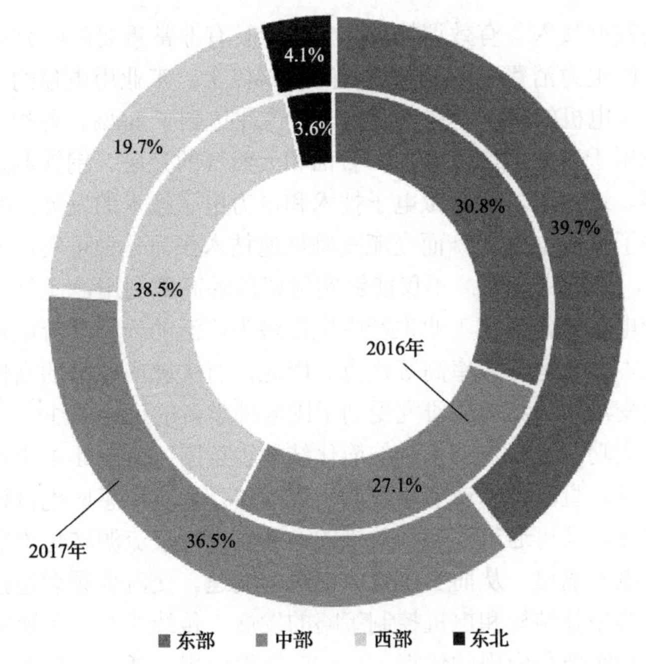

图 1-2　2016～2017 年我国不同地区新增新能源发电装机容量的占比情况

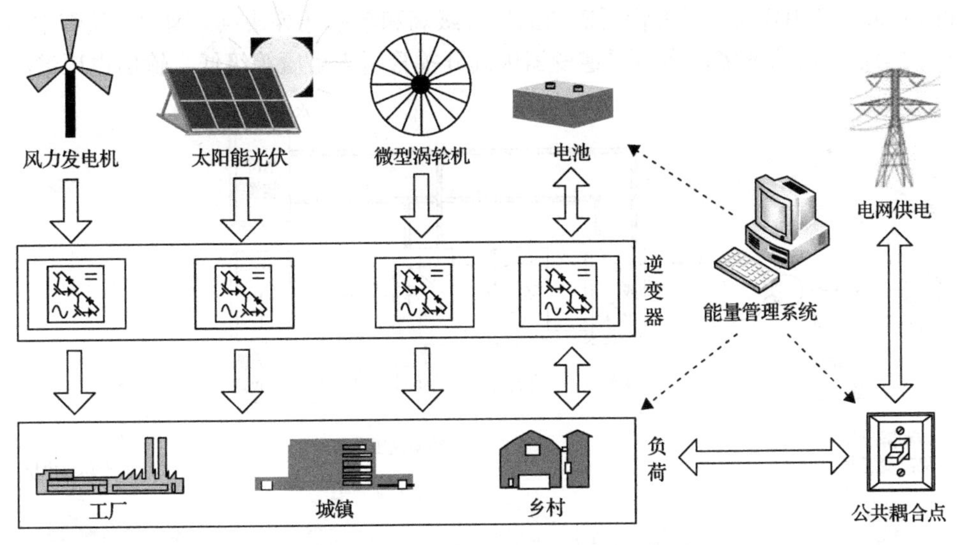

图 1-3　新能源接入微电网的典型示意图

意图，从图 1-3 中可以看出，电力电子逆变器起着连接新能源发电系统和电网、用户的“桥梁”作用。从而在新能源并入电网或者直接供给用户使用时，必须采用合理的控制策略来提高逆变器的输出电压和电流质量，才能保证电网和用户的安全稳定运行[5]。因此，如何利用各种先进控制策略来提高逆变器的性能，确保各种新能源的友好接入、有效调控及稳定运行具有非常重要的研究意义。

目前，我国电力消费占总能源消费的50%以上，工业用电量约占全社会用电量的68.8%，而电机的用电量在工业用电中占比达到了60%。各种不同功率、种类的电机被应用于工业生产，例如，石油和天然气的开采、钢铁制造和工厂的自动化生产线等。近年来，随着微电子技术和电力电子技术的发展，交流电机在工业上逐渐代替了直流电机[6,7]。而交流变频调速技术作为一种可实现节能减排目标的重要技术[8]，若推广使用，不仅能够实现资源的高效利用，而且还可以改善产品质量。感应电动机作为在工业生产中应用最为广泛的一种交流电机，具有结构简单、制造成本低和运行效率高等优点。因此，有关感应电机的高性能控制策略和电力电子逆变器拓扑结构的研究受到了国内外学者的广泛关注[9-11]。

图1-4为大功率电机传动系统的简化结构示意图。从图1-4中可看出，变频器主要由整流器、直流桥和逆变器组成。逆变器作为实现感应电机调速控制系统的重要组成部分，其可通过控制开关管的通断实现将直流源转化为所需频率和电压幅值的交流电压输出，从而实现交流电机的调速。交流变频调速技术的发展主要依赖于逆变器拓扑结构和电机控制策略的发展。传统的两电平逆变器因其控制方法简单、易于实现和应用的优点，已被广泛地应用于低压小功率的交流传动系统中[12]。尽管如此，两电平逆变器存在输出电压总谐波畸变率(total harmonic distortion，THD)高、开关管所需的耐压等级高和效率低等缺点。因此，随着中高压大功率应用的增多，多电平逆变器因其开关管所需耐压等级低、输出电压谐波

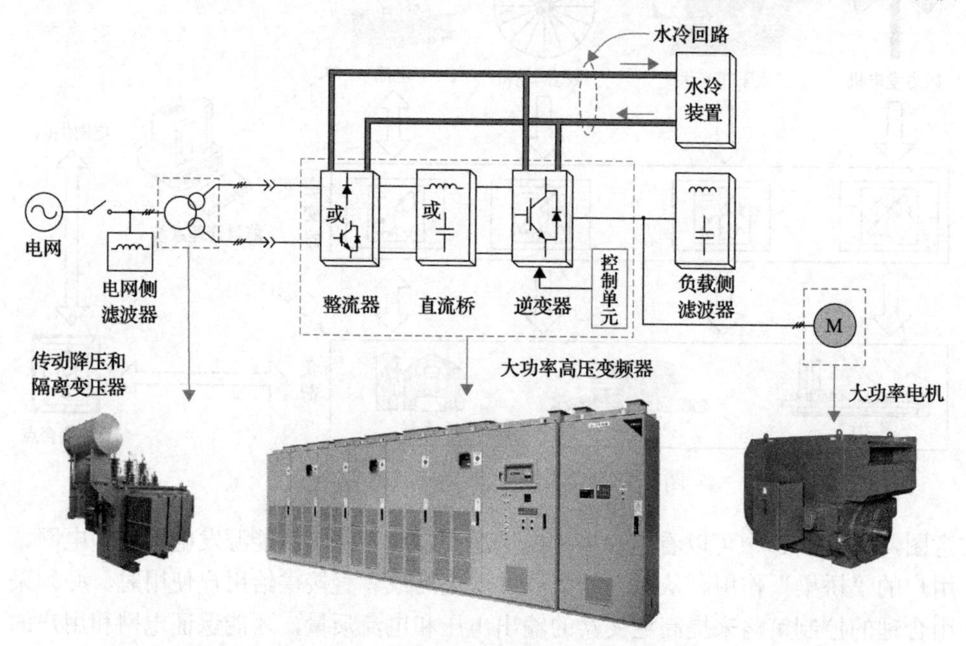

图1-4 大功率电机传动系统的简化结构示意图

含量小和效率高等优点得到了广泛应用，其中三电平 NPC 逆变器作为应用最为广泛的逆变器类型，有关其谐波抑制、拓扑结构及在交流变频调速上的控制策略等方面的研究受到了国内外研究人员的广泛关注[13-15]。

1.2 逆变器运行控制技术研究现状

由于传统集中式发电中高压输配电线路常常会遭遇强风、冰雪等极端气候条件，对电力系统的安全稳定运行产生了严重威胁，甚至造成电网的大面积、长时间停电，降低系统供电的可靠性。因此，新能源发电系统中的逆变器不仅需要具备稳定的并网运行能力，还要有离网稳定运行能力。当电网出现故障时，系统从并网运行模式切换为离网运行模式，从而保证本地关键负载仍然能够正常运行。尤其是在偏远的山区、没有电网覆盖的地区及海岛等场所，离网型新能源发电系统更是得到广泛的应用。

为了实现新能源发电系统的最大效益，必须解决若干具有挑战性的技术问题。

(1) 电网同步。如何使逆变器与电网同步[16,17]是新能源发电系统接入电网存在的最重要的问题之一。这有两种情况：一个是逆变器与电网连接之前，另一个是在运行的过程中。如果一个逆变器与电网或者即将互连的电源不同步，连接时就会出现一个很大的浪涌电流，造成设备损坏。在运行过程中，逆变器需要与相连的电源同步，系统才能正常工作。在这两种情况下，都需要准确、及时地得到电网的信息，使逆变器能够与电网电压同步。根据采用的控制策略的不同，所需的信息可以是电网的相位、频率以及电压幅值的任意组合。

(2) 功率控制。将新能源、分布式电源及储能系统等接入电网的最根本目的就是向电网注入功率，这一目标应该在可控的方式下实现。

显然，一种方法是通过直接控制注入电网的电流。另一种方法就是控制逆变器与电网两者之间的电压差。这样对于逆变器就存在电流控制策略与电压控制策略。电流控制策略易于实现，但逆变器不能参与电力系统频率和电压调节。因此，当馈入电网的电力份额足够大时，逆变器可能会影响系统的稳定。控制电压比控制电流难度大，但控制电压的逆变器易参与系统频率和电压的调节。当新能源发电、分布式发电以及储能系统的渗透率达到一定的程度时，这一点就变得十分重要。这些电源的表现越接近传统的同步发电机，则电网运行就越稳定。

(3) 电能质量控制。电能质量是一套可能影响电力系统正常功能的电气性能的指标，它用来描述供给负载的电能的质量。电能质量差，电气设备(或负载)就可能发生故障，提前发生故障或根本无法运行。电能质量可用不同方式来描述，如供电连续性、幅度与频率变化、瞬态变化、波形的谐波含量、低功率因数和相位失衡等。

通过逆变器接入电网的新能源发电、分布式发电和储能系统可能会造成严重的电能质量问题。在这些应用当中，一个主要的电能质量问题就是逆变器提供的电压和注入电网的电流由脉冲宽度调制(pulse width modulation，PWM)开关引起的谐波问题以及负载电流的谐波问题。

(4) 故障穿越。当新能源发电、分布式发电和储能系统在电网中的渗透率达到一定程度时，就要求它们在发生短时故障如电压跌落、相位跃变及频率变化等情况发生时具备故障穿越能力[18]。新的并网接入规则要求，并网逆变器在电网发生短时电压降落时，仍需保持不脱网正常运行。只有当故障非常严重时，才可以与电网脱离连接。

图 1-5 给出了在不同的时间尺度、不同的电压扰动，我国电力系统对光伏发电机组并网/离网的要求。2012 年，国家电网公司在颁布的《光伏发电站接入电力系统技术规定》(GB/T 19964—2012) 中明确提出要求，当电网电压跌落到如图 1-5 所示的曲线 I 以下区域时，光伏逆变器可以从电网切出[19]。根据要求，逆变器在低电压穿越(low voltage ride through，LVRT)过程中，应当采用合理的控制策略实现逆变器在电网稳定运行状态、低电压穿越运行状态和有功恢复三种运行状态之间的平稳过渡。

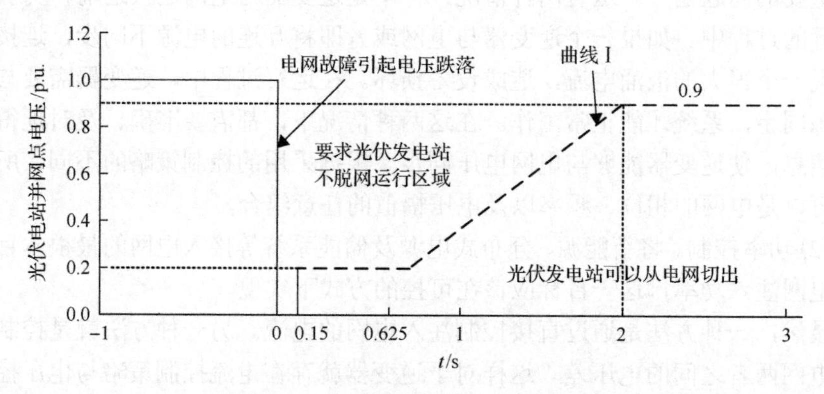

图 1-5　光伏逆变器的 LVRT 曲线

(5) 反孤岛。这里的孤岛指的是电网由于误操作、停电维修或故障等原因发生跳闸后，新能源发电或其他储能系统等继续向电网输送电能的现象[20]。对没有意识到电路依然带电的电力工作者来说，孤岛现象是十分危险的，孤岛还会妨碍装置的自动重合闸。因此，必须对孤岛现象进行检测，涉及的新能源发电、分布式发电以及储能系统必须要和电网断开连接，这就是反孤岛。不过，反孤岛经常还可以用作备用电源系统，当与电网断开连接后，可以向地方电网提供电源。

通过上述内容分析可知，逆变器的控制存在着几个非常重要的问题。例如，如何实现逆变器可以工作在并网或离网模式，以及如何最大限度地减少逆变器在不同运行模式切换时的动态变化，甚至做到无缝切换；如何实现逆变器的同步并网；如何确保并网逆变器的友好连接，使其并网时对电网的影响最小；在不平衡负载或非线性负载下如何确保输送给本地负载的电能质量等。

逆变器的控制策略是实现这些目标的关键技术。下面本书将对比例积分(proportional integral，PI)控制、比例谐振(proportion resonant，PR)控制、滞环比较控制、重复控制、预测控制5种控制策略进行介绍。

(1) PI 控制。PI 控制技术以其原理简单、理论成熟等特点在并网逆变器中获得较为普遍的应用。图 1-6 给出了并网逆变器在电网发生低电压穿越下的正序 PI 控制框图。开关 K 用来选择切换 dq 轴电流的设定参考值 I_{dq}^*。当检测到并网点电压发生跌落时，控制器可以根据无功功率[21]或电压跌落量[22]对参考值 I_q^* 进行设定。考虑到逆变器容量的限制，再根据虚线框 1 计算得到参考值 I_d^*。该方法所需调节参数少，易于实现，但无法对并网电流实现无静差跟踪，且动态响应速度慢。不合适的控制参数，容易导致并网电流超过最大允许范围，影响系统的安全可靠运行。因此，有学者在外环中引入逆变器直流侧电压和并网电流等前馈量，如图 1-6 中虚线框 2 所示。该方法提高了控制器输出电流对系统扰动的响应速度，同时可以确保直流母线电压的稳定[23]。但是该方法只适用于三相对称电压跌落的故障类型，对于不对称电压暂降下的故障穿越，该方法无法有效地进行控制。

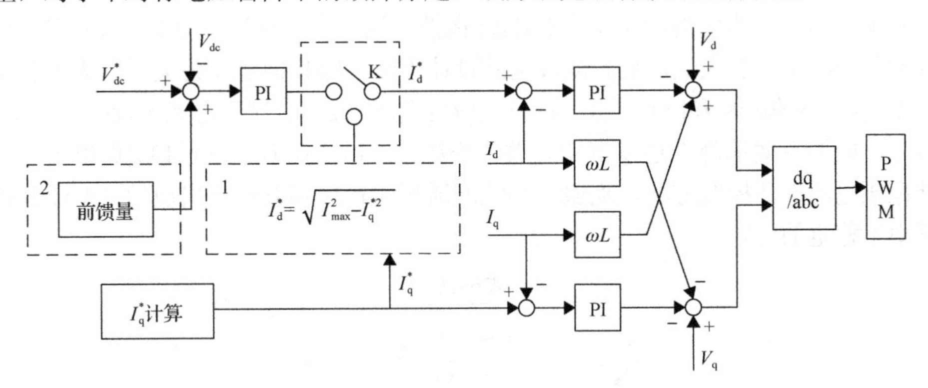

图 1-6 正序 PI 控制框图

(2) PR 控制。PR 控制实质上是对 PI 控制的改进，它的基本思想是在比例环节中引入谐振环节，目的在于增大谐振频率处系统的开环增益，提高控制系统的抗干扰能力，实现零稳态误差，有效地解决了正序 PI 控制无法对逆变器输出电流进行无静差跟踪的问题[24,25]，典型 PR 控制框图如图 1-7 所示。与 PI 控制相比，PR 控制在 αβ 坐标系中即可完成控制目，无须复杂的 dq 坐标转换和前馈解耦环节。

为了进一步地提高并网逆变器在电网电压出现波动时的控制性能，文献[26]在 PR 控制器的基础上，引入正序网压前馈环节，如图 1-7 虚线框所示，增强了控制系统的动态响应能力。由于并网逆变器多采用 LCL 滤波，尤其是在大容量的光

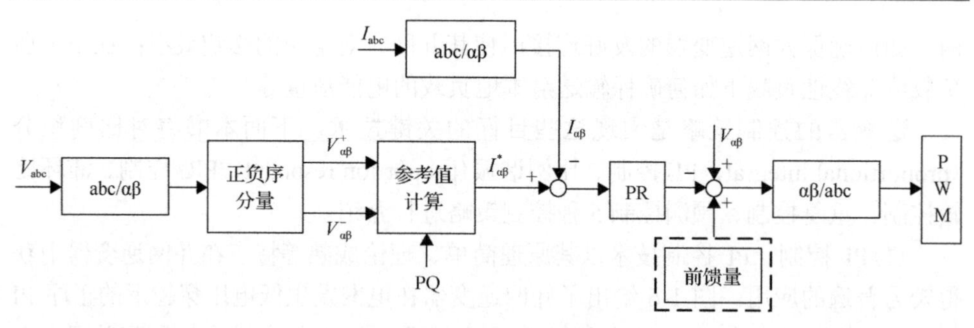

图 1-7　典型 PR 控制框图

伏并网发电系统中，为此，文献[27]采用多环控制方式，将电容电流反馈引入控制中，通过对逆变器 DC 环节电容两端电压和电网侧电压的分开控制，有效地抑制电路谐振发生，保证并网系统稳定性。

(3) 滞环比较控制。图 1-8 给出了电流滞环比较控制的典型控制框图。首先它将检测到的逆变器输出电流与其相应的参考电流作比较，然后把误差信号 Δi 送入滞环比较器。当误差小于所设置的滞环环宽 Δh 时，开通逆变器功率开关管；反之则关断功率开关管，从而将输出电流误差 Δi 控制在环宽内。该方法以其稳定性强、结构简单、动态响应快以及对被控对象参数变化不敏感等突出优势，在逆变器的控制中得到广泛的使用。但由于环宽 Δh 在控制过程中是维持不变的，从而造成逆变的开关频率不受限制，导致滤波电感设计困难，EMI 问题尤为突出。为了解决这个问题，文献[28]和[29]提出一种自适应可变环宽 Δh 的滞环电流比较控制方法，该方法能够有效地降低逆变器的开关工作频率，减少损耗。文献[30]提出了一种准恒频电流滞环控制方法，克服了传统的滞环比较控制方法中出现的逆变器开关频率不稳定的问题。

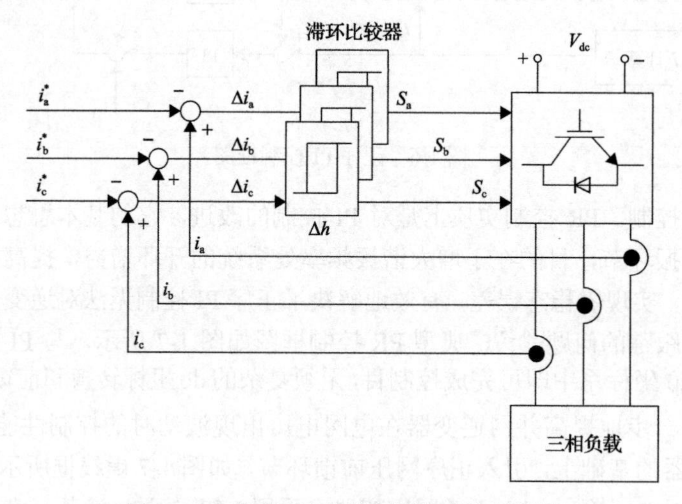

图 1-8　电流滞环比较控制的典型控制框图

(4)重复控制。对于一个控制系统，其主要目标之一是使系统在克服外界扰动的同时，仍然能够渐进地逼近、跟踪参考信号。根据内模原理，为了获得良好的控制跟踪和抑制干扰效果，需要将控制系统参考信号和干扰信号的模型包含在闭环内。一种解决方案是采用重复控制技术，它的系统结构如图 1-9 所示，其内部模型是由延时环节 Z^{-N} 形成的局部正反馈回路。重复控制的基本原理是它首先检测原控制系统中一个基波周期内的跟踪误差，然后在原来的控制信号上叠加一个修正量或校正信号来减小这个控制误差，从而很好地消除由于重复扰动而引起的控制系统稳态误差。但由于延时环节 Z^{-N} 的存在，系统的动态响应较慢。为了改善控制系统的动态响应速度，文献[31]在传统重复控制方法的基础上引入了状态反馈；文献[32]利用零相位跟踪技术减少系统延时，并通过动态延迟环节处理指令信号，从而抑制了 PI 控制器和重复控制控制器之间的耦合，可以取得较好的控制效果。

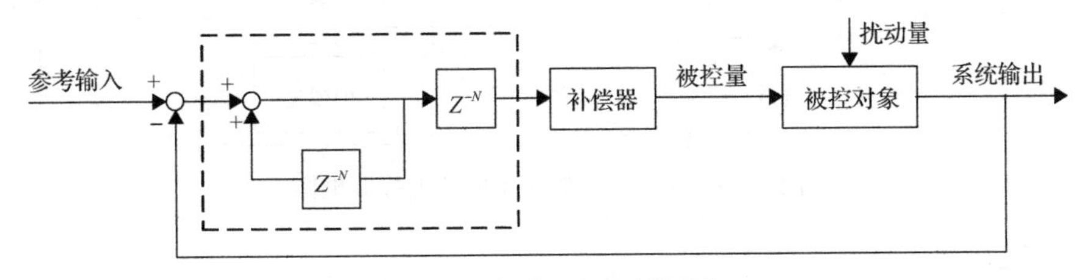

图 1-9 典型重复控制框图

(5)预测控制。随着微处理器与高速数字信号处理(digital signal processing，DSP)技术的迅猛发展，预测控制技术在电力电子领域也得到了越来越广泛的应用。在众多控制技术中，预测控制是一种新型的、比较先进的控制技术。预测控制的基本思想是使用系统模型来预测控制变量未来的变化情况，再依据预先定义的最优准则，来确定控制器的最优操作方式。无差拍控制和模型预测控制(model predictive control，MPC)是目前比较常用的两种预测控制方法，其中 MPC 又包括连续控制集模型预测控制(continuous control set-MPC，CCS-MPC)[33]和有限控制集模型预测控制(finite control set-MPC，FCS-MPC)[34,35]两类。与 CCS-MPC 相比，FCS-MPC 的主要优点是无须调制单元，而且，FCS-MPC 还可以直接根据逆变器的离散化模型和开关状态的有限特性，计算出逆变器的最优开关状态，控制灵活，概念直观。下面将对无差拍控制和 FCS-MPC 作简要的分析。

1)无差拍控制

无差拍控制技术的典型控制框图如图 1-10 所示，该方法主要是在已知系统状态方程的基础上，结合系统输出的反馈电流信号来计算出下一个控制周期逆变器的开关状态，从而保证下一个采样时刻的参考信号与实际信号之间的误差为零，实现并网电流的精准控制。同时，它可以利用监测得到的电网电压数据组成前反馈量，来抑制电网电压波动对控制系统造成的影响，具有很好的动稳态性能。但无差拍控制需要进行精确的系统建模，当在某些情况下很难获得准确的系统参数值时，系统的控制性能会大大降低，甚至影响控制系统的稳定性。为了解决这个问题，文献[36]提出了一种基于两次电流采样的改进无差拍控制，减少了滤波电感变化对控制性能的影响，提高了系统稳定性。文献[37]将无差拍控制引入了新能源发电领域，提出一种新型无差拍功率控制策略。

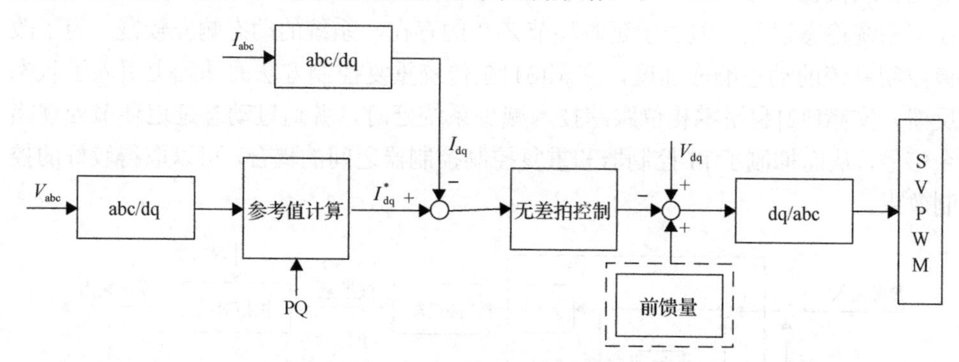

图 1-10　无差拍控制技术的典型控制框图

2) FCS-MPC

FCS-MPC 是一种基于系统离散时间模型的闭环优化控制技术。按照控制变量的不同，FCS-MPC 可以分为有限控制集模型预测电流控制(FCS-model predictive current control，FCS-MPCC)[38]、有限控制集模型预测电压控制(FCS-model predictive voltage control，FCS-MPVC)[39]和有限控制集模型预测直接功率控制(FCS-model predictive direct power control，FCS-MPDPC)[40]。

Rodriguez 等在文献[41]中首次将 MPC 引入电力电子变换器控制，并取得较好的控制效果。它的基本思路是首先使用系统的离散数学模型对控制变量在未来时刻的某一预定义时间段内的变化进行预测，然后利用定义代价函数来表示期望的系统行为，最后通过最小化代价函数来确定未来时刻变换器的最优操作方式。图 1-11 给出了逆变器的通用 FCS-MPC 方案。其中逆变器可采用任意拓扑结构，相数也不受限制。图 1-11 中的通用负载可以是电网、电机或其他无源、有源负载。在整个控制过程中，逆变器所有可能的开关状态将分别使用被测变量 $x(k)$，来计算出控制变量(电压、电流或开关状态)的预测值 $x_i^{\mathrm{p}}(k+1)$，$i=1,2,\cdots,n$。然后再利用代价函数对每一个预测值 $x_i^{\mathrm{p}}(k+1)$ 进行评价。同时，考虑参考值 $x^*(k)$ 和相应的限制条件(开关频率的降低或 DC 环节中性点电压的平衡等)，最终选定最优开关状态 S，并将其应用在逆变器上。

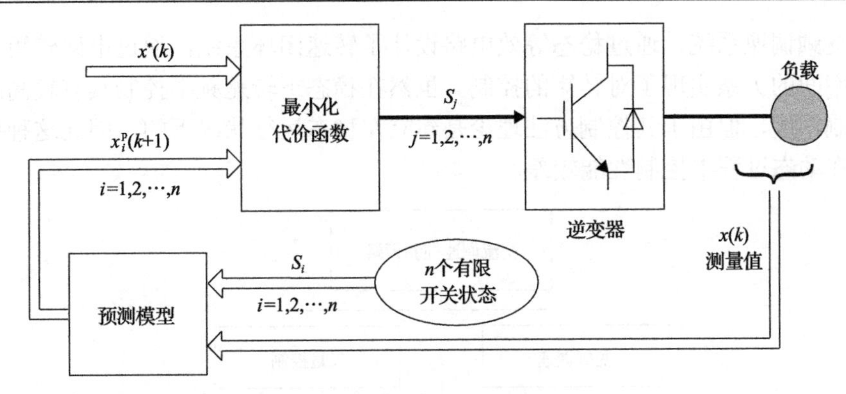

图 1-11 FCS-MPC 控制框图

表 1-2 给出了逆变器六种不同控制策略的优缺点比较。综合比较来看，FCS-MPC 具有响应速度快、输出效果好、可直接计算出逆变器开关状态、可同时对多种控制目标进行控制等优势[42,43]。目前，FCS-MPC 技术已经在电机控制[44,45]、并网逆变器[46,47]、离网逆变器[48,49]以及高压直流输电系统[50,51]等多个方面得到广泛的应用。为此，本书对 FCS-MPC 进行深入研究。

表 1-2 不同控制策略优缺点比较

控制策略	优点	缺点
PI 控制	控制原理简单、调节参数少	只适合于电压对称跌落的情况、响应速度慢、参数影响大
PR 控制	无须 dq 变换、易实现无静差调节和低次谐波补偿、可以有效地消除谐波	对模拟器件参数精度和数字系统精度要求高、只对固定频率有效
滞环比较控制	控制原理简单、易实现、对电路参数变化不敏感、动态响应快	开关频率不固定、滤波参数设计困难、EMI 问题突出
重复控制	系统跟踪精度高、静态性能好	有延时、系统动态响应慢
无差拍控制	精度高，无需对电流量进行正、负序分解	算法复杂、对电路参数变化敏感、计算量大、存在固定时滞后
FCS-MPC	概念直观、控制灵活、无须调制器、具有较好的动稳态性能	逆变器开关频率不固定

1.3 感应电机运行控制技术研究现状

自 20 世纪 70 年代全控电力电子器件诞生以来，交流变频调速技术得到了飞速的发展，图 1-12 为各种交流电机的控制策略分类图。转速开环恒压频比的控制方式是早期最为常用的一种调速方式，其具有控制简单、可靠、不需要转速反馈的优点，但是在调速过程中，为了防止励磁电流过大而烧坏绕组，需要保持电机磁通维持在额定运行状态。并且由于其为开环控制，因此控制方法的动静态性能有限，只适用于对电机动静态性能要求不高的场合。之后出现的转差频率控制的变压变频调速系统，通过稳态等效电路设计了转速闭环系统，通过电磁转矩与转差频率间的关系实现了对转矩的控制。虽然在稳态下转差频率控制具有较高的转速控制精度，但由于其控制方法理论是建立在稳态运行状况下的，因此这种控制方法在动态过程中控制性能较差。

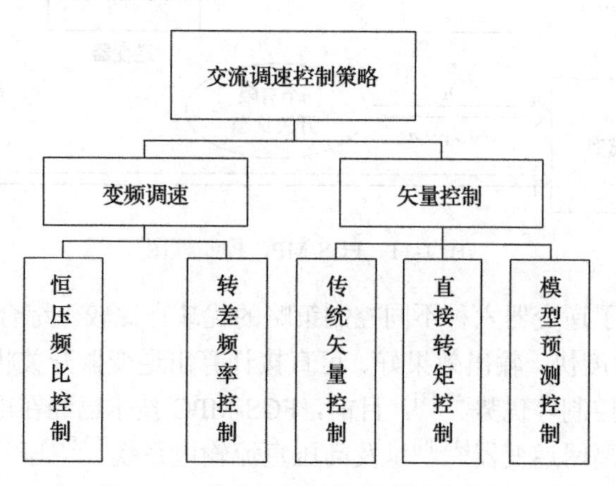

图 1-12　交流电机的控制策略分类图

矢量控制(vector control，VC)的技术理论最早由达姆施塔特工科大学 Hasse 发表。1971 年西门子公司的 Blaschke 又将这种一般化的概念转化成系统理论，并以磁场定向控制(field oriented control，FOC)的名称发表[52]。矢量控制方法的提出，使得交流电机调速技术迈入了一个新的台阶，使得本被广泛地应用于高性能调速领域的直流电机逐渐地被交流电机所取代。经过多年来各国学者和工程师的研究、实践和不断的完善，形成了现在的被广泛地应用的矢量控制系统。矢量控制的基本原理是通过同步旋转坐标变换，将交流电机电流中的转矩分量和励磁分量进行解耦，将复杂的交流电机控制转换为简单的直流电机转矩控制，并通过控制输入电流实现对交流电机转矩的调节[53]。

上述矢量控制首先通过将定子电流经三相/两相(abc/αβ)和两相/两相(αβ/dq)旋转坐标变换获得转子同步旋转 dq 轴坐标系下的 dq 轴电流，然后根据转子磁链幅值和电磁转矩与电流的关系式可得转子磁链幅值的大小只取决于 d 轴上的电流 i_{sd}，而 q 轴上的电流 i_{sq} 与电磁转矩成正比。因此，i_{sd} 可用于转子磁链的控制，i_{sq} 可用于电机电磁转矩的控制。之后再通过转速外环和电流内环实现了交流电机的调速。矢量控制系统具有优良的动静态性能、转矩的控制可以在 ms 级完成和调速范围大等优点，但是其也存在着控制效果受参数影响较大、计算量大等问题。同时由于 PI 控制器的响应速度较慢，使得矢量控制在转矩和转速突变时，动态响应速度较慢[54-57]。

直接转矩控制(direct torque control，DTC)的理论最早由德国鲁尔大学的 Depenbrock 教授于 1985 年提出。其基本思想是根据定子磁链的运动方向，将有效电压空间矢量与电磁转矩的增减对应起来。通过直接控制电磁转矩和定子磁链实现系统的快速响应。直接转矩控制通过定子磁链和转矩估计，判断定子磁链所在扇区和获得转矩和磁链偏差值。之后根据偏差值和扇区查表获得需输出的开关状态。直接转矩控制相较于矢量控制具有计算量少、转矩响应快和对参数精度要求低等优点，但其对转矩的控制不如矢量控制平稳[58-61]。

随着数字控制器计算性能的不断提升，模型预测控制因其原理简单、动态响应迅速和多变量控制等优点，近年来在电气传动领域受到了广泛的关注。相较于DTC，MPC在电压矢量的选择上更为精确和高效，并且在稳态下拥有更小的转矩脉动[62]。与FOC相比，MPC虽然在电流THD上不如FOC，但在动态性能上要优于FOC[63]。因此，研究人员希望从MPC入手，以此获得更为优良的交流电机控制性能。

1) 模型预测电流控制

模型预测电流控制将采样获得的三相定子电流通过三相/两相(abc/αβ)坐标变换获得αβ坐标系下定子电流 $i_{s\alpha}$ 和 $i_{s\beta}$，并通过磁链观测器和电机预测模型实现对各电压矢量产生电流的预测。之后通过代价函数优选获得最优的定子电流 $i_{s\alpha}$ 和 $i_{s\beta}$ 的控制，获得所需的αβ轴电流，从而实现对电机的转矩和转速控制。

图1-13为模型预测电流控制系统结构图，从图1-13中可看出，模型预测电

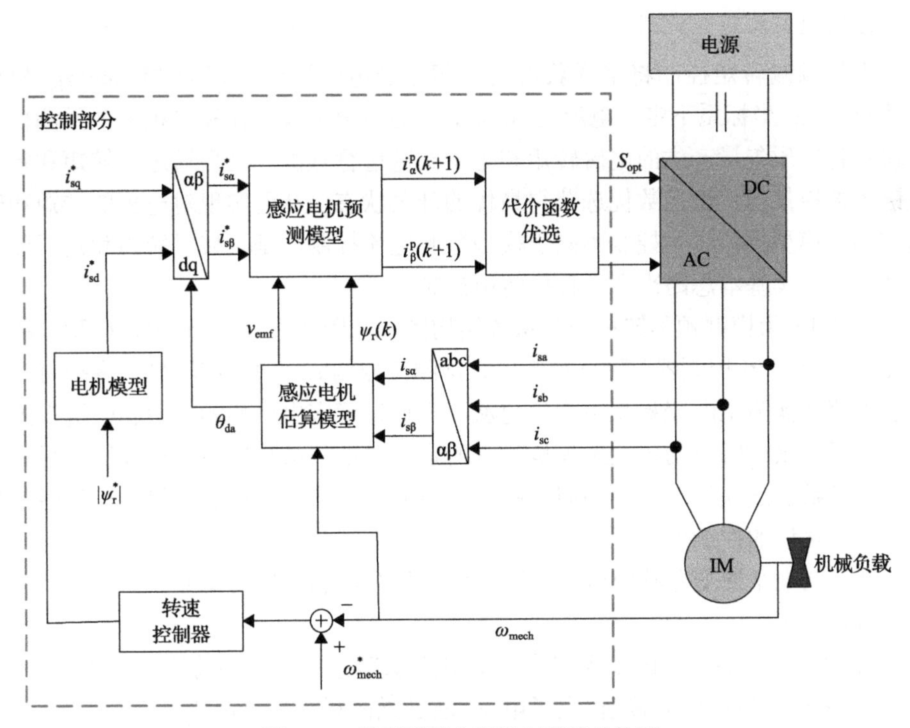

图1-13 模型预测电流控制系统结构图

流控制由转速控制器、磁链观测器和预测电流部分组成。与矢量控制方法的相同点是都通过旋转坐标变换将定子电流的转矩分量和励磁分量进行解耦，从而通过 dq 轴电流分别控制转矩和磁链。不同点在于采用了电压矢量和预测模型对下一采样时刻的电流值进行了预测，并通过代价函数评估所有可能的电流预测值优选出所需的开关状态应用于下一控制周期。一般模型预测电流控制的代价函数为电流 i_{sd} 和 i_{sq} 与参考值差的绝对值相加。

针对两电平逆变器感应电机控制系统，每个控制周期的模型预测电流控制的算法流程如下：

(1) 将上一个控制周期内计算获得的最优开关状态应用于当前控制周期。

(2) 采样获得电机的转速、定子电流，通过磁链观测器对转子磁链进行估计。

(3) 根据离散的感应电机预测模型、采样获得的转速、定子电流和转子磁链估计值计算获得各电压矢量对应的 dq 轴坐标系下的定子电流预测值。

(4) 通过预先构建好的代价函数对各电压矢量进行优选，选择代价函数值最小的电压矢量，并在下一个控制周期输出对应的开关状态。

模型预测电流控制相较于矢量控制，以电机模型预测的方式代替了矢量控制的电流内环的 PI 控制。由于 PI 控制器响应调节速度较慢，因此模型预测电流控制的动态性能要优于矢量控制[64-66]。

2) 模型预测转矩控制

模型预测转矩控制将采样获得的三相定子电流通过三相/两相 (abc/αβ) 坐标变换获得 αβ 坐标系下定子电流 $i_{s\alpha}$ 和 $i_{s\beta}$，并通过磁链观测器和电机离散预测模型实现对各电压矢量产生的电磁转矩和定子磁链进行预测。之后通过由转矩和定子磁链为被控量的代价函数优选获得最优的开关状态，从而实现对电机的转矩和转速控制。模型预测转矩控制不同于模型预测电流控制，是直接以转矩和定子磁链为被控量，其基本思路来源于直接转矩控制。

图 1-14 为模型预测转矩控制系统结构图，从图 1-14 中可看出，模型预测转矩控制系统由 PI 控制器、磁链观测器、预测部分构成。通过旋转坐标变换将三相定子电流转换为 αβ 坐标系下定子电流，再通过感应电机预测模型和磁链观测器计算对下一采样时刻的各电压矢量对应的定子磁链矢量和转矩进行预测。最后通过代价函数优选获得下一控制周期所需应用的开关状态，从而获得转速和磁链与给定值较接近的控制效果。

针对两电平逆变器感应电机控制系统，每个控制周期的模型预测转矩控制的算法流程如下：

(1) 将上一控制周期内计算获得的最优开关状态应用于当前控制周期；

(2) 采样获得电机的转速、定子电流，通过磁链观测器对定转子磁链进行估计；

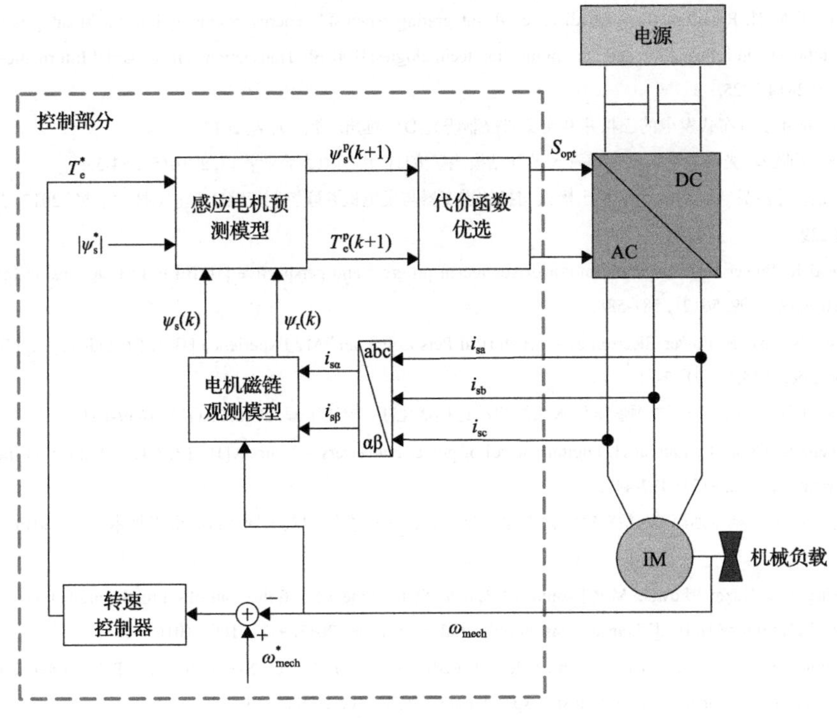

图 1-14 模型预测转矩控制系统结构图

(3) 根据离散的感应电机预测模型、采样获得的转速、定子电流和定转子磁链估计值计算获得各电压矢量对应的转矩和定子磁链预测值；

(4) 通过预先构建好的代价函数对各电压矢量进行优选，选择代价函数值最小的电压矢量，并在下个控制周期输出对应的开关状态。

相比于直接转矩控制，模型预测转矩控制通过平衡定子磁链和转矩的控制权重，能够获得更好的转矩和磁链控制效果。而与模型预测电流控制相比，其无须进行复杂的坐标变换，控制原理更为直观，因此受到了研究人员的广泛关注[67-69]。文献[12]根据磁链和转矩的变化趋势划分扇区进行预测，从而降低控制算法的计算量。文献[14]通过在代价函数中加入中性点电压平衡和开关频率的权重，从而在软件上实现了 NPC 逆变器的中性点电压平衡，降低了逆变器的开关频率。文献[70]通过推导磁链和转矩间的解析关系，提出了一种无须进行权重设计的模型预测磁链控制，免除了烦琐的权重设计过程。同时，为了解决模型预测转矩控制转矩脉动较大的问题，相关研究人员提出多步预测、矢量合成等方法[71-73]。

参 考 文 献

[1] 钟庆昌，托马斯·霍尔尼克. 新能源接入智能电网的逆变控制关键技术[M]. 钟庆昌，王晓琳，曹鑫译. 北京：机械工业出版社, 2016.

[2] Rehmani M H, Reisslein M, Rachedi A, et al. Integrating renewable energy resources into the smart grid: Recent developments in information and communication technologies[J]. IEEE Transactions on Industrial Informatics, 2018, 14(7): 2814-2825.

[3] 李宾. 应用于分布式发电的三相并网逆变器控制研究[D]. 杭州: 浙江大学, 2013.

[4] 王基, 汪晓露. 光伏发电年度规模管理及补贴模式研究[J]. 中国电力企业管理, 2016(5): 54-55.

[5] 张雪妍, 马伟明, 付立军, 等. 基于模式切换的逆变器与发电机并联控制策略[J]. 电工技术学报, 2017, 32(18): 220-229.

[6] Bose B K. Power electronics and motor drives recent progress and perspective [J]. IEEE Transactions on Industrial Electronics, 2009, 56(2): 581-588.

[7] Brusso B, Bose B. Power Electronics — Historical Perspective and My Experience [J]. IEEE Industry Applications Magazine, 2014, 20(2): 7-81.

[8] 杨辉, 王洋洋, 陆荣秀. 变频恒压供水系统启动过程优化[J]. 控制工程, 2016, 23(11): 1639-1645.

[9] Buccella C, Cecati C, Latafat H. Digital control of power converters—A survey[J]. IEEE Transactions on Industrial Informatics, 2012, 8(3): 437-447.

[10] 张建坡, 赵成勇, 孙海峰, 等. 模块化多电平换流器改进拓扑结构及其应用[J]. 电工技术学报, 2014, 29(8): 173-180.

[11] Rodriguez J, Kazmierkowski M P, Espinoza J R, et al. State of the art of finite control set model predictive control in power electronics[J]. IEEE Transactions on Industrial Informatics, 2013, 9(2): 1003-1016.

[12] Habibullah M, Lu D C, Xiao D, et al. Selected prediction vectors based FS-PTC for 3L-NPC inverter fed motor drives[J]. IEEE Transactions on Industry Applications, 2017, 53(4): 3588-3597.

[13] 李永东, 侯轩, 谭卓辉. 三电平逆变器异步电动机直接转矩控制系统(I)——单一矢量法[J]. 电工技术学报, 2004, 19(4): 34-39.

[14] Habibullah M, Lu D C, Xiao D, et al. Finite-state predictive torque control of induction motor supplied from a three-level NPC voltage source inverter[J]. IEEE Transactions on Power Electronics, 2017, 32(1): 479-489.

[15] Riar B S, Geyer T, Madawala U K. Model predictive direct current control of modular multilevel converters: Modeling, analysis, and experimental evaluation[J]. IEEE Transactions on Power Electronics, 2015, 30(1): 431-439.

[16] 江百乾. 电网电压畸变与不平衡情况下并网逆变器控制策略[D]. 秦皇岛: 燕山大学, 2014.

[17] 郭磊, 王丹, 刁亮, 等. 针对电网不平衡与谐波的锁相环改进设计[J]. 电工技术学报, 2018, 33(6): 1390-1399.

[18] 郭小强, 刘文钊, 王宝诚, 等. 光伏并网逆变器不平衡故障穿越限流控制策略[J]. 中国电机工程学报, 2015, 35(20): 5155-5162.

[19] 周京华, 刘劲东, 陈亚爱, 等. 大功率光伏逆变器的低电压穿越控制[J]. 电网技术, 2013, 37(7): 1799-1807.

[20] 沈虹, 周文飞, 王怀宝, 等. 基于无功电流控制的并网逆变器孤岛检测[J]. 电工技术学报, 2017, 32(16): 294-300.

[21] 陈波, 朱晓东, 朱凌志, 等. 光伏电站低电压穿越时的无功控制策略[J]. 电力系统保护与控制, 2012(17): 6-12.

[22] 潘国清, 曾德辉, 王钢, 等. 含PQ控制逆变型分布式电源的配电网故障分析方法[J]. 中国电机工程学报, 2014, 34(4): 555-561.

[23] 张雅静, 郑琼林, 马亮, 等. 采用双环控制的光伏并网逆变器低电压穿越[J]. 电工技术学报, 2013, 28(12): 136-141.

[24] 杭丽君, 李宾, 黄龙, 等. 一种可再生能源并网逆变器的多谐振 PR 电流控制技术[J]. 中国电机工程学报, 2012, 32(12): 51-58.

[25] 张海洋, 许海平, 方程, 等. 基于比例积分-准谐振控制器的直驱式永磁同步电机转矩脉动抑制方法[J]. 电工技术学报, 2017, 32(19): 41-51.

[26] 黄守道, 张文娟, 高剑, 等. 准谐振控制器在抑制永磁同步电动机共模电压上的应用[J]. 电工技术学报, 2013, 28(3): 93-98.

[27] Wang F, Duarte J L, Hendrix M A M. Pliant active and reactive power control for grid-interactive converters under unbalanced voltage dips[J]. IEEE Transactions on Power Electronics, 2011, 26(5): 1511-1521.

[28] 戴训江, 晁勤. 光伏并网逆变器自适应电流滞环跟踪控制的研究[J]. 电力系统保护与控制, 2010, 38(4): 25-30.

[29] 邱晓初, 肖建, 刘小建. 一种 APF 模糊自适应可变环宽滞环控制器[J]. 电力系统保护与控制, 2012, 40(7): 73-77.

[30] 徐永海, 刘晓博. 考虑指令电流的变环宽准恒频电流滞环控制方法[J]. 电工技术学报, 2012, 27(6): 90-95.

[31] 贾要勤, 朱明琳, 凤勇. 基于状态反馈的单相电压型逆变器重复控制[J]. 电工技术学报, 2014, 29(6): 57-63.

[32] 张兴, 汪杨俊, 余畅舟, 等. 采用 PI+重复控制的并网逆变器控制耦合机理及其抑制策略[J]. 中国电机工程学报, 2014, 34(30): 5287-5295.

[33] Preindl M, Schaltz E. Sensorless model predictive direct current control using novel second-order PLL observer for PMSM drive systems[J]. IEEE Transactions on Industrial Electronics, 2011, 58(9): 4087-4095.

[34] Rodriguez J, Cortes P. Predictive control of a three-phase inverter[J]. IEEE Transactions on Industrial Electronics, 2004, 40(9): 561-563.

[35] Kouro S, Cortes P, Vargas R, et al. Model predictive control—A simple and powerful method to control power converters[J]. IEEE Transactions on Industrial Electronics, 2009, 56(6): 1826-1838.

[36] 郭松林, 沈显庆, 付家才. 单相三电平并网逆变器的改进无差拍电流控制[J]. 中国电机工程学报, 2012, 32(12): 22-27.

[37] 吴国祥, 杨勇. 三相光伏并网逆变器 dq 旋转坐标系下无差拍功率控制[J]. 电机与控制学报, 2014, 18(12): 37-43.

[38] 徐艳平, 张保程, 周钦. 永磁同步电机双矢量模型预测电流控制[J]. 电工技术学报, 2017, 32(20): 222-230.

[39] 公铮, 伍小杰, 戴鹏. 模块化多电平换流器的快速电压模型预测控制策略[J]. 电力系统自动化, 2017, 41(1): 122-127.

[40] 张虎, 张永昌, 杨达维. 基于双矢量模型预测直接功率控制的双馈电机并网及发电[J]. 电工技术学报, 2016, 31(5): 69-76.

[41] Rodriguez J, Pontt J, Silva C A, et al. Predictive current control of a voltage source inverter[J]. IEEE Transactions on Industrial Electronics, 2007, 54(1): 495-503.

[42] 沈坤, 章兢, 王玲, 等. 三相电压型逆变器模型预测控制[J]. 电工技术学报, 2013, 28(12): 283-289.

[43] 杨兴武, 冀红超, 甘伟. 基于模型预测控制的并网逆变器开关损耗优化方法[J]. 电力自动化设备, 2015, 35(8): 84-89.

[44] 高道男, 陈希有. 一种改进的永磁同步电机模型预测控制[J]. 电力自动化设备, 2017, 37(4): 197-202.

[45] 张永昌, 杨海涛, 魏香龙. 基于快速矢量选择的永磁同步电机模型预测控制[J]. 电工技术学报, 2016, 31(6): 66-73.

[46] 杨勇, 赵方平, 阮毅, 等. 三相并网逆变器模型电流预测控制技术[J]. 电工技术学报, 2011(6): 153-159.

[47] 陈强, 任浩翰, 杨志超, 等. 三相并网逆变器改进型直接功率预测控制[J]. 电力自动化设备, 2014, 34(12): 100-105.

[48] 侯庆庆. 基于 MPC 的三相离网逆变器控制方法的研究[D]. 合肥: 安徽大学, 2016.

[49] 蔡儒军. 三相四桥臂有源电力滤波器控制策略研究[D]. 徐州: 中国矿业大学, 2016.

[50] 梁营玉, 刘涛, 李岩, 等. T 型三电平 VSC-HVDC 系统模型预测灵活功率控制策略[J]. 电力自动化设备, 2017, 37(11): 113-119.

[51] 梁营玉, 张涛, 刘建政, 等. 模型预测控制在 MMC-HVDC 中的应用[J]. 电工技术学报, 2016, 31(1): 128-138.

[52] Vukosavic S N. Digital Control of Electrical Drives[M]. New York: Springer US, 2007.

[53] 陈伯时. 电力拖动自动控制系统: 运动控制系统[M]. 北京: 机械工业出版社, 2003.

[54] Kouro S, Rodriguez J, Wu B, et al. Powering the future of industry: High-power adjustable speed drive topologies[J]. Industry Applications Magazine IEEE, 2012, 18(4): 26-39.

[55] Bocker J, Mathapati S. State of the art of induction motor control[C]. Proceedings of IEEE International Conference of Electric Machine and Drives, Antalya, 2007: 1459-1464.

[56] Casadei D, Profumo F, Serra G, et al. FOC and DTC: Two viable schemes for induction motors torque control[J]. IEEE Transactions on Power Electronics, 2002, 17(5): 779-787.

[57] Sul S. Control of Electric Machine Drive System[M]. New Jersey: Wiley, 2011.

[58] 宁博文, 刘莹, 程善美, 等. 基于参考磁链矢量计算的 PMSM 直接转矩控制[J]. 电机与控制学报, 2017, 21(9): 1-7.

[59] Reza C M F S, Islam M D, Mekhilef S. A review of reliable and energy efficient direct torque controlled induction motor drives[J]. Renewable and Sustainable Energy Reviews, 2014, 37(3): 919-932.

[60] 吕帅帅, 林辉, 李兵强. 面装式永磁同步电机无差拍直接转矩控制[J]. 电机与控制学报, 2017, 21(9): 88-95.

[61] 耿乙文, 鲍宇, 王昊, 等. 六相感应电机直接转矩及容错控制[J]. 中国电机工程学报, 2016, 36(21): 5947-5956.

[62] Geyer T, Papafotiou G, Morari M. Model predictive direct torque control—Part I: Concept, algorithm, and analysis[J]. IEEE Transactions on Industrial Electronics, 2009, 56(6): 1894-1905.

[63] Rodriguez J, Kennel R M, Espinoza J R, et al. High-performance control strategies for electrical drives: An experimental assessment[J]. IEEE Transactions on Industrial Electronics, 2011, 59(2): 812-820.

[64] 孙伟, 于泳, 王高林, 等. 基于矢量控制的异步电机预测电流控制算法[J]. 中国电机工程学报, 2014, 34(21): 3448-3455.

[65] Rivera M, Wilson A, Rojas C A, et al. A comparative assessment of model predictive current control and space vector modulation in a direct matrix converter[J]. IEEE Transactions on Industrial Electronics, 2013, 60(2): 578-588.

[66] Cortes P, Rodriguez J, Silva C, et al. Delay compensation in model predictive current control of a three-phase inverter[J]. IEEE Transactions on Industrial Electronics, 2011, 59(2): 1323-1325.

[67] Papafotiou G, Kley J, Papadopoulos K G, et al. Model predictive direct torque control—Part II: Implementation and experimental evaluation[J]. IEEE Transactions on Industrial Electronics, 2009, 56(6): 1906-1915.

[68] 牛峰, 李奎, 王尧. 永磁同步电机模型预测直接转矩控制[J]. 电机与控制学报, 2015, 19(12): 60-67.

[69] 黄文涛, 花为, 於锋. 考虑定位力矩补偿的磁通切换永磁电机模型预测转矩控制方法[J]. 电工技术学报, 2017, 32(15): 27-33.

[70] 张永昌, 杨海涛. 感应电机模型预测磁链控制[J]. 中国电机工程学报, 2015, 35(3): 719-726.

[71] Zhang Y, Yang H, Xia B. Model predictive torque control of induction motor drives with reduced torque ripple[J]. IET Electric Power Applications, 2015, 9(9): 595-604.

[72] Wang F, Zhang Z, Davari A, et al. An experimental assessment of finite-state predictive torque control for electrical drives by considering different online-optimization methods[J]. Control Engineering Practice, 2014, 31(7): 1-8.

[73] Wang F, Zhang Z, Kennel R, et al. Model predictive torque control with an extended prediction horizon for electrical drive systems[J]. International Journal of Control, 2015, 88(7): 1379-1388.

第 2 章　三电平 NPC 逆变器的模型预测控制

在电力电子领域，电流控制是研究最多的问题之一。因此，将模型预测控制在电流控制策略中的应用作为首要的研究内容十分重要。同时，三相三电平 NPC (neutral point clamped)逆变器是目前比较实用的一种多电平逆变器，和传统两电平逆变器相比较，它可以获得更好的输出电流和电压波形质量。

本章在理想电网条件下，将模型预测控制策略应用于三电平 NPC 逆变器并网运行的电流控制中，然后详细地阐述模型预测控制的工作原理和特点，为后续章节研究不平衡电网下逆变器的不平衡及电流限幅灵活控制技术，以及离网模式下逆变器的多步模型预测电压控制技术奠定理论基础。

2.1　三电平 NPC 逆变器模型

图 2-1 给出了三电平 NPC 并网逆变器的主电路结构图。值得说明的是，本章研究的重点是并网逆变器的控制技术，因此可以将新能源发电系统发电侧设备等效为一个直流电压源，为直流母线电压提供能量[1,2]。如图 2-1 所示，V_{dc} 为并网逆变器直流侧电压；i_{dc} 为并网逆变器的输入电流；C_1 和 C_2 为直流侧电容；L 为逆变器滤波电感；R 为滤波电感电阻和线路等效电阻的总电阻；o 为 NPC 逆变器的中性点；e_a、e_b 和 e_c 为三相电网电压。

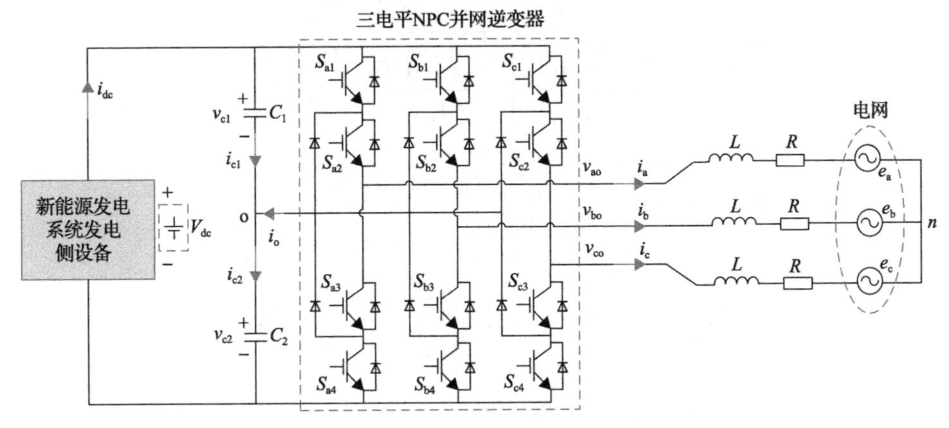

图 2-1　三电平 NPC 并网逆变器的主电路结构

三电平 NPC 逆变器的每一相由四个开关管和两个二极管组成，两个中间开关和二极管输出接线端连接到 DC 环节的中性点上。这一配置可以产生逆变器 x 相输出接线端的三相电压，其中 $x \in \{a,b,c\}$ 代表逆变器输出的 a、b、c 三相。

就中性点 o 而言，表 2-1 给出了逆变器某一相的开关状态和所对应的输出电压关系。从表 2-1 中可以看出，逆变器工作时每相可以产生三种电压组合（$-V_{dc}/2$，0，$V_{dc}/2$），将其简记为（−1, 0, 1）。表中，“+”代表开关管的开通，“−”代表开关管的关断，变量 S_x 代表逆变器 x 相的开关状态，每相有 4 个开关，分别用 x_1～x_4 表示。

表 2-1　三电平 NPC 逆变器某一相的开关状态和所对应的输出电压关系

S_x	S_{x1}	S_{x2}	S_{x3}	S_{x4}	V_{x0}
1	+	+	−	−	$V_{dc}/2$
0	−	+	+	−	0
−1	−	−	+	+	$-V_{dc}/2$

如图 2-2 所示，对于三电平 NPC 逆变器，可以产生 $3^3=27$ 种开关状态[3]。需要指出的是，有些开关状态是冗余的，产生了同样的电压矢量。如输出电压矢量 V_0 可以由（1, 1, 1）、（0, 0, 0）和（−1，−1，−1）这 3 种不同的开关状态产生。

考虑空间矢量定义，逆变器的输出电压矢量可以表示为

$$v = \frac{2}{3}(v_{ao} + \alpha v_{bo} + \alpha^2 v_{co}) \tag{2-1}$$

式中，$\alpha = e^{j2\pi/3} = -1/2 + j\sqrt{3}/2$ 代表相间的 $120°$ 相位差。

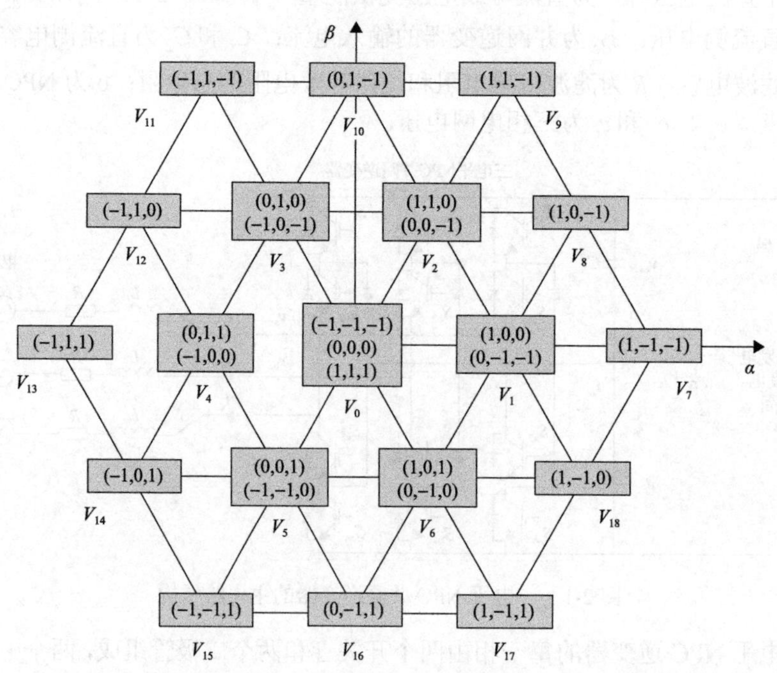

图 2-2　由三电平 NPC 逆变器所产生的可能的开关状态和电压矢量

2.2　模型预测电流控制原理及算法设计

2.2.1　并网侧预测模型的建立

基于图 2-1 所示的系统主电路图，利用基尔霍夫定理可得逆变器每一相的负载电流动态方程为

$$\begin{cases} v_{\mathrm{ao}}=L\dfrac{\mathrm{d}i_{\mathrm{a}}}{\mathrm{d}t}+Ri_{\mathrm{a}}+e_{\mathrm{a}}+v_{\mathrm{no}} \\ v_{\mathrm{bo}}=L\dfrac{\mathrm{d}i_{\mathrm{b}}}{\mathrm{d}t}+Ri_{\mathrm{b}}+e_{\mathrm{b}}+v_{\mathrm{no}} \\ v_{\mathrm{co}}=L\dfrac{\mathrm{d}i_{\mathrm{c}}}{\mathrm{d}t}+Ri_{\mathrm{c}}+e_{\mathrm{c}}+v_{\mathrm{no}} \end{cases} \tag{2-2}$$

式中，v_{ao}、v_{bo} 和 v_{co} 为逆变器的各相输出电压；i_{a}、i_{b} 和 i_{c} 为各相输出电流。

将式(2-2)代入式(2-1)中，可以得到负载电流动态方程为

$$\begin{aligned} v=&L\frac{\mathrm{d}}{\mathrm{d}t}\left[\frac{2}{3}(i_{\mathrm{a}}+\alpha i_{\mathrm{b}}+\alpha^2 i_{\mathrm{c}})\right]+\frac{2}{3}R(i_{\mathrm{a}}+\alpha i_{\mathrm{b}}+\alpha^2 i_{\mathrm{c}}) \\ &+\frac{2}{3}(e_{\mathrm{a}}+\alpha e_{\mathrm{b}}+\alpha^2 e_{\mathrm{c}})+\frac{2}{3}(v_{\mathrm{no}}+\alpha v_{\mathrm{no}}+\alpha^2 v_{\mathrm{no}}) \end{aligned} \tag{2-3}$$

由式(2-1)可知，逆变器输出电流和电网电压矢量可以表示为

$$i=\frac{2}{3}(i_{\mathrm{a}}+\alpha i_{\mathrm{b}}+\alpha^2 i_{\mathrm{c}}) \tag{2-4}$$

$$e=\frac{2}{3}(e_{\mathrm{a}}+\alpha e_{\mathrm{b}}+\alpha^2 e_{\mathrm{c}}) \tag{2-5}$$

同时，考虑到 $1+\alpha+\alpha^2=0$，即式(2-3)的最后一部分值为零。最终可以得到逆变器负载侧电流动态方程的矢量差分方程为

$$v=Ri+L\frac{\mathrm{d}i}{\mathrm{d}t}+e \tag{2-6}$$

式中，v 为逆变器输出电压矢量；i 为并网电流矢量；e 为电网电压矢量。

考虑到此负载模型为一阶系统，可以利用前向欧拉公式近似代替并网电流的导数 $\mathrm{d}i/\mathrm{d}t$。也就是可以通过式(2-7)来对导数 $\mathrm{d}i/\mathrm{d}t$ 进行逼近：

$$\frac{\mathrm{d}i}{\mathrm{d}t}\approx\frac{i(k+1)-i(k)}{T_{\mathrm{s}}} \tag{2-7}$$

式中，T_{s} 为采样时间。

将式(2-7)代入式(2-6)可得逆变器在 t_{k+1} 时刻输出电流的预测值为

$$i^{\mathrm{p}}(k+1)=\left(1-\frac{RT_{\mathrm{s}}}{L}\right)\cdot i(k)+\frac{T_{\mathrm{s}}}{L}\cdot[v(k)-e(k)] \tag{2-8}$$

式中，上标 p 代表预测变量。由式(2-8)可以看出，逆变器在 t_{k+1} 时刻负载电流预测值 $i^{\mathrm{p}}(k+1)$ 可以由逆变器 27 个开关状态产生的 19 个电压矢量 $v(k)$ 来计算。

2.2.2 多目标约束代价函数的构造

获得 t_{k+1} 时刻的预测电流 $i^{\mathrm{p}}(k+1)$ 后，需要构造一个代价函数 g 来评估逆变器的每一个开关状态，然后在 27 种开关状态中选择使代价函数 g 最小的某一开关状态，将其应用于下一个控制周期，实现对逆变器的最优输出控制。

有限控制集模型预测控制(FCS-MPC)技术一个很引人瞩目的方面在于它所构造的代价函数能够包含多个目标约束条件，并能对多个目标约束进行同时控制。为了解决各目标约束之间幅值和单位不同的问题，代价函数中的每个目标约束项(附加项)都乘以一个特定的权重系数，用于调节主控项与其他控制目标之间的权重关系或各个控制目标之间的重要程度。最常见的代价函数值通常是用被控量的一个采样周期的测量值和参考值之间误差的绝对值或二次方值来表示。

三电平 NPC 逆变器的运行过程中，一方面，由于 DC 环节的某一电容会与所带负载形成充放电回路，容易导致上、下两个电容两端的电压出现不平衡，即直流侧中点电位不平衡[4]。此时，若不对电容两端电压进行控制，则会导致逆变器输出电压出现低次谐波，影响其输出性能。此外，电容电压的不平衡还会增加开关器件的最大反向电压，容易导致器件损坏或烧毁。另一方面，开关频率直接关系到逆变器开关管的损耗和寿命问题。开关管的开关损耗会在其频率较高时迅速增加，严重时会造成开关管损坏。因此，必须对三电平 NPC 逆变器的 DC 环节中点电压和开关频率进行控制。

(1) DC 环节电容电压的平衡控制。首先建立 DC 环节电容两端电压的动态方程：

$$\begin{cases}\dfrac{\mathrm{d}v_{\mathrm{c1}}}{\mathrm{d}t}=\dfrac{1}{C_1}i_{\mathrm{c1}}\\[2ex]\dfrac{\mathrm{d}v_{\mathrm{c2}}}{\mathrm{d}t}=\dfrac{1}{C_2}i_{\mathrm{c2}}\end{cases} \tag{2-9}$$

对于采样时刻 T_{s} 的电容两端电压，可以用式(2-10)来逼近导数：

$$\frac{\mathrm{d}v_{\mathrm{c}x}}{\mathrm{d}t}=\frac{v_{\mathrm{c}x}(k+1)-v_{\mathrm{c}x}(k)}{T_{\mathrm{s}}},\quad x=1,2 \tag{2-10}$$

因此，式(2-9)对应的离散时间预测模型为

$$\begin{cases} v_{c1}^{p}(k+1) = v_{c1}(k) + \dfrac{1}{C_1} i_{c1}(k) T_s \\ v_{c2}^{p}(k+1) = v_{c2}(k) + \dfrac{1}{C_2} i_{c2}(k) T_s \end{cases} \tag{2-11}$$

式中，电流 $i_{c1}(k)$ 和 $i_{c2}(k)$ 取决于 t_k 时刻逆变器各桥臂开关状态和逆变器直流源的输出电流值，它可以由式(2-12)来计算：

$$\begin{cases} i_{c1}(k) = i_{dc}(k) - H_{1a} i_a(k) - H_{1b} i_b(k) - H_{1c} i_c(k) \\ i_{c2}(k) = i_{dc}(k) - H_{2a} i_a(k) - H_{2b} i_b(k) - H_{2c} i_c(k) \end{cases} \tag{2-12}$$

式中，$i_{dc}(k)$ 为 t_k 时刻流过逆变器直流侧电压源的电流，H_{1x} 和 H_{2x} 由逆变器的开关状态 S_x (x=a, b, c) 来决定，可以通过式(2-13)来计算：

$$\begin{aligned} H_{1x} &= \begin{cases} 1, & S_x = + \\ 0, & \text{其他} \end{cases} \\ H_{2x} &= \begin{cases} 1, & S_x = - \\ 0, & \text{其他} \end{cases} \end{aligned} \tag{2-13}$$

式中，$x = \text{a,b,c}$。因此，在 t_k 时刻 DC 环节上下两个电容的预测电压之差的绝对值可以表示为

$$\Delta v_c = \left| v_{c1}^{p}(k+1) - v_{c2}^{p}(k+1) \right| \tag{2-14}$$

为了保证 DC 环节电容电压平衡，在 FCS-MPC 控制过程中应当使得 Δv_c 尽可能为 0。

(2) 降低开关频率控制。逆变器从 t_{k-1} 时刻到 t_k 时刻的运行过程中，开关管的切换次数可表示为[5]

$$n_c = \left| S_a(k) - S_a(k-1) \right| + \left| S_b(k) - S_b(k-1) \right| + \left| S_c(k) - S_c(k-1) \right| \tag{2-15}$$

式中，$S_x(k)$ 和 $S_x(k-1)$（$x = \text{a,b,c}$）分别表示 t_k 时刻和 t_{k-1} 时刻逆变器 a、b、c 三相桥臂的开关状态。在 FCS-MPC 控制过程中，在确保主要变量控制性能的前提下，要尽可能地减少逆变器的开关动作次数 n_c。

由于 FCS-MPC 策略下的三电平 NPC 逆变器的开关频率是不固定的，为了对逆变器的开关频率进行评估，通过逆变器三个桥臂的 12 个开关管的开关频率平均值来定义每个开关器件的平均开关频率[6]：

$$f_{s\_avg} = \sum_{i=1}^{4} \frac{f_{s\_ai} + f_{s\_bi} + f_{s\_ci}}{12} \tag{2-16}$$

式中，f_{s_ki} 为一个时间周期内逆变器每个开关管的平均开关频率，$k=a,b,c$ 表示相数，$i=1,2,3,4$ 为各桥臂开关管的序号数。

综上所述，对于三电平 NPC 逆变器通常有 3 个控制要求。第一，具有良好的电流跟踪能力；第二，保证 DC 环节电容电压平衡；第三，适当地降低开关频率。因此，本章所提 FCS-MPC 控制技术以逆变器输出电流为主要控制项，以逆变器 DC 环节电容电压平衡和降低开关频率为附加控制项。最终，构造代价函数：

$$g=\left|i_{\alpha}^{*}(k+1)-i_{\alpha}^{\mathrm{p}}(k+1)\right|+\left|i_{\beta}^{*}(k+1)-i_{\beta}^{\mathrm{p}}(k+1)\right|+\lambda_{\mathrm{dc}}\cdot\Delta v_{\mathrm{c}}+\lambda_{\mathrm{n}}\cdot n_{\mathrm{c}} \tag{2-17}$$

式中，下标 α 和 β 分别表示相应状态量在两相静止 αβ 坐标系下的表达形式；λ_{dc} 和 λ_{n} 为附加控制项的权重系数。

由于目前并没有详细的分析方法或相关控制理论来指导权重系数的设计，各项权重系数通常采用经验方法确定[7]。本章首先设定 M，使 DC 环节电容电压保持平衡，然后逐渐增大 λ_{n} 的值，直到无法正确控制逆变器主要的输出电流量，最终，取 λ_{n}=0.01，能够满足控制要求。太大的权重系数对控制性能提升不高，反而造成对主控制项控制效果的急剧下降。

2.2.3 FCS-MPC 总体流程分析

FCS-MPC 的工作原理如图 2-3 所示。$x(k)$ 表示系统 $x(t)$ 在 t_k 时刻的值；$x^*(t)$ 表示期望值或参考值；$S_i(i=1,2,\cdots,n)$ 表示逆变器所有可能的开关状态。由 2.1 节可知，对于三电平 NPC 逆变器，n=27。在 t_k 时刻，系统根据当前测量得到的变量 $x(k)$ 和预测模型 $f\{x(k),S_i\}$（i=1,2,⋯,n），就可以得到 t_{k+1} 时刻所有可能的开关状态的预测值。然后再根据预测值与给定参考值计算相应的代价函数值 $g_i=f\{x_i(k+1),x^*(t)\}$，i=1,2,⋯,n。最后从 S_i 中选择一个使代价函数最小的开关状态作为 t_{k+1} 时刻的最优开关状态。从图 2-3 中可以看出，在 t_{k+1} 时刻，开关状态

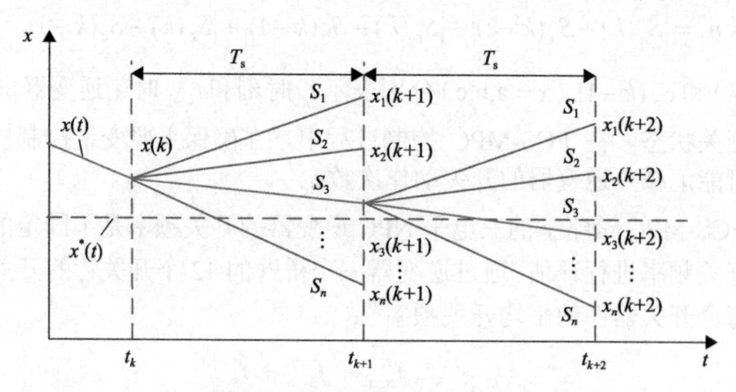

图 2-3 FCS-MPC 的工作原理

S_3 使系统控制变量 $x(t)$ 最接近于给定参考值 $x^*(t)$，即所对应的代价函数的值 g_3 最小。因此，S_3 将在 t_{k+1} 被使用。在控制过程中，随着时间的推移，控制系统会不断地获得新的测量量，每个采样时刻都会重复上述整个处理过程。

根据上述 FCS-MPC 的工作原理，将 FCS-MPC 应用于逆变器的控制中，应当考虑如下内容：一是建立可预测的逆变器模型时，再给出所有可能的开关状态以及它们所对应的电压矢量；二是定义一个代表期望的系统行为的代价函数；三是进行在线滚动寻优和模型误差的反馈校正，实现代价函数的最小化。由此，本章针对三电平 NPC 并网逆变器结构，给出 FCS-MPC 策略的控制流程如图 2-4 所示，相应的 FCS-MPC 控制框图如图 2-5 所示。

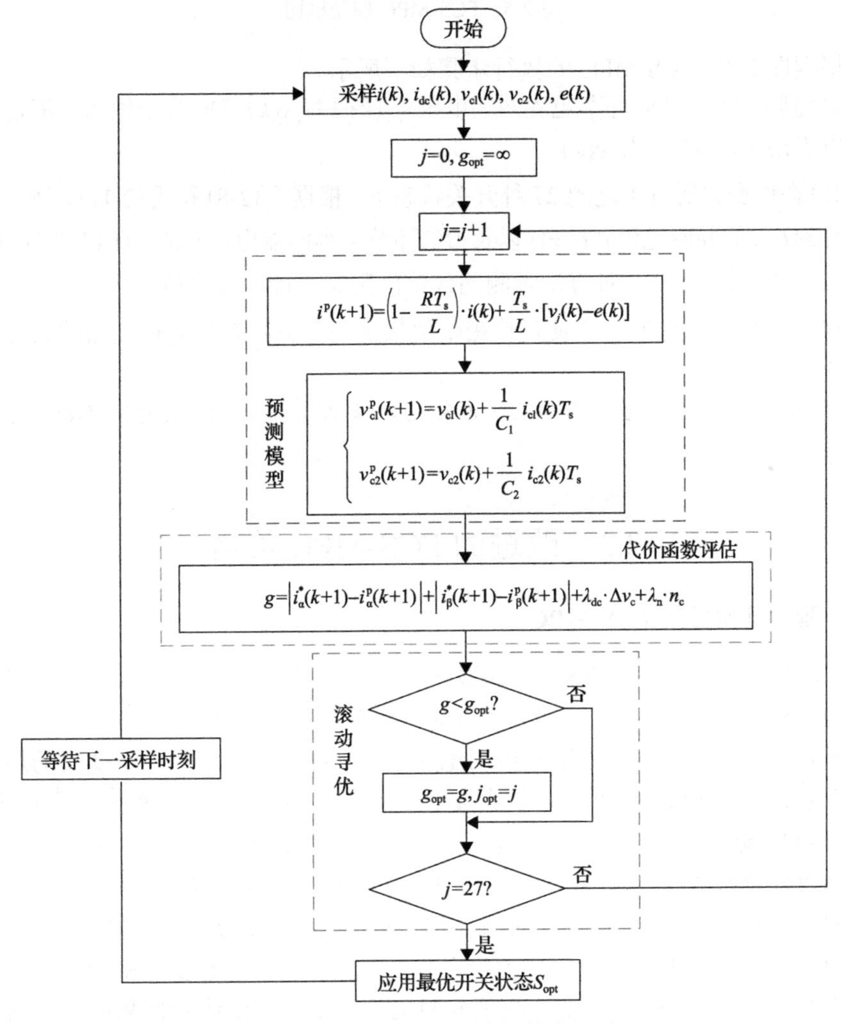

图 2-4　FCS-MPC 策略的控制流程图

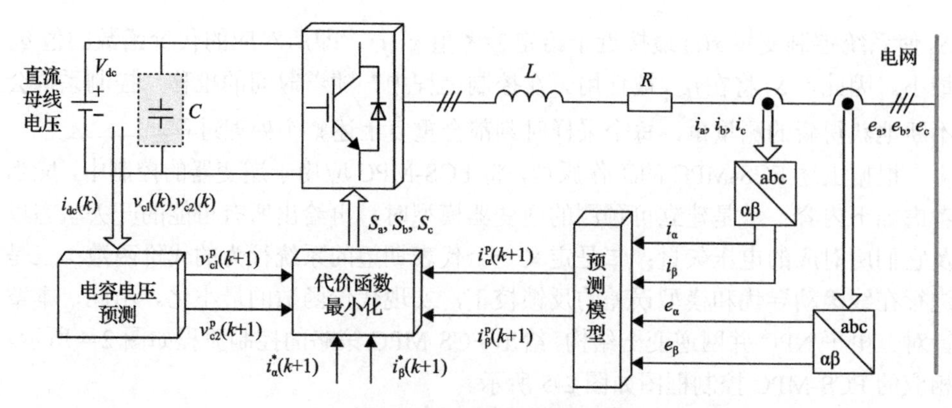

图 2-5　FCS-MPC 控制框图

根据图 2-4，FCS-MPC 的执行步骤如下所示。

(1) 测量逆变器DC环节电容两端电压 $v_{c1}(k)$ 和 $v_{c2}(k)$、DC环节输入电流 $i_{dc}(k)$、并网电流 $i(k)$ 和电网电压 $e(k)$。

(2) 在逆变器所有可能的 27 种开关状态下，根据式(2-8)和式(2-11)，预测下一采样时刻 t_{k+1} 的并网电流 $i^p(k+1)$ 以及 DC 环节电容两端电压 $v_{c1}^p(k+1)$ 和 $v_{c2}^p(k+1)$。

(3) 根据式(2-17)，对每次预测的代价函数 g 进行在线评估。

(4) 滚动寻优，选取一个使代价函数值最小的开关状态作为逆变器的最优开关状态。

(5) 将最优开关状态作为新的控制信号，实施于 t_{k+1} 时刻三电平 NPC 逆变器的控制。

2.3　改进的 FCS-MPC 策略

2.3.1　延时补偿后的 FCS-MPC

在理想状态下，可以忽略 FCS-MPC 控制过程的计算时间，此时并网电流的跟踪路径如图 2-6(a)所示。即控制系统在当前 t_k 时刻采集逆变器直流侧电容电压、直流侧输入电流、并网电流以及电网电压后，立即通过计算得到逆变器的最佳开关状态并在 t_{k+1} 时刻加以应用，使得 t_{k+1} 时刻的并网电流达到预测值。然而 FCS-MPC 控制策略在实际运行中，需要根据三电平 NPC 逆变器具有的所有可能的开关状态对代价函数进行 27 次滚动寻优计算，这可能需要耗费一定的时间，使得系统测量时刻与新开关状态的应用时刻存在一定延时[8-10]，如图 2-6(b)所示。在这段延时时间内，由于逆变器的开关状态还没得到更新，而是继续延用上一时刻逆变器的最优开关状态，导致 t_{k+1} 时刻并网电流无法准确地达到预测值，从而使实际并网电流与给定参考值之间存在较大偏差，导致并网电流的纹波增大。

因此，为了消除延时，应当考虑计算时间，其基本原理如图2-6(c)所示。首先在t_{k-1}时刻计算t_{k+1}时刻并网电流的预测值，并选择能够使代价函数最小的逆变器开关状态，然后在t_k时刻，先对系统各状态变量进行采样，再将t_{k-1}时刻预测得到的t_{k+1}时刻的最优状态实施于逆变器的控制，从而消除了计算延时。

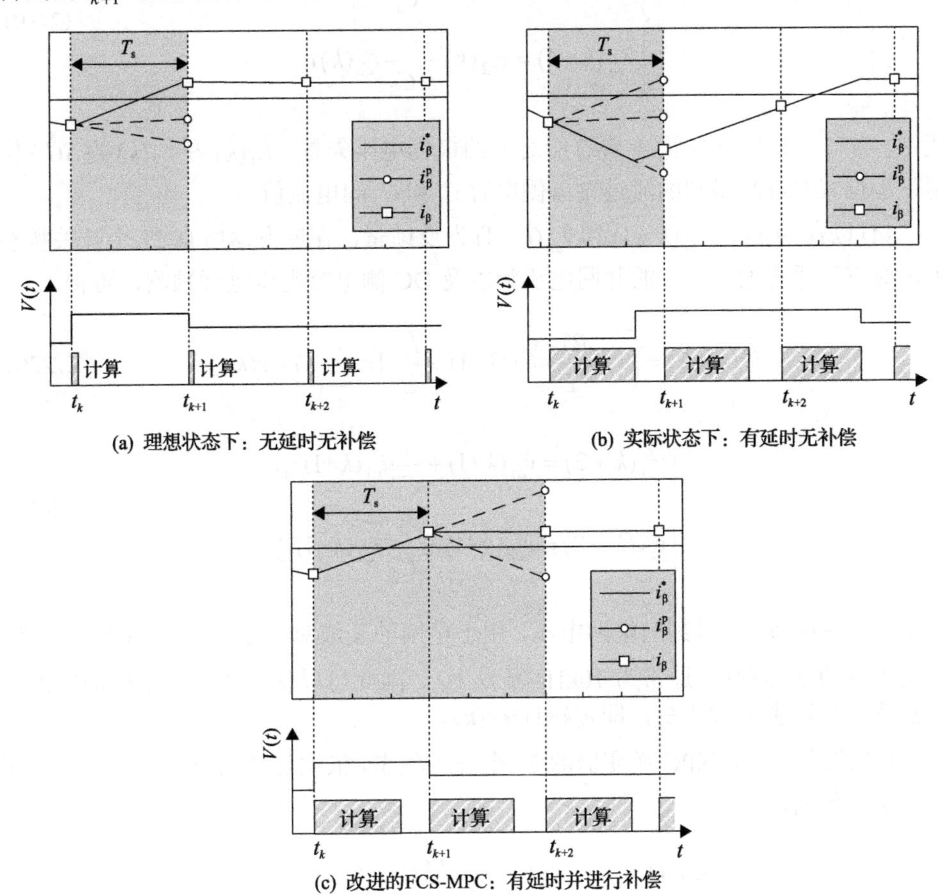

图2-6　FCS-MPC控制过程的电流跟踪轨迹

根据上述方法，延时补偿方法的基本步骤如下所示。

(1) 测量逆变器DC环节电容两端电压$v_{c1}(k)$和$v_{c2}(k)$、DC环节输入电流$i_{dc}(k)$、并网电流$i(k)$和电网电压$e(k)$。

(2) 在当前t_k时刻将上一采样时刻t_{k-1}计算得到t_{k+1}时刻的最优开关状态$S(k)$应用于逆变器的控制。

(3) 在第(2)步计算得到的最优开关状态$S(k)$的基础上，利用式(2-18)和式(2-19)预测t_{k+1}时刻逆变器的输出电流值$\hat{i}(k+1)$和DC环节电容两端电压值$\hat{v}_{c1}(k+1)$与$\hat{v}_{c2}(k+1)$。

$$\hat{i}(k+1)=\left(1-\frac{RT_{\mathrm{s}}}{L}\right)\cdot i(k)+\frac{T_{\mathrm{s}}}{L}\cdot[v(k)-e(k)] \tag{2-18}$$

$$\begin{cases}\hat{v}_{\mathrm{c}1}(k+1)=v_{\mathrm{c}1}(k)+\dfrac{1}{C_1}\hat{i}_{\mathrm{c}1}(k)T_{\mathrm{s}}\\ \hat{v}_{\mathrm{c}2}(k+1)=v_{\mathrm{c}2}(k)+\dfrac{1}{C_2}\hat{i}_{\mathrm{c}2}(k)T_{\mathrm{s}}\end{cases} \tag{2-19}$$

式中，$\hat{v}(k)$为最优开关状态$S(k)$所对应的最优电压矢量；$\hat{i}_{\mathrm{c}1}(k)$和$\hat{i}_{\mathrm{c}2}(k)$为$S(k)$作用下根据式(2-12)得到的流过直流侧电容C_1和C_2的电流值。

(4)以$\hat{i}(k+1)$、$\hat{v}_{\mathrm{c}1}(k+1)$和$\hat{v}_{\mathrm{c}2}(k+1)$为反馈量，在逆变器所有27个开关状态下，对下一采样时刻t_{k+2}的并网电流和以及DC侧电容电压进行预测，可得

$$i^{\mathrm{p}}(k+2)=\left(1-\frac{RT_{\mathrm{s}}}{L}\right)\cdot\hat{i}(k+1)+\frac{T_{\mathrm{s}}}{L}\cdot[v(k+1)-e(k+1)] \tag{2-20}$$

$$\begin{cases}v_{\mathrm{c}1}^{\mathrm{p}}(k+2)=\hat{v}_{\mathrm{c}1}(k+1)+\dfrac{1}{C_1}i_{\mathrm{c}1}(k+1)T_{\mathrm{s}}\\ v_{\mathrm{c}2}^{\mathrm{p}}(k+2)=\hat{v}_{\mathrm{c}2}(k+1)+\dfrac{1}{C_2}i_{\mathrm{c}2}(k+1)T_{\mathrm{s}}\end{cases} \tag{2-21}$$

式中，$e(k+1)$为t_{k+1}时刻的电网电压，由于电网的基波频率远远低于FCS-MPC控制过程中的采样频率(通常为10kHz及以上)，因此可以认为在一个采样周期内电网幅值不会发生很大改变，即$e(k+1)\approx e(k)$。

(5)遍历三电平NPC逆变器的27个开关状态，依次计算出每个开关状态对应的代价函数值：

$$\begin{aligned}g=&\left|i_{\alpha}^{*}(k+2)-i_{\alpha}^{\mathrm{p}}(k+2)\right|+\left|i_{\beta}^{*}(k+2)-i_{\beta}^{\mathrm{p}}(k+2)\right|\\&+\lambda_{\mathrm{dc}}\cdot\left|v_{\mathrm{c}1}^{\mathrm{p}}(k+2)-v_{\mathrm{c}2}^{\mathrm{p}}(k+2)\right|+\lambda_{\mathrm{n}}\cdot n_{\mathrm{c}}\end{aligned} \tag{2-22}$$

(6)选取使代价函数g最小的开关状态作为最优开关状态，在t_{k+1}时刻应用于逆变器的控制中。

从式(2-22)可以看出，为了消除延时，需要对参考值$i_{\alpha,\beta}^{*}(k+2)$进行计算。由于本书给定的参考电流为标准正弦波信号，如果假设$i_{\alpha,\beta}^{*}(k)\approx i_{\alpha,\beta}^{*}(k+2)$，会导致实际电流滞后给定参考电流两个采样周期。在这种情况下，当采样时间较长如T_{s}=100μs时参考值的偏差会比较明显，将对FCS-MPC的控制效果产生不良影响。

为此，下面本书将介绍两种常用于计算未来参考值的方法。

1) 采用 Lagrange 外推法的未来参考值计算

由 Lagrange 外推法对超前一步的电流参考值进行估算：

$$\hat{i}^*(k+1)=\sum_{l=0}^{n}(-1)^{n-l}\begin{bmatrix}n+1\\l\end{bmatrix}i^*(k+l-n) \tag{2-23}$$

式中，对于正弦参考信号，一般采用 $n\geqslant 2$。本书取 n=2，代入式(2-23)得

$$\hat{i}^*(k+1)=3i^*(k)-3i^*(k-1)+i^*(k-2) \tag{2-24}$$

从式(2-22)可以看出，应当对电流未来参考值 $i^*(k+2)$ 进行估算，因此，利用线性递推公式可得

$$\hat{i}^*(k+2)=3i^*(k+1)-3i^*(k)+i^*(k-1) \tag{2-25}$$

将式(2-24)代入式(2-25)可以得到

$$\hat{i}^*(k+2)=6i^*(k)-8i^*(k-1)+3i^*(k-2) \tag{2-26}$$

由式(2-26)可知，只需根据当前 t_k 时刻以及过去时刻 t_{k-1} 和 t_{k-2} 的参考电流值 $i^*(k-1)$ 和 $i^*(k-2)$，就可以计算出未来 t_{k+2} 时刻的电流值。

但在参考值发生突变时，采用 Lagrange 外推法会使实际跟踪电流量产生较大尖峰，影响控制效果。

2) 采用矢量角补偿法的未来参考值计算

由交流电路的矢量表示法可知，对于三相并网逆变器系统，逆变器输出的三相电流可以用其幅值和相角来表示[11]：

$$i^*(k)=I^*(k)\mathrm{e}^{\mathrm{j}\theta(k)} \tag{2-27}$$

式中，$I^*(k)$ 为当前 t_k 时刻的参考电流幅值；$\theta(k)$ 为 t_k 时刻的矢量角。

如图 2-7 所示，系统处于稳定状态时，参考电流矢量以电网电压工频角速度 ω 进行旋转，且保持幅值恒定，在 t_{k+1} 时刻参考矢量角可以由式(2-28)来计算：

$$\theta(k+1)=\theta(k)+\omega T_{\mathrm{s}} \tag{2-28}$$

考虑 $I^*(k)$ 的幅值恒定，有 $I^*(k+1)=I^*(k)$，因此 $i^*(k+1)$ 的表达式为

$$\hat{i}^*(k+1)=I^*(k+1)\mathrm{e}^{\mathrm{j}\theta(k+1)}=I^*(k)\mathrm{e}^{\mathrm{j}(\theta(k)+\omega T_{\mathrm{s}})} \tag{2-29}$$

将式(2-27)代入式(2-29)，可以得 t_{k+1} 时刻的参考电流矢量为

$$\hat{i}^*(k+1)=i^*(k)\mathrm{e}^{\mathrm{j}\omega T_{\mathrm{s}}} \tag{2-30}$$

同理，可以得到所需的未来参考值 $i^*(k+2)$ 的表达式为

$$\hat{i}^*(k+2) = i^*(k)\mathrm{e}^{2\mathrm{j}\omega T_\mathrm{s}} \tag{2-31}$$

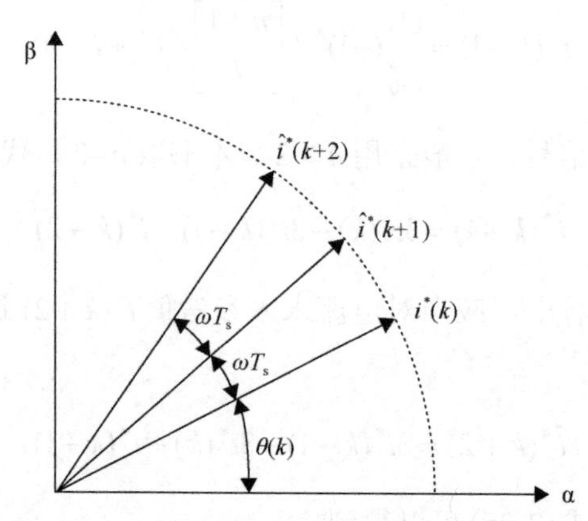

图 2-7　矢量角补偿法计算未来参考值示意图

采用矢量法进行延时补偿时，可以有效地改善 FCS-MPC 的跟踪效果，当参考电流发生阶跃变化时，预测电流仍然能够准确地跟踪参考电流，避免出现较大的电流尖峰。图 2-8 给出了进行延时补偿后的 FCS-MPC 策略实现流程，与图 2-4 所示的 FCS-MPC 相比，延时补偿后的 FCS-MPC 将应用新的最优开关状态移到了开始阶段，有效地消除了原有控制器中应用新开关状态的时刻和采样时刻之间存在的计算延时，提高了控制效果。

2.3.2　基于分区判断的 FCS-MPC

传统的 FCS-MPC 策略的控制流程图如图 2-4 所示。从图 2-4 可知，在每一次采样周期，控制器需要根据式(2-8)、式(2-11)和式(2-27)对三电平 NPC 逆变器的 27 个开关状态进行 27 次在线滚动寻优，这个过程需要大量运算。过大的计算量需要处理器具有很强的运算能力，从而对处理器的性能提出较高的要求。最严重时，甚至会使 FCS-MPC 控制器的计算时间超过了系统采样时间，导致控制系统无法正常工作[12-14]。为此本章给出一种基于分区判断的 FCS-MPC 控制策略，该方法运用模型预测电流公式来合成参考电压矢量，然后利用空间矢量调制原理，对三电平 NPC 逆变器的输出电压矢量和相应的开关状态进行分扇区处理，最后应用该扇区所包含的开关状态参与如图 2-8 所示的 FCS-MPC 策略代价函数评估，从而选出最优开关状态用于逆变器的控制。

利用上述思想，FCS-MPC 策略的控制目标是通过选择逆变器的开关状态使得实际并网电流与给定参考电流的误差尽可能小，即 $i^*(k+2)-i(k+2)=0$ 。由此，在式(2-20)中，用 $i^*(k+2)$ 代替 $i(k+2)$ 可得所需合成的参考电压矢量表达式

$$v^*(k+1)=\frac{i^*(k+2)-k_1\hat{i}(k+1)}{k_2}+e(k+1) \tag{2-32}$$

式中，$k_1=1-RT_s/L$；$k_2=T_s/L$。

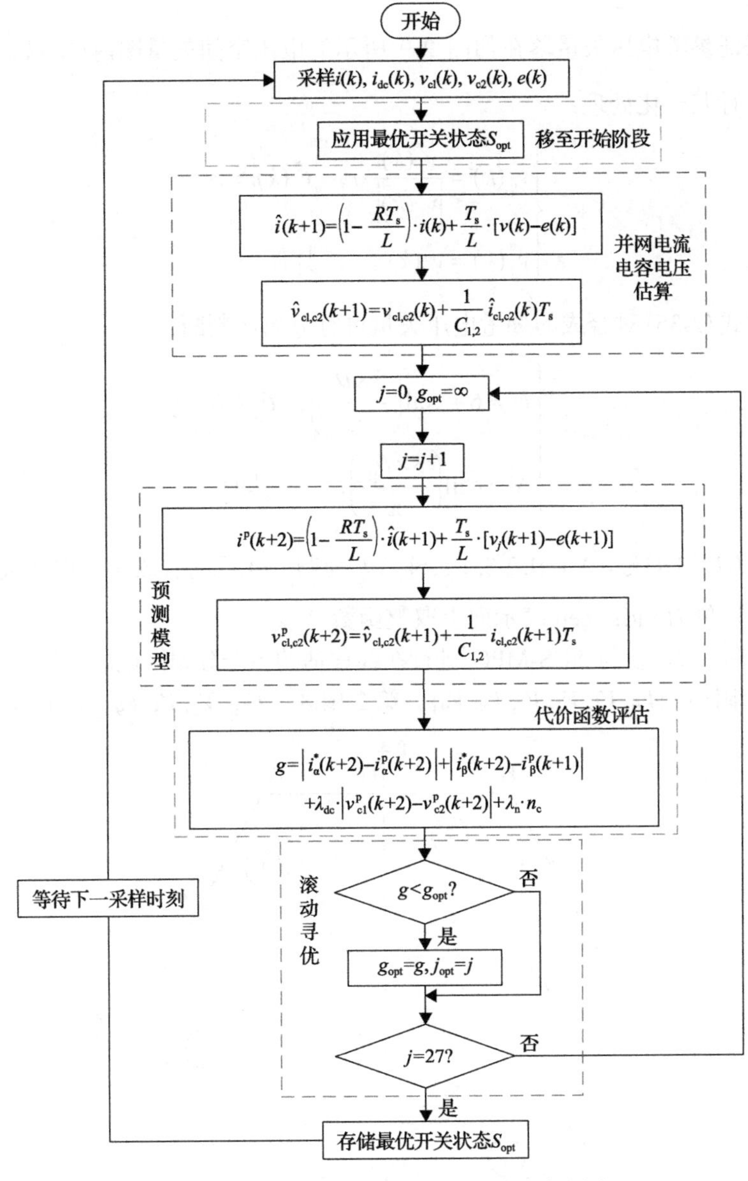

图2-8 含延时补偿的FCS-MPC策略流程图

此时就可以根据式(2-32)计算得到的参考电压矢量来建立新的代价函数，然后在所属的分扇区中寻找一个与参考电压$v^*(k+1)$一致的逆变器输出电压矢量，

就能够满足 $i^*(k+2)=i(k+2)$ 。因此，新的代价函数可以表示为

$$g=\left|v_{\alpha}^{*}(k+1)-v_{\alpha}^{\mathrm{p}}(k+1)\right|+\left|v_{\beta}^{*}(k+1)-v_{\beta}^{\mathrm{p}}(k+1)\right| \\ +\lambda_{\mathrm{dc}}\cdot\left|v_{\mathrm{c}1}^{\mathrm{p}}(k+2)-v_{\mathrm{c}2}^{\mathrm{p}}(k+2)\right|+\lambda_{\mathrm{n}}\cdot n_{\mathrm{c}} \tag{2-33}$$

为保证参考电压矢量落在如图 2-9 所示的电压空间矢量图内 $\left(\left|v^*(k)\right|<r\right)$，应当对其进行归一化处理：

$$\begin{cases} v_{\mathrm{g}}^{*}(k)=\dfrac{v^{*}(k)}{\left|v^{*}(k)\right|}\cdot r, & \left|v^{*}(k)\right|>r \\ v_{\mathrm{g}}^{*}(k)=v^{*}(k), & \text{其他} \end{cases} \tag{2-34}$$

利用式(2-35)对合成的参考电压矢量进行分扇区判断：

$$\begin{cases} N=6+\mathrm{ceil}\left(\dfrac{3\times\theta_{\mathrm{g}}}{\pi}\right), & \theta_{\mathrm{g}}<0 \\ N=\mathrm{ceil}\left(\dfrac{3\times\theta_{\mathrm{g}}}{\pi}\right), & \text{其他} \end{cases} \tag{2-35}$$

式中，N 为扇区编号，$N\in\{1,2,3,4,5,6\}$；θ_{g} 为归一化后的合成参考电压矢量 $v_{\mathrm{g}}^{*}(k)$ 的相角，单位为 rad； ceil 表示向上取整函数。

结合图 2-9，参与 FCS-MPC 进行在线评估的各个分扇区电压矢量归纳如下所示。第 1 扇区：$\{V_0, V_1, V_2, V_7, V_8, V_9\}$。第 2 扇区：$\{V_0, V_2, V_3, V_9, V_{10}, V_{11}\}$。第 3 扇

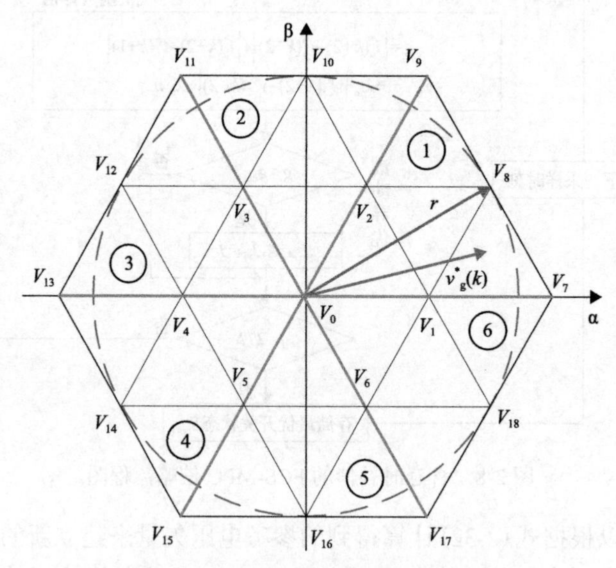

图 2-9　参考电压矢量的分区判断图

区：$\{V_0, V_3, V_4, V_{11}, V_{12}, V_{13}\}$。第 4 扇区：$\{V_0, V_4, V_5, V_{13}, V_{14}, V_{15}\}$。第 5 扇区：$\{V_0, V_5, V_6, V_{15}, V_{16}, V_{17}\}$。第 6 扇区：$\{V_0, V_1, V_6, V_7, V_{17}, V_{18}\}$。

图 2-10 给出了采用基于分区判断的 FCS-MPC 控制策略的流程图。从图 2-10

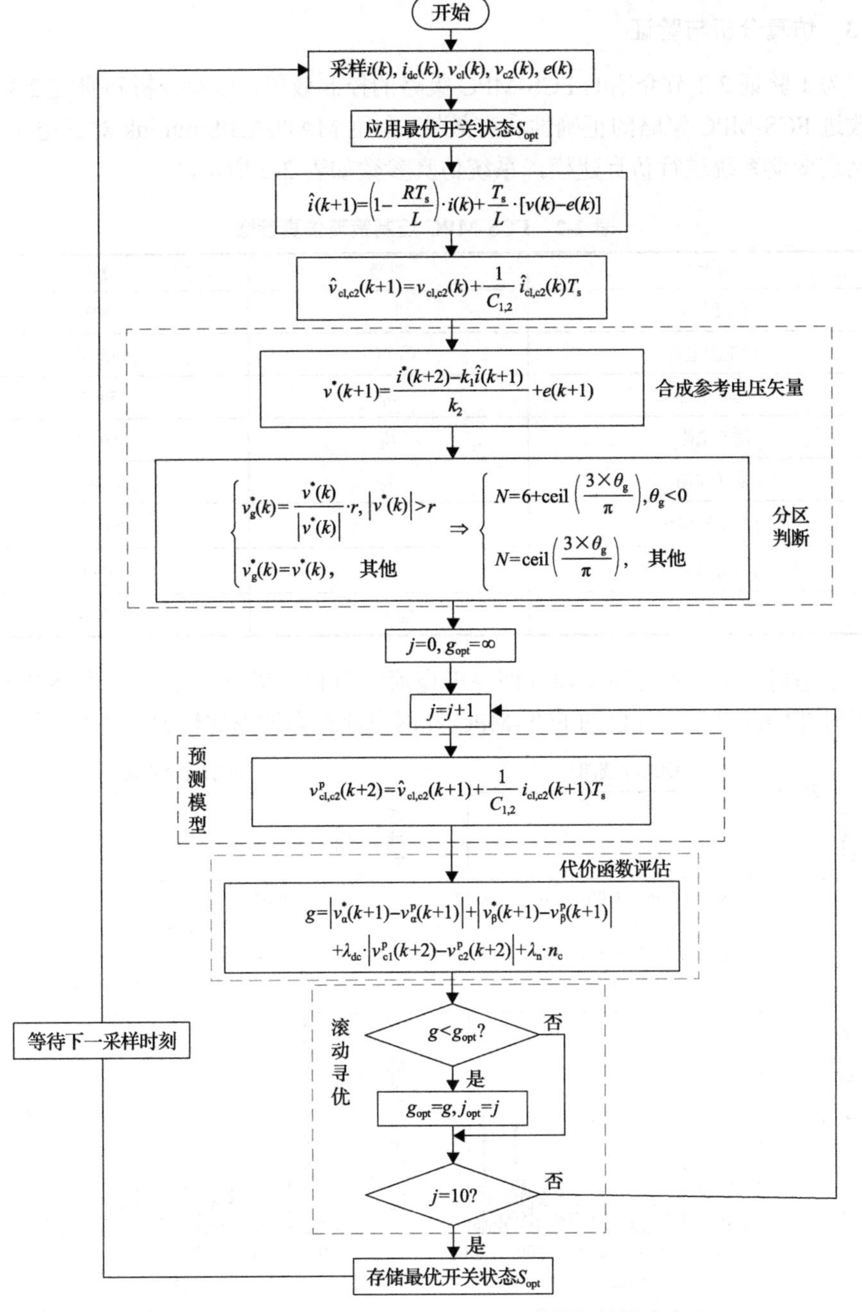

图 2-10　基于分区判断的 FCS-MPC 控制策略的流程图

中可以看出，只需在滚动寻优之外进行一次合成参考电压矢量的计算和分区判断。与传统的 FCS-MPC 参与计算的 27 个开关状态相比，各扇区包含 6 个电压矢量，仅有 10 个开关状态参与代价函数的在线评估计算，控制器的运算量大大降低了。

2.3.3 仿真分析与验证

为了验证 2.2 节介绍的 FCS-MPC 策略的控制效果，以及分析和研究 2.3 节两种改进 FCS-MPC 策略的正确性和有效性，利用 MATLAB/Simulink 对三电平 NPC 并网逆变器系统进行仿真建模，系统仿真参数如表 2-2 所示。

表 2-2 FCS-MPC 控制策略仿真参数

参数	符号	数值
直流电压	V_{dc}	700V
直流侧电容	C_1 / C_2	4400 μF
滤波电感	L_f	5mH
滤波电阻	R_f	0.01Ω
采样周期	T_s	25 μs
电网电压幅值	e	$220\sqrt{2}$ V
参考电流的幅值和频率	i^*	20A/50Hz
权重系数	λ_{dc} / λ_n	0.1/0.01

稳态情况下，设定逆变器并网参考电流幅值和频率分别为 20A 和 50Hz。未加延时补偿或有延时补偿的 FCS-MPC 并网电流稳态波形比较如图 2-11 所示。由

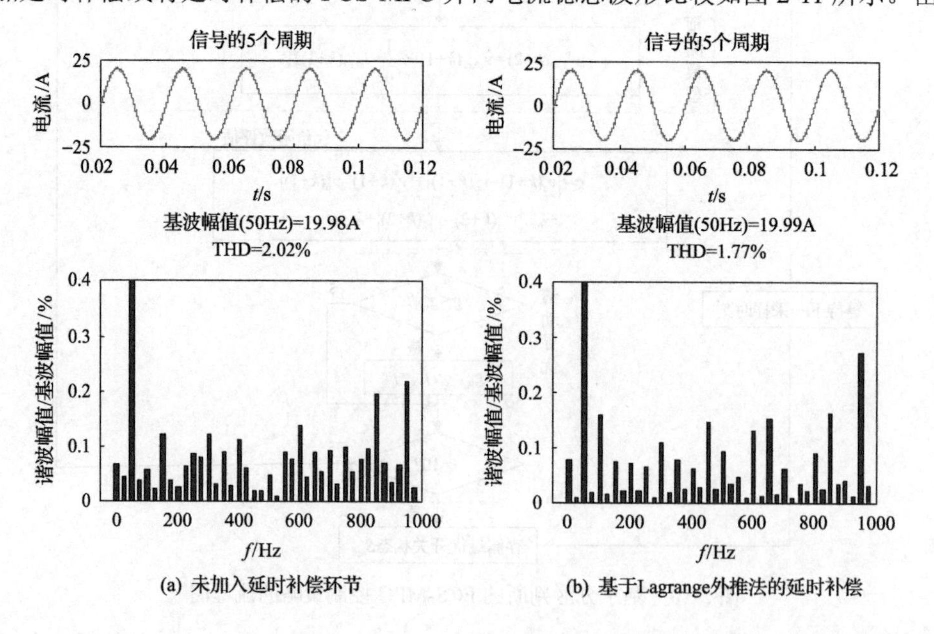

(a) 未加入延时补偿环节　　(b) 基于Lagrange外推法的延时补偿

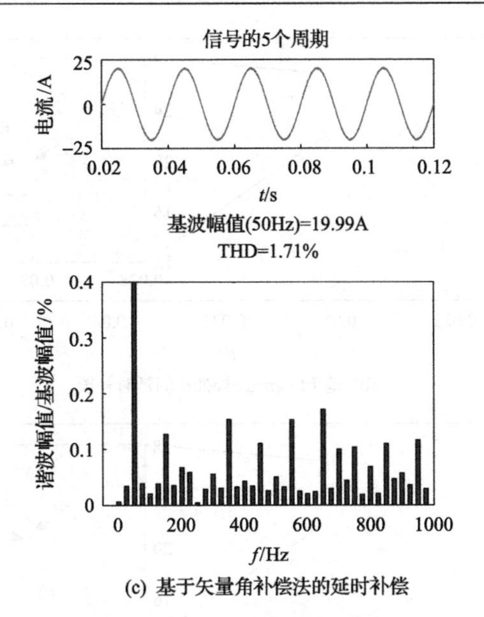

(c) 基于矢量角补偿法的延时补偿

图 2-11　未加延时补偿或者有延时补偿的 FCS-MPC 并网电流稳态波形比较

仿真结果可知，三种 FCS-MPC 算法均具有良好的控制效果，并网电流的幅值基本与参考电流的幅值相同，且经过 FFT 分析得知，它们三者的并网电流谐波畸变率都维持在 5%以内，符合 IEEE 并网谐波要求。经过进一步地比较可得，采用未加入延时补偿的 FCS-MCS，其并网电流 THD 为 2.02%；而加入基于 Lagrange 外推法或矢量角补偿法的延时补偿后，并网电流 THD 分别为 1.77%和 1.71%。由此可见，在 FCS-MCS 中加入延时补偿环节可以改善并网电流的跟踪效果。

暂态情况下，设定并网参考电流的幅值在 t=0.03s 时从 20A 阶跃变化到 25A。

从图 2-12 可以看出，采用延时补偿方法的 FCS-MPC 与传统 FCS-MPC 具有十分相似的动态响应速度。但是，采用 Lagrange 外推法在参考电流发生阶跃变化时，并网电流会出现较大的电流尖峰。而采用矢量角补偿法在参考电流阶跃变化期间仍然有良好的电流跟踪效果，过渡过程并网电流无尖峰，如图 2-12(b)和(c)所示。

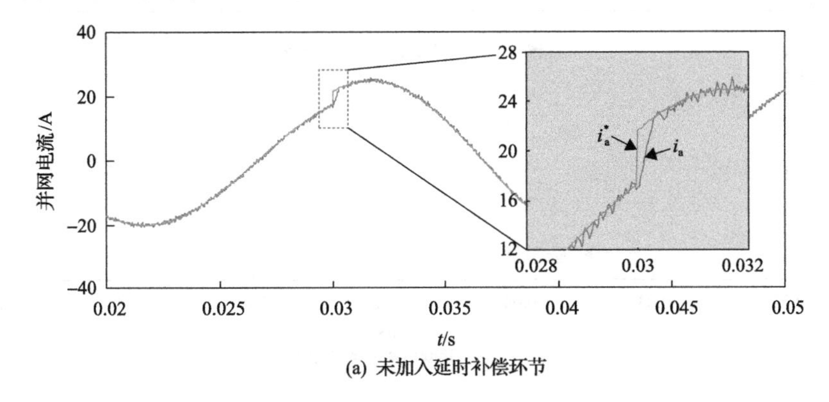

(a) 未加入延时补偿环节

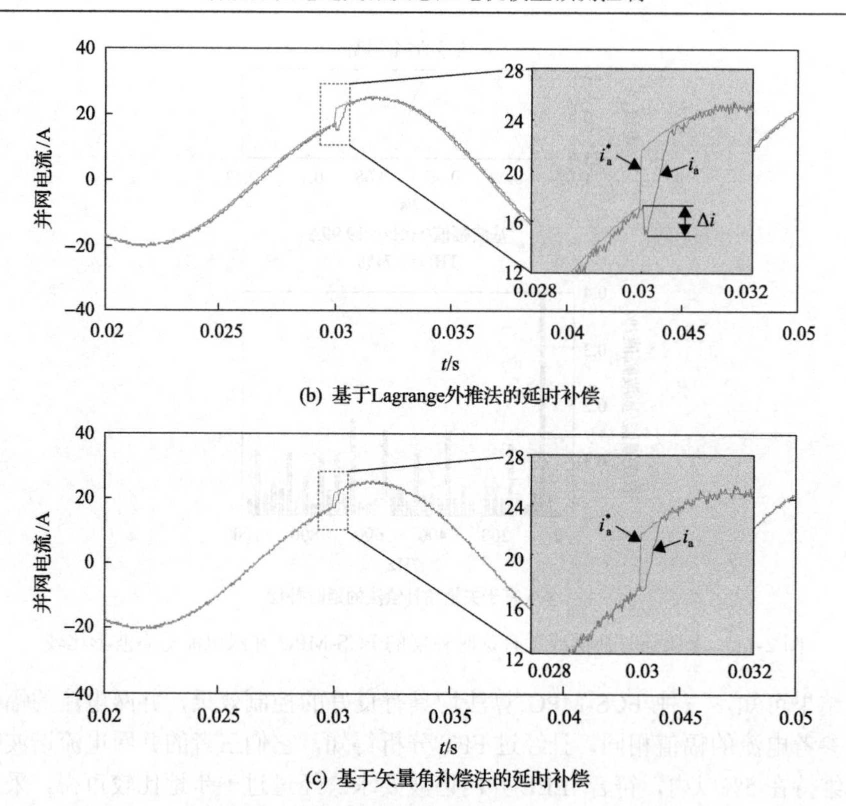

(b) 基于Lagrange外推法的延时补偿

(c) 基于矢量角补偿法的延时补偿

图 2-12 有无延时补偿时并网电流暂态波形比较

图 2-13 给出了采用基于分区判断的 FCS-MPC 策略时，并网电流的动稳态跟踪效果。对输出电流进行 FFT 分析可知，其 THD 值均维持在 2%以内，说明该方法虽然与传统的 FCS-MPC 具有基本相同的稳态性能，但在一定程度上却能减少控制器的运算量，降低了系统对数字处理器的性能要求。为了验证该算法的动态特性，设定在 t=0.03s 和 t=0.06s 时，给定参考电流的幅值从 20A 阶跃上升到 25A 和 30A，由图 2-13(a)可知，基于分区判断的 FCS-MPC 算法的并网电流可以快速

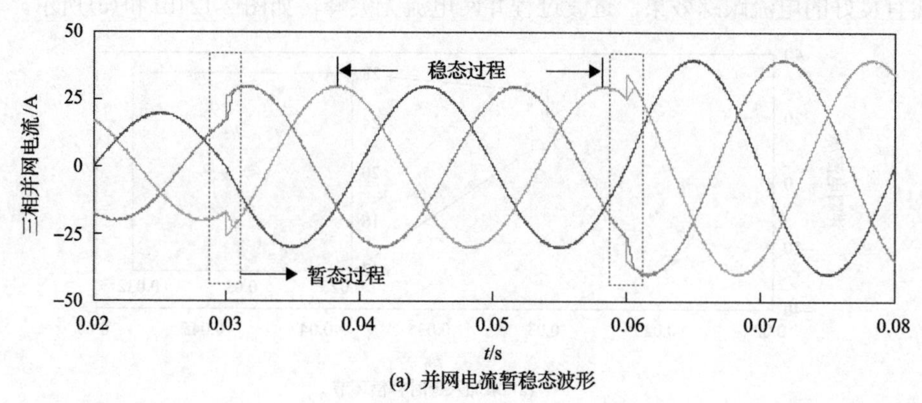

(a) 并网电流暂稳态波形

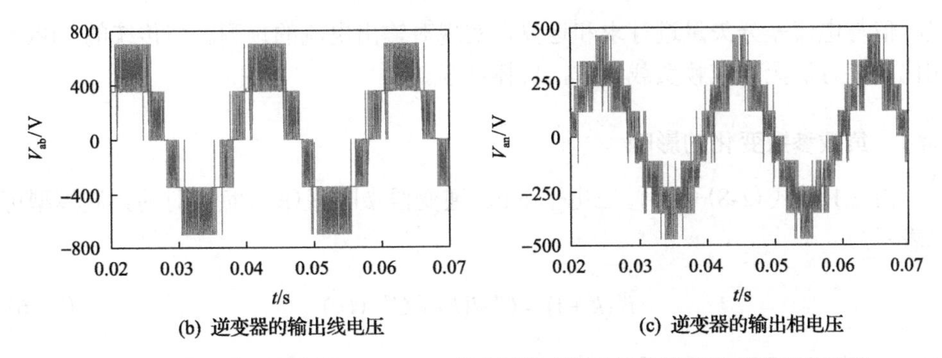

(b) 逆变器的输出线电压　　(c) 逆变器的输出相电压

图 2-13　基于分区判断的 FCS-MPC 策略下逆变器并网电流和输出电压波形图

跟踪 i^* 的阶跃跳变，具有较快的动态响应速度。图 2-13(b)和(c)给出了逆变器的输出电压波形图，可以看出，本章所提方法无须任何调制单元，逆变器的输出电压也能够实现自行调制。

2.4　基于电流差分矢量的改进无模型预测电流控制

传统 FCS-MPC 依赖于精确的系统模型，在实际电路中，当电阻、电感等参数随温度、电磁场和其他外界环境条件的变化而改变时，将直接导致控制器性能的下降[15,16]。

为了解决这个问题，文献[17]提出了一种自校正 FCS-MPC 策略，实时修正预测模型，有效地消除了模型参数时变对控制系统的影响，但在观察电感参数过程中使用的低通滤波器，将直接影响电感的观测效果。文献[18]通过对电路电感值的实时在线监测，实现对三相变换器的直接功率预测控制，但也同样存在类似的问题。文献[19]和[20]通过构造扰动观测器来减少模型参数失配对控制系统造成的影响，提高系统的鲁棒性。但观测器带来的计算延时问题，将严重影响整个控制系统的性能。文献[21]提出一种无模型预测电流控制(model-free predictive current control，MFPCC)，该方法在不使用电机参数的情况下，只利用定子电流与过去时刻的电流差分来实现电流预测。但该方法在每个采样周期中，必须对电流进行两次采样，在两次采样的固定延时时间选择不当情况下，会导致检测到电流尖峰。而关于延迟时间的选择更多的是依赖于研究者的经验，没有确定的指导准则，从而限制了 MFPCC 的普及和使用[22]。

针对上述问题，本节针对带阻感负载的三电平 NPC 逆变器提出一种改进无模型预测电流控制(improved model-free predictive current control，IMFPCC)，该方法在文献[21]的基础上进行改进，在一个控制周期内仅对负载电流进行一次采样，降低了硬件系统的设计要求和控制程序编程实现的难度。同时，本节所提控制策略通过计数因子及时更新不同开关状态下的电流差分矢量，利用每个控制周期的采样值与电流差分矢量进行求和运算，实现对输出电流的预测。与传统的 MPCC 相比，该方法无须依赖负载参数，鲁棒性强。

2.4.1　负载参数变化的影响

由 2.1 节式(2-8)可得，三电平 NPC 逆变器带阻感(RL)负载时的预测模型可以表示为

$$i^{\mathrm{p}}(k+1)=C'\cdot i(k)+C''\cdot v(k) \tag{2-36}$$

式中，$C'=1-RT_{\mathrm{s}}/L$；$C''=T_{\mathrm{s}}/L$。

由式(2-36)可知，预测电流包含以下两个部分：一部分与逆变器负载电流的矢量方向相同；另一部分与实际电路电压的矢量方向相同。负载参数变化对预测电流的影响如图 2-14 所示。

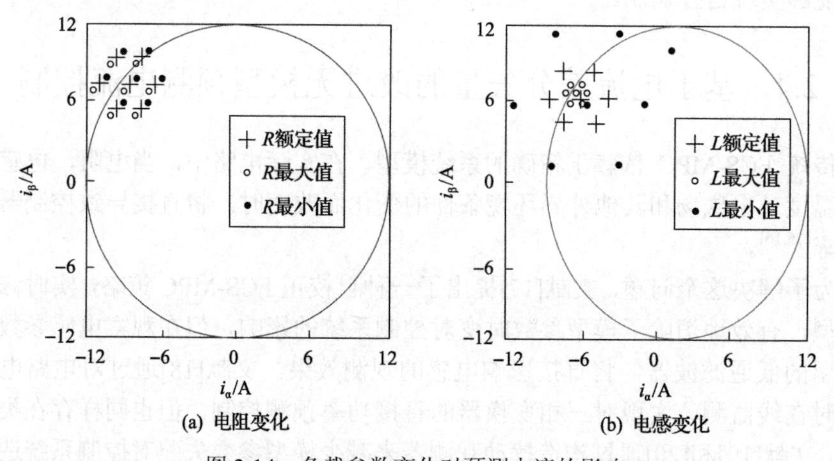

图 2-14　负载参数变化对预测电流的影响

由于以上 MPCC 的实现过程存在着非线性属性，因此无法对其进行根轨迹分析，而且闭合回路稳定性分析也更为复杂。因此，本章将根据控制器性能来分析负载参数变化对控制系统的影响。一方面，负载电阻变化，仅影响C'，因此将使预测电流发生径向移动，从而导致预测电流振幅发生变化；另一方面，负载电感的变化，会导致预测负载电流矢量发生改变，从而会引起电流纹波发生变化且电流幅值产生小幅度变动，原因在于电感的改变，将会同时影响C'和C''两个权重系数。

2.4.2　IMFPCC 工作原理

无模型预测电流控制的基本思想是在控制器的采样频率很高，且在每个控制周期中仅有一个开关状态被使用的情况下，可以认为在该控制周期内负载电流是

线性变化的。因此，只需通过计算每个控制周期前后两个时刻之间的电流差分，即可实现对负载电流的预测。

为了减少用于存储电流差分矢量矩阵的大小，故在两相静止 αβ 坐标系上实现 IMFPCC。由 2.3.1 节所述延时补偿原理可知，应当对 t_{k+2} 时刻的预测值进行计算，如图 2-15 所示。

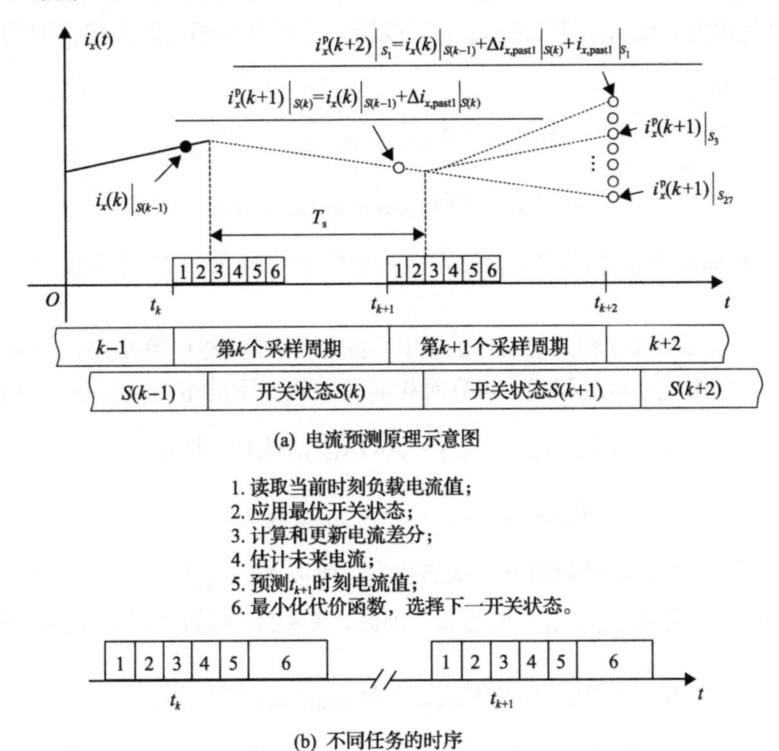

(a) 电流预测原理示意图

(b) 不同任务的时序

图 2-15　IMFPCC 工作原理

从图 2-15 中可以看出，只要根据 t_k 时刻采样得到的负载电流值和两个电流差分矢量，即可实现对 t_{k+2} 时刻电流的预测。值得注意的是，为了得到电流差分且避免检测到由于开关动作而产生的电流尖峰，在第 k 个控制周期中，负载电流应该在开关状态应用之前进行采样。最终 t_{k+2} 时刻负载电流的预测值为

$$i_x^{\mathrm{p}}(k+2)|_{S(k+1)}=i_x(k)|_{S(k-1)}+\Delta i_x|_{S(k)}+\Delta i_x|_{S(k+1)} \tag{2-37}$$

式中，$x\in\{\alpha,\beta\}$，$S(k)\in\{S_1,\cdots,S_{27}\}$，$i_x(k)|_{S(k-1)}$ 表示在开关状态 $S(k-1)$ 作用下，k 时刻的采样电流值。同理，$i_x(k+1)|_{S(k)}$，$i_x(k+2)|_{S(k+1)}$ 分别代表在开关状态 $S(k)$ 和 $S(k+1)$ 下，第 $k+1$ 和第 $k+2$ 个时刻的采样电流值；$\Delta i_x|_{S(k)}$、$\Delta i_x|_{S(k+1)}$ 为电流差分矢量，可以通过式(2-38)和式(2-39)进行计算：

$$\Delta i_x\,|_{S(k)} = i_x(k+1)|_{S(k)} - i_x(k)|_{S(k-1)} \tag{2-38}$$

$$\Delta i_x\,|_{S(k+1)} = i_x(k+2)|_{S(k+1)} - i_x(k+1)|_{S(k)} \tag{2-39}$$

由式(2-38)和式(2-39)可以看出，$\Delta i_x\,|_{S(k)}$ 和 $\Delta i_x\,|_{S(k+1)}$ 需要 t_{k+1} 和 t_{k+2} 两个时刻的负载电流值来对它们进行计算，显然在 t_k 时刻是无法实现的。但由于采样间隔固定且足够短，$\Delta i_x\,|_{S(k)}$ 和 $\Delta i_x\,|_{S(k+1)}$ 可以用之前时刻与相同开关状态时的电流差分来代替，即

$$\Delta i_x\,|_{S(k)} \approx \Delta i_{x,\text{past1}}\,|_{S(k)\in\{S_1,\cdots,S_{27}\}} \tag{2-40}$$

$$\Delta i_x\,|_{S(k+1)} \approx \Delta i_{x,\text{past1}}\,|_{S(k+1)\in\{S_1,\cdots,S_{27}\}} \tag{2-41}$$

式中，下标 past 表示之前时刻存储在矩阵数组中的对应于 27 个逆变器开关状态的电流差分。

为了减少式(2-40)和式(2-41)的估计误差，保证预测电流精度，在每次电流采样后，将采用式(2-42)和式(2-43)对相同开关状态下的电流差分进行更新。

$$\Delta i_{x,\text{past1}}\,|_{S(k-1)\in\{S_1,\cdots,S_{27}\}} = i_x(k)\,|_{S(k-1)} - i_x(k-1)\,|_{S(k-2)} \tag{2-42}$$

$$\Delta i_{x,\text{past2}}\,|_{S_n\in\{S_1,\cdots,S_{27}\}} = \Delta i_{x,\text{past1}}\,|_{S_n=S(k-1)} \tag{2-43}$$

由此可见，由于 k 时刻的开关状态已知，所以 $\Delta i_x\,|_{S(k)}$ 可以用之前时刻相同开关状态的电流差分 $\Delta i_{x,\text{past2}}\,|_{S(k)}$ 来近似。因此，$k+2$ 时刻的负载电流预测值为

$$i_x^{\text{p}}(k+2)\,|_{S_m} = i_x(k)\,|_{S(k-1)} + \Delta i_{x,\text{past1}}\,|_{S(k)} + \Delta i_{x,\text{past1}}\,|_{S_m} \tag{2-44}$$

式中，S_m 为 $k+1$ 时刻的开关状态，必须通过代价函数(式(2-45)和式(2-46))的滚动寻优来获得：

$$g(k)\,|_{S_m} = \left|i_\alpha^*(k+2) - i_\alpha^{\text{p}}(k+2)\,|_{S_m}\right| + \left|i_\beta^*(k+2) - i_\beta^{\text{p}}(k+2)\,|_{S_m}\right| \tag{2-45}$$

$$g(k)\,|_{S_{\text{opt}}} = \min\{g(k)\,|_{S_1},\cdots,g(k)\,|_{S_{27}}\} \tag{2-46}$$

式中，$g(k)$ 为 27×1 矩阵数组；S_{opt} 为最终被选择的 $k+1$ 时刻的最优开关状态。

2.4.3 IMFPCC 算法流程

在整个 IMFPCC 的实现过程中，由于不同开关状态下的电流差分更新速度不同，容易出现逆变器的某个开关状态所对应的电流差分持续未被更新问题，最终导致式(2-44)电流预测值产生较大误差。为此，本章引入开关状态更新计数因子 r，如图 2-16 所示，当开关状态 S_n 在连续 r 个采样间隔中未被使用时，在 t_{k+r} 时刻，

S_n 将作为控制器的最优开关状态输出。于是，本章所提 IMFPCC 控制策略框图如图 2-17 所示，整个控制方案无须任何负载参数即可实现对输出电流的控制。因此，负载参数变化几乎不对输出电流产生影响。

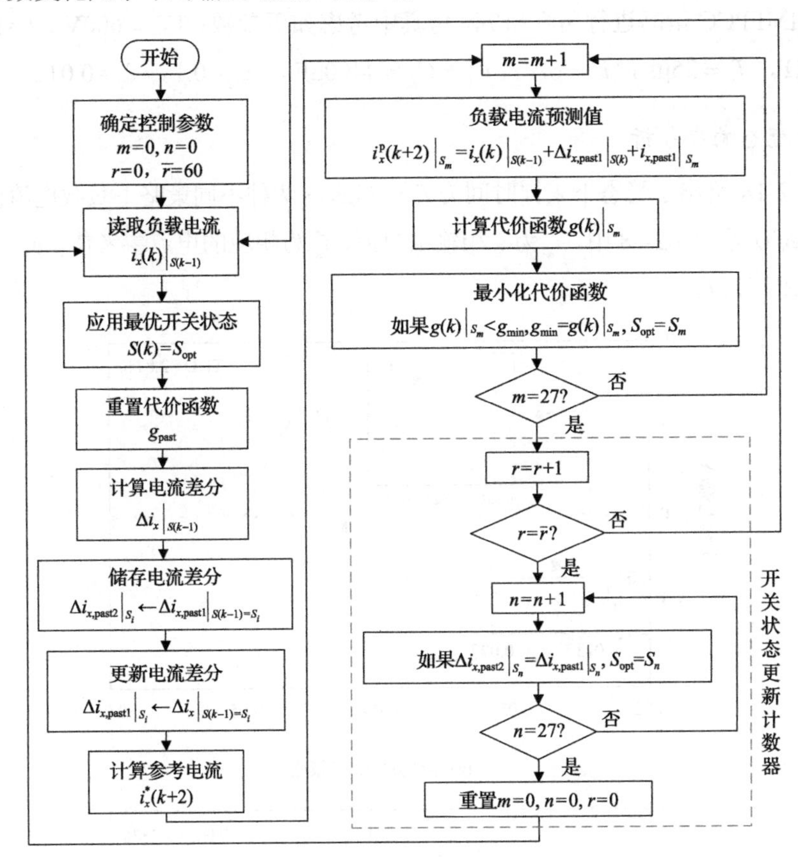

图 2-16　本书所提 IMFPCC 算法流程

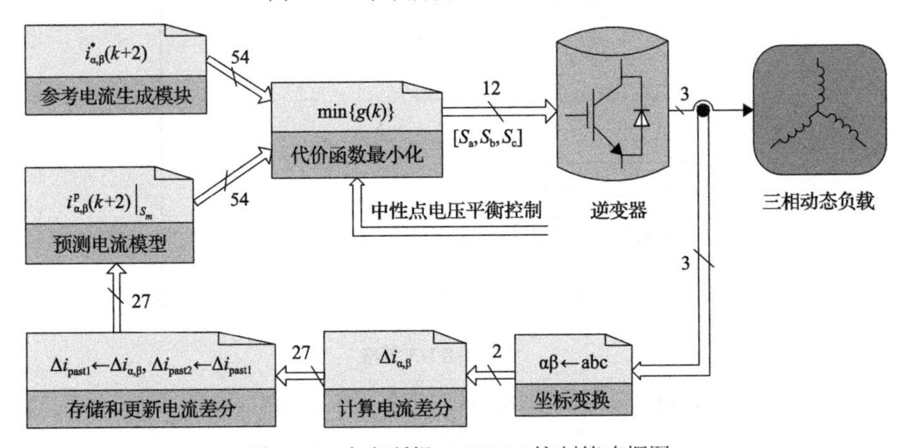

图 2-17　本章所提 IMFPCC 控制策略框图

2.4.4 仿真分析与验证

为了验证本章所提 IMFPCC 策略的可行性，在 MATLAB2015b/Simulink 环境下，对 IMFPCC 策略进行仿真研究，仿真中考虑如下参数：$V_{dc}=600\text{V}$，L=10mH，$R=10\Omega$，$T_s=25\mu\text{s}$，$i^*=6\text{A}$，$C_1=C_2=4400\mu\text{F}$，λ_{dc}=0.1，λ_n=0.01。

1. 稳态响应分析

图 2-18 给出了稳态下采样时间为 $T_s=25\mu\text{s}$ 时两种不同策略下负载电流波形和电流跟踪误差。图 2-18 中，i_a 为 a 相输出电流，i_a^* 为相应的电流参考值，$e_a=i_a-i_a^*$ 为电流跟踪误差。

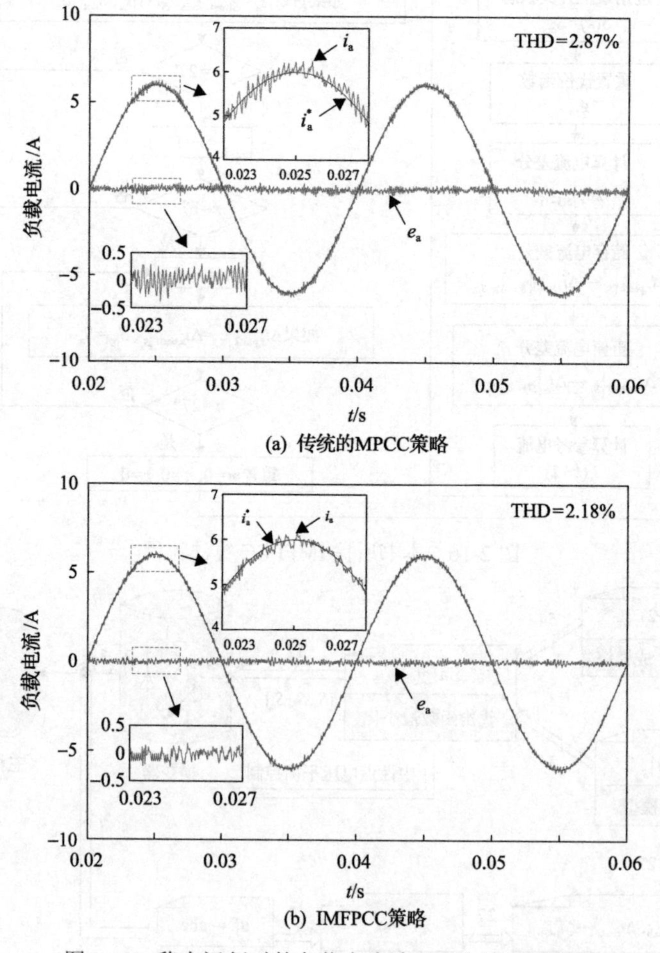

图 2-18 稳态运行时的负载电流波形和电流跟踪误差

由图 2-18 可知，采用传统的 MPCC 策略时，a 相输出电流 i_a 的谐波畸变率 THD 为 2.87%，而本章所提 IMFPCC 策略 i_a 的 THD 为 2.18%，且具有较小的跟踪误差，其稳态性能略优于传统的 MPCC。

本章所提 IMFPCC 策略的控制效果取决于系统的采样频率。图 2-19 给出了不同采样频率下，q 轴电流的输出情况。由图 2-19 可知，当采用更短的采样时间，即较高采样频率时，电流纹波会大幅度降低。然而，采样时间的缩短，会使得逆变器的开关频率大幅度增加，进而导致开关损耗会迅速增加从而造成开关内部结温不断增高，威胁到开关器件的正常运行。因此，考虑到开关损耗的影响，不能无限制增大采样频率来提高控制效果。

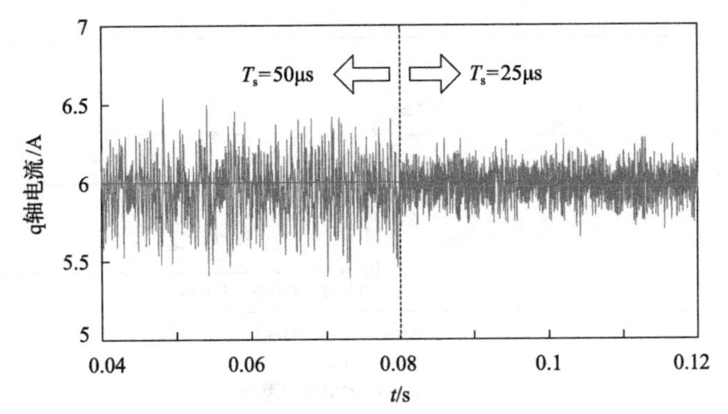

图 2-19　IMFPCC 策略采样周期从 50 μs 变到 25 μs 时的负载电流波形

2. 暂态响应分析

图 2-20 给出传统的 MPCC 策略和本章所提 IMFPCC 策略两种控制策略输出电流的动态响应。假设在 0.04s 时，参考电流的幅值从 6A 变到 12A。从图 2-20 中可以看出，$t_1 > t_2$，即采用本章所提 IMFPCC 策略表现出更快的动态响应速度。

原因在于电流预测过程中，本章所提方法仅使用加法器，而无过多的乘法器参与计算。因此，当参考幅值发生阶跃变化时，IMFPCC 仍能以快速的动态速度跟随其参考值。在相同变化条件下，电流的跟踪性能如图 2-21 所示，当系统处于过渡状态时，本章所提 IMFPCC 控制策略的输出电流值更为接近参考值，其电流跟踪误差较小，且过渡过程更加平缓快速。

3. 参数敏感性分析

图 2-22 给出了当负载参数电阻 R，电感 L 变化时两种控制策略的 α 轴电流跟踪效果。从图 2-22(a) 可以看出，当电阻增加原来的 40%时，采用传统 MPCC 策略时，预测电流的振幅发生变化，不能准确地跟踪参考电流值。采用 IMFPCC 策

略，预测电流直接取决于电流差分矢量的更新速度，不再受负载参数变化的影响，因此，预测电流能够准确地跟踪参考值。

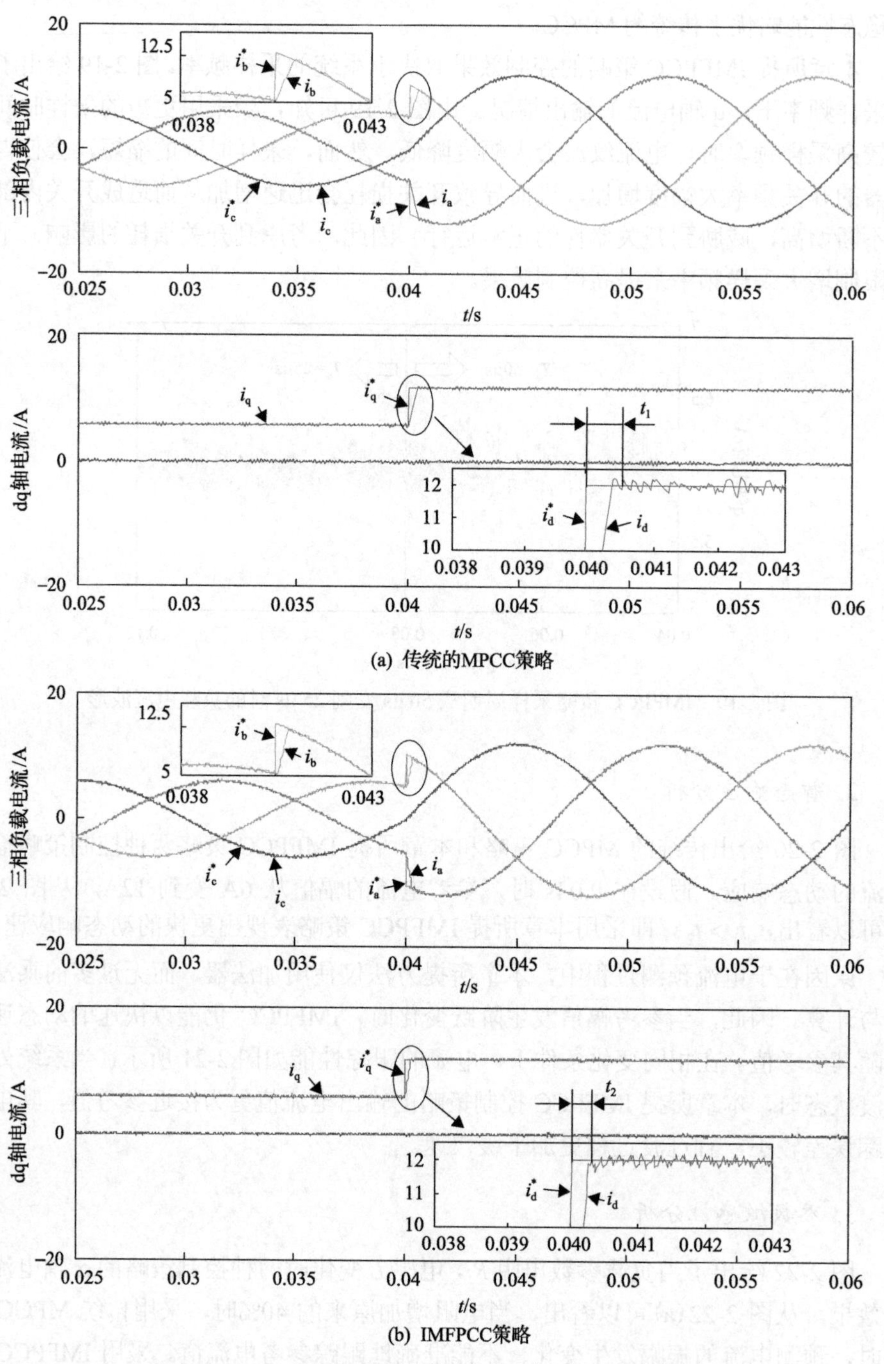

(a) 传统的MPCC策略

(b) IMFPCC策略

图 2-20　参考电流幅值从 6A 变到 12A 时的负载电流波形

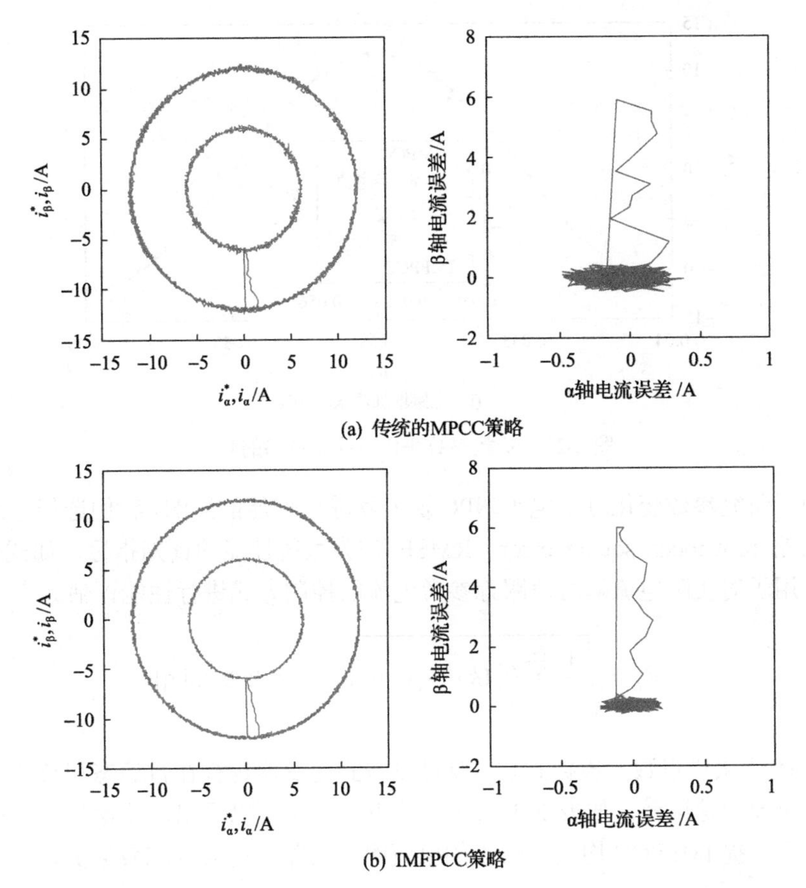

(a) 传统的MPCC策略

(b) IMFPCC策略

图 2-21　参考电流幅值从 6A 变到 12A 时的负载电流跟踪误差

当负载电感增加原来的 40%时，与传统 MPCC 策略相比较，IMFPCC 策略的预测电流与参考值之间的径向位移和小幅振幅变化消失，预测电流的输出响应几乎未发生改变，如图 2-22(b)所示。

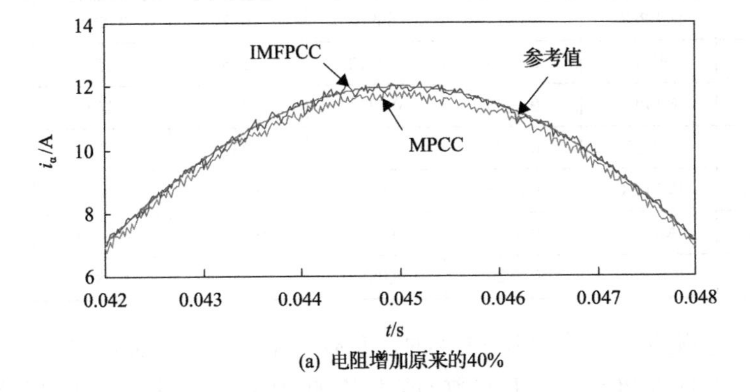

(a) 电阻增加原来的40%

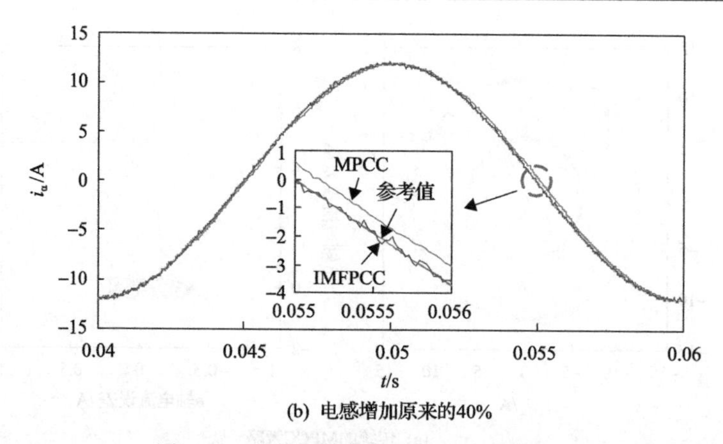

(b) 电感增加原来的40%

图 2-22　负载参数变化下控制策略的响应

为了研究参数变化对三电平 NPC 逆变器输出性能的影响，我们选择电流的均方根误差(root mean square error，RMSE)作为系统性能的评判指标，如式(2-47)所示，用于对实际电流瞬时值跟踪参考电流的控制方式进行性能评估。

$$R_x = \sqrt{\frac{1}{M}\sum_{k=1}^{M}(i_x^*(k) - i_x(k))^2}, \qquad x \in \{a,b,c,d,q\} \tag{2-47}$$

式中，M 为采样点数。根据式(2-47)可以得到逆变器运行在暂稳态和负载变化条件下的电流跟踪误差，如表 2-3 所示。从表 2-3 中可以看出，无论是在何种情况下，本章所提 IMFPCC 均具有较小的电流跟踪误差，电流跟踪效果更好。

表 2-3　负载电流的均方根误差

图形	控制策略	负载电流的 RMSE				
		R_a	R_b	R_c	R_d	R_q
图 2-18(a)	MPCC	0.1258	0.2146	0.2101	0.1398	0.2261
图 2-18(b)	IMFPCC	0.0910	0.0925	0.0920	0.0859	0.0975
图 2-20(a)	MPCC	0.1309	0.2812	0.2753	0.1552	0.3010
图 2-20(b)	IMFPCC	0.1069	0.2341	0.2385	0.1052	0.2665
图 2-22(a)	MPCC	0.1345	0.2322	0.2313	0.1133	0.2662
图 2-22(a)	IMFPCC	0.0916	0.0928	0.0929	0.0861	0.0983
图 2-22(b)	MPCC	0.0999	0.2306	0.2270	0.1174	0.2504
图 2-22(b)	IMFPCC	0.0829	0.0859	0.0851	0.0809	0.0883

当负载参数从 25%变化到 175%时，负载电流的 RMSE 曲线如图 2-23 所示。可以看出，传统 MPCC 策略对参数的变化更加敏感。而由于本章所提 IMFPCC 策

略在预测电流过程中未使用任何负载参数，在相同条件下，RMSE 几乎恒定不变。说明本章所提方法即使是在负载参数发生变动时，仍能保持良好的控制性能，使输出电流准确地跟随给定值，具有更强的参数鲁棒性。

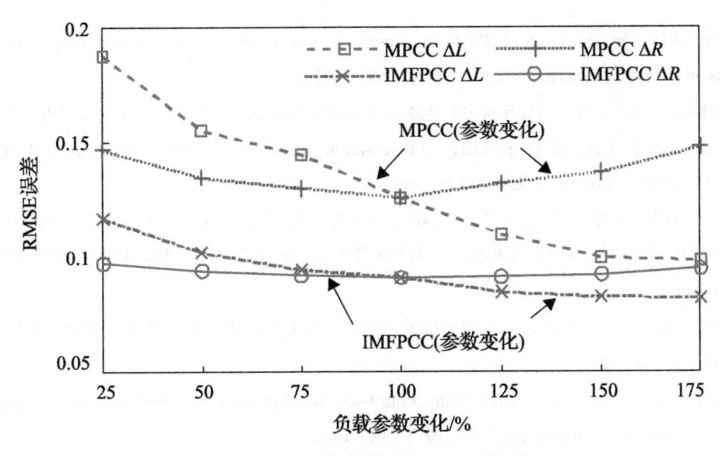

图 2-23　负载电流的 RMSE 曲线

2.5　本 章 小 结

本章首先将 FCS-MPC 技术应用于三电平 NPC 并网逆变器的电流控制之中，详细阐述了 FCS-MPC 的工作原理，并给出具体的实现流程。本章所述 FCS-MPC 方法不需要任何线性控制器或调制手段，可以有效地控制并网电流。然后在传统 FCS-MPC 的基础上加入延时补偿环节，以此来消除控制过程中的计算延时。其次，为了改善 FCS-MPC 应用过程中需要大量运算的问题，采用了基于分区判断的 FCS-MPC 控制策略，在确保系统控制性能的前提下，大大减少了算法的运算量，从而降低了控制器的计算负担。最后，针对传统的 FCS-MPC 控制策略对系统模型依赖性强、鲁棒性差的问题，提出了一种 IMFPCC 策略，该方法利用当前时刻检测得到的负载电流和计算得到的电流差分矢量预测下一时刻的输出电流值，无须任何负载模型参数。仿真结果表明：本章所提 IMPCC 控制策略具有良好的稳态特性和动态响应，且能消除负载参数变化对控制系统稳定性的影响。

参 考 文 献

[1] 李继侠. 三电平光伏并网逆变器的控制[D]. 广州：华南理工大学, 2014.

[2] 郑重，耿华，杨耕. 新能源发电系统并网逆变器的高电压穿越控制策略[J]. 中国电机工程学报，2015，35(6)：1463-1472.

[3] 柳志飞，杜贵平，杜发达. 有限集模型预测控制在电力电子系统中的研究现状和发展趋势[J]. 电工技术学报，2017, 32(22): 58-69.

[4] 王新宇, 何英杰, 刘进军. 注入零序分量 SPWM 调制三电平逆变器直流侧中点电压平衡控制机理[J]. 电工技术学报, 2011, 26(5): 70-77.
[5] Rodriguez J, Cortes P. Predictive Control of Power Converters and Electrical Drives[M]. New York: Wiley-IEEE Press, 2012.
[6] Vargas R, Cortes P, Ammann U, et al. Predictive control of a three-phase neutral-point-clamped inverter[J]. IEEE Transactions on Industrial Electronics, 2007, 54(5): 2697-2705.
[7] 王治国, 郑泽东, 李永东, 等. 三相异步电机电流多步预测控制方法[J]. 电工技术学报, 2018, 33(9): 1975-1984.
[8] Cortes P, Rodriguez J, Silva C, et al. Delay compensation in model predictive current control of a three-phase inverter[J]. IEEE Transactions on Industrial Electronics, 2011, 59(2): 1323-1325.
[9] 朱晓雨, 王丹, 彭周华, 等. 三相电压型逆变器的延时补偿模型预测控制[J]. 电机与控制应用, 2015, 42(9): 1-7.
[10] 贾冠龙, 李冬辉, 姚乐乐. 改进有限集模型预测控制策略在三相级联并网逆变器中的应用[J]. 电网技术, 2017, 41(1): 245-250.
[11] 陆治国, 王友, 廖一茜. 基于光伏并网逆变器的一种矢量角补偿法有限控制集模型预测控制研究[J]. 电网技术, 2018, 42(2): 548-554.
[12] Xia C, Liu T, Shi T, et al. A simplified finite-control-set model-predictive control for power converters[J]. IEEE Transactions on Industrial Informatics, 2017, 10(2): 991-1002.
[13] 王萌, 施艳艳, 沈明辉, 等. 三相电压型整流器模型电压预测控制[J]. 电工技术学报, 2015, 30(16): 49-55.
[14] 杨勇, 樊明迪, 谢门喜, 等. 三电平三相逆变器快速有限控制集模型预测控制方法[J]. 电机与控制学报, 2016, 20(8): 83-91.
[15] 沈坤, 章兢. 具有建模误差补偿的三相逆变器模型预测控制算法[J]. 电力自动化设备, 2013, 33(7): 86-91.
[16] 张虎, 张永昌, 刘家利, 等. 基于单次电流采样的永磁同步电机无模型预测电流控制[J]. 电工技术学报, 2017, 32(2): 180-187.
[17] 王萌, 施艳艳, 沈明辉, 等. 三相电压型 PWM 整流器模型自校正预测控制[J]. 电工技术学报, 2014, 29(8): 151-157.
[18] Antoniewicz P, Kazmierkowski M P. Virtual-flux-based predictive direct power control of AC/DC converters with online inductance estimation[J]. IEEE Transactions on Industrial Electronics, 2008, 55(12): 4381-4390.
[19] Xia C, Wang M, Song Z, et al. Robust model predictive current control of three-phase voltage source PWM rectifier with online disturbance observation[J]. IEEE Transactions on Industrial Informatics, 2012, 8(3): 459-471.
[20] Lee K J, Park B G, Kim R Y, et al. Robust predictive current controller based on a disturbance estimator in three-phase grid-connected inverter[J]. IEEE Transactions on Power Electronics, 2012, 27(1): 276-283.
[21] Lin C K, Liu T H, Yu J T, et al. Model-free predictive current control for interior permanent-magnet synchronous motor drives based on current difference detection technique[J]. IEEE Transactions on Industrial Electronics, 2014, 61(2): 667-681.
[22] Lai Y S, Lin C K, Chuang F P, et al. Model-free predictive current control for three-phase AC/DC converters[J]. IET Electric Power Applications, 2017, 11(5): 729-739.

第 3 章　不平衡电网电压下并网逆变器电流质量及功率协调控制策略

由第 2 章内容可知，在电网处于正常稳定运行状态时，采用模型预测控制策略可以起到良好的控制效果。然而，电网电压不平衡的情况时常发生，例如，电网故障、大功率单相负载的接入和大电机的启动等。在这种条件下，并网逆变器输出的有功、无功功率将会出现二倍频振荡，并网电流也将发生畸变，甚至剧增，降低并网电能质量，影响并网逆变器的正常安全运行。

为此，本章将介绍两种高级电网同步技术，来解决不平衡电网下如何快速而准确地检测出电网电压幅值和相角的问题。以此为基础，提出一种不平衡电网电压下并网逆变器电流质量及功率协调控制策略。该方法不仅可以有效地平衡三相并网电流，实现输出有功或无功功率的恒定，还能够保证电网发生不平衡故障过程中逆变器并网电流小于最大电流限值。

3.1　不平衡电网下的三相逆变并网同步技术

3.1.1　基本锁相环

一个锁相环(phase looked loop，PLL)就是一个闭环系统，它主要是通过反馈环来控制系统内部的压控振荡器，使其与某个外部周期信号的节拍保持一致，达到自动跟踪输入信号的目的[1]。

图 3-1(a)所示为 PLL 的基本结构。从图 3-1(a)中可以看出，一个基本的 PLL 包含一个相角(误差)检测器(phase detector，PD)单元、一个环路滤波器(loop filter，LF)以及一个压控振荡器(voltage controlled oscillator，VCO)。PD 单元用于测量输入与输出信号之间的相位差，随后将其输出至环路滤波器，并由 LF 提取出直流分量。该直流分量放大后通过 VCO(可以是一个 PI 控制器)产生输出信号的频率，该频率积分后为输出信号的相角。若输出信号频率锁定输入信号，则输入和输出信号之间的相位差(也就是 PD 单元的输出)最终将为 0。

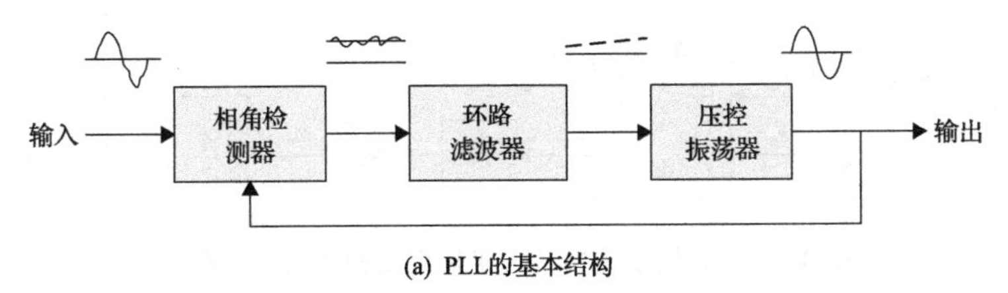

(a) PLL的基本结构

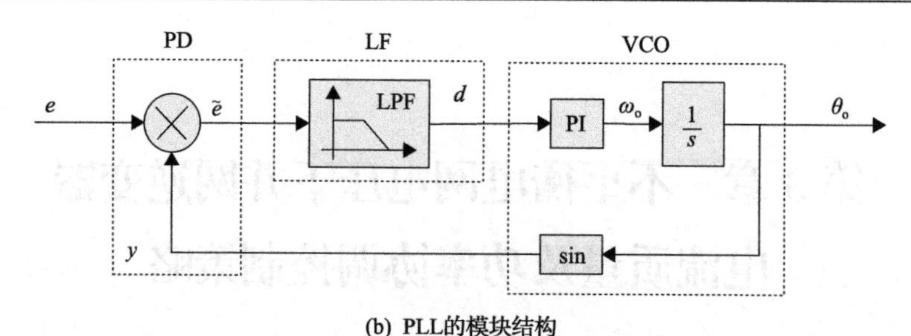

(b) PLL的模块结构

图 3-1 传统 PLL 的原理框图

图 3-1(b)为一个简单 PLL 的控制结构，PD 为一个乘法器，LF 为一个低通滤波器(LPF)，VCO 包括一个 PI 调节器、一个积分器及一个正弦函数发生器。对于一个相角为 $\theta_g=\omega_g t+\varphi_g$ 的输入信号 $e=E\cos\theta_g$ 和一个相角为 $\theta_o=\omega_o t+\varphi_o$ 的输出信号 $y=\sin\theta_o$，PD 单元的输出是

$$\begin{aligned}\tilde{e}&=ey=E\sin\theta_o\cos\theta_g\\&=\frac{E}{2}\sin[(\omega_o-\omega_g)t+(\varphi_o-\varphi_g)]+\frac{E}{2}\sin[(\omega_o+\omega_g)t+(\varphi_o+\varphi_g)]\end{aligned}\tag{3-1}$$

式中，θ_g 为输入量的相角；ω_g 为输入量的角速度，φ_g 为输入量初相角；θ_o、ω_o、φ_o 为输出量的相角、角速度和初相角；前一项为含有 e 和 y 相位差的低频分量，而后一项为可被 LF 滤除的高频分量。最终，LF 的输出信号 d 为

$$d=\frac{E}{2}\sin[(\omega_o-\omega_g)t+(\varphi_o-\varphi_g)]\tag{3-2}$$

信号 d 经过 PI 调节器后产生估计的频率 ω_o，该频率积分后得到相位以将输出信号 $y=\sin\theta_o$ 反馈至 PD 构成回路。稳态时，d 为 0 且 $\theta_o=\theta_g$，即 $\omega_o=\omega_g$，$\varphi_o=\varphi_g$。这样，输入信号 e 的相位就被输出信号 y 锁定了。

3.1.2 同步旋转参考坐标系锁相环(SRF-PLL)

三相应用中一个常用的同步技术是同步旋转参考坐标系锁相环(synchronous reference frame-PLL，SRF-PLL)。图 3-2 给出了三相同步旋转参考坐标系锁相环的结构框图。

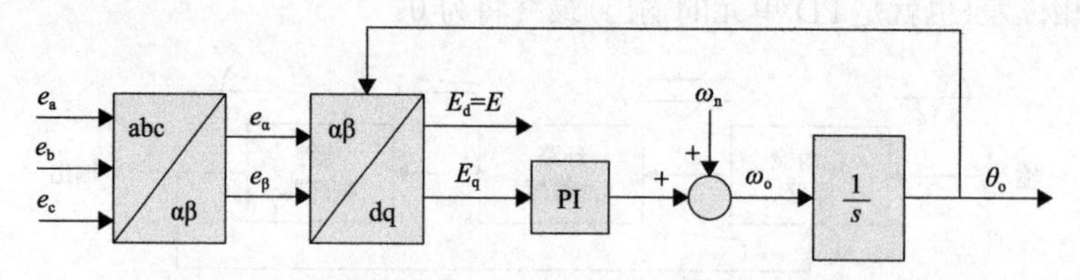

图 3-2 三相同步旋转参考坐标系锁相环的结构框图

设三相电网电压 $e_{abc}=[e_a,e_b,e_c]^T$。通过 Clark 变换，将三相 e_{abc} 从自然(abc)坐标系变换到静止参考(αβ)坐标系：

$$e_{\alpha\beta}=\begin{bmatrix}e_\alpha\\ e_\beta\end{bmatrix}=\frac{2}{3}\begin{bmatrix}1 & -\dfrac{1}{2} & -\dfrac{1}{2}\\ 0 & -\dfrac{\sqrt{3}}{2} & \dfrac{\sqrt{3}}{2}\end{bmatrix}e_{abc}=T_{\alpha\beta}\times e_{abc} \tag{3-3}$$

然后通过 Park 变换可以得到

$$e_{dq}=\begin{bmatrix}E_d\\ E_q\end{bmatrix}=\begin{bmatrix}\cos\theta_o & -\sin\theta_o\\ \sin\theta_o & \cos\theta_o\end{bmatrix}e_{\alpha\beta}=T_{dq}\times e_{\alpha\beta} \tag{3-4}$$

对于理想的三相电网电压矢量：

$$\begin{bmatrix}e_a\\ e_b\\ e_c\end{bmatrix}=E\begin{bmatrix}\cos(\theta)\\ \cos(\theta-2\pi/3)\\ \cos(\theta+2\pi/3)\end{bmatrix} \tag{3-5}$$

再结合式(3-3)和式(3-4)可得

$$\begin{bmatrix}E_d\\ E_q\end{bmatrix}=T_{dq}\times T_{\alpha\beta}\times e_{abc}=E\begin{bmatrix}\cos(\theta_o-\theta)\\ \sin(\theta_o-\theta)\end{bmatrix} \tag{3-6}$$

因此，三相电网电压在同步旋转坐标系中包含两个直流分量 E_d 和 E_q。为了锁定输入信号的相位，也就是为了得到 $\theta_o=\theta$，可以将 E_d 送入 PI 控制器，并且在稳态时保持 $E_q=0$。PI 的输出实际上就是估计的频率，可以积分后得到估计的相位角 θ_o，如图 3-2 所示。电压的幅值可以通过式(3-7)获得

$$E=\sqrt{E_d^2+E_q^2} \tag{3-7}$$

当相位被锁定时，$E=E_d$。因此，频率、幅值和相角均可以从 SRF-PLL 获得。

在理想的平衡条件下，SRF-PLL 可以通过跟踪相位及频率来消除静态误差，具有高带宽，从而获得快速准确的跟踪性能。因此，在很多功率控制场合，SRF-PLL 已经得到非常广泛的应用。

但是，SRF-PLL 对不平衡电压很敏感。当电网电压出现不平衡故障时，锁相环会受到电网电压二次谐波分量的干扰，并使 SRF-PLL 检测得到的电网电压的幅值和相角都有二倍频振荡分量存在[2-4]。因此，下面将针对电网不平衡情况分析两种高级锁相环，即双二阶广义积分器锁相环和解耦双同步坐标系锁相环，来降低

二倍频谐波对锁相环检测效果的影响。

3.1.3 双二阶广义积分器锁相环(DSOGI-PLL)

双二阶广义积分器锁相环(dual second order generalized integrator-PLL，DSOGI-PLL)基于二阶广义积分器实现对电网电压正负序分量的提取[5]。与SRF-PLL相比，它能够削弱电网故障时高次谐波畸变对锁相环的不利影响。

在不平衡电网情况下，如何实现在并网点准确地跟踪电网电压的正序和负序分量，往往会直接影响到并网逆变器的控制性能。在三相三线制的并网逆变器中，可以忽略零序分量。因此不对称的电网电压可以变换分解为$e_{abc}=e_{abc}^{+}+e_{abc}^{-}$。根据对称分量法，三相电网电压$e_{abc}$的正、负序分量$e_{abc}^{+}$和$e_{abc}^{-}$可以表示为

$$e_{abc}^{+}=\begin{bmatrix}e_a^{+}\\e_b^{+}\\e_c^{+}\end{bmatrix}=\frac{1}{3}\begin{bmatrix}1&\alpha&\alpha^2\\\alpha^2&1&\alpha\\\alpha&\alpha^2&1\end{bmatrix}\begin{bmatrix}e_a\\e_b\\e_c\end{bmatrix}=T_{+}e_{abc} \tag{3-8}$$

$$e_{abc}^{-}=\begin{bmatrix}e_a^{-}\\e_b^{-}\\e_c^{-}\end{bmatrix}=\frac{1}{3}\begin{bmatrix}1&\alpha^2&\alpha\\\alpha&1&\alpha^2\\\alpha^2&\alpha&1\end{bmatrix}\begin{bmatrix}e_a\\e_b\\e_c\end{bmatrix}=T_{-}e_{abc} \tag{3-9}$$

式中，$\alpha=e^{j2\pi/3}$代表120°相移。

根据式(3-3)，e_{abc}的各序分量在αβ坐标系上可以表示为

$$\begin{cases}e_{\alpha\beta}^{+}=T_{\alpha\beta}e_{abc}^{+}\\e_{\alpha\beta}^{-}=T_{\alpha\beta}e_{abc}^{-}\end{cases} \tag{3-10}$$

将式(3-8)和式(3-9)代入式(3-10)可以得到

$$\begin{cases}e_{\alpha\beta}^{+}=T_{\alpha\beta}T_{+}e_{abc}\\e_{\alpha\beta}^{-}=T_{\alpha\beta}T_{-}e_{abc}\end{cases} \tag{3-11}$$

由式(3-3)还可以得到$e_{abc}=T_{\alpha\beta}^{-1}e_{\alpha\beta}$，然后将其代入式(3-11)可以得到

$$\begin{cases}e_{\alpha\beta}^{+}=T_{\alpha\beta}T_{+}T_{\alpha\beta}^{-1}e_{\alpha\beta}\\e_{\alpha\beta}^{-}=T_{\alpha\beta}T_{-}T_{\alpha\beta}^{-1}e_{\alpha\beta}\end{cases} \tag{3-12}$$

最后运算矩阵$T_{\alpha\beta}T_{+}T_{\alpha\beta}^{-1}$可以得到三相电网电压的正、负序分量表达式为

$$e_{\alpha\beta}^{+}=\frac{1}{2}\begin{bmatrix}1 & -q\\ q & 1\end{bmatrix}e_{\alpha\beta} \tag{3-13}$$

$$e_{\alpha\beta}^{-}=\frac{1}{2}\begin{bmatrix}1 & q\\ -q & 1\end{bmatrix}e_{\alpha\beta} \tag{3-14}$$

式中，q=$\mathrm{e}^{-\mathrm{j}\pi/2}$ 代表 90° 滞后的移相因子，将 q 应用在时域运算中，可以得到输入量的交轴分量。

图 3-3 给出了 DSOGI-PLL 控制结构。从图 3-3 中可以看出，算子 q 可以通过使用基于二阶广义积分器-正交信号发生器(SOGI-QSG)来实现。SOGI-QSG 可以产生滤波后主要含基波分量的同相位的信号 e_{α}' 和正交量 qe_{α}'。

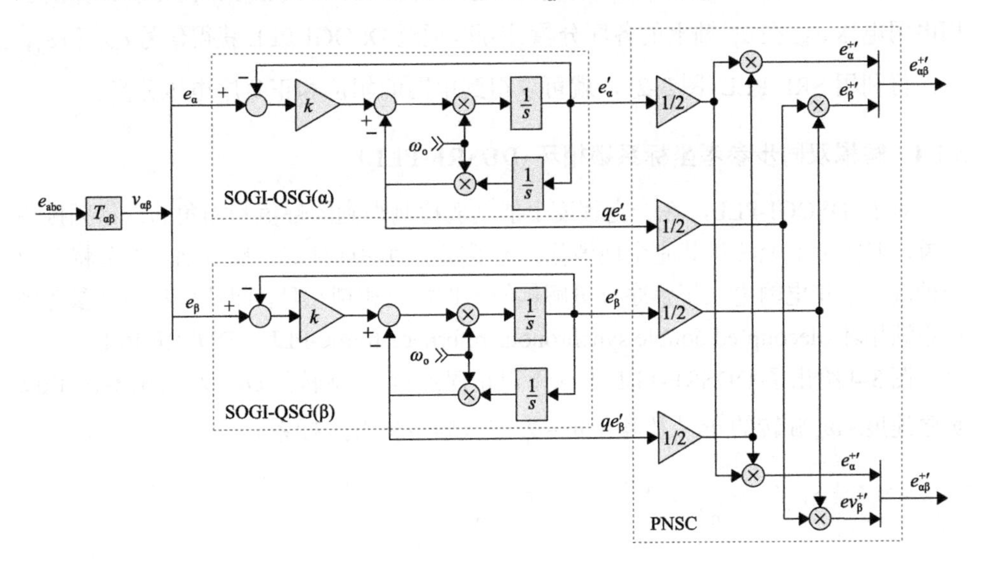

图 3-3　DSOGI-PLL 控制结构

为了分析方便，以 SOGI-QSG(α)为例，e_{α} 到 e_{α}' 的传递函数 $G_{\mathrm{d}}(s)$ 为

$$G_{\mathrm{d}}(s)=\frac{k\omega_{\mathrm{o}}s}{s^2+k\omega_{\mathrm{o}}s+\omega_{\mathrm{o}}^2} \tag{3-15}$$

式中，ω_{o} 为 SOGI-QSG 的谐振频率，而 e_{α} 到 qe_{α}' 的传递函数 $G_{\mathrm{q}}(s)$ 为

$$G_{\mathrm{q}}(s)=\frac{k\omega_{\mathrm{o}}^2}{s^2+k\omega_{\mathrm{o}}s+\omega_{\mathrm{o}}^2} \tag{3-16}$$

当 $0\leqslant k<2$ 时，$G_{\mathrm{d}}(s)$ 和 $G_{\mathrm{q}}(s)$ 为谐振滤波器，可以提取 e_{α} 中频率为谐振频率 ω_{o} 的分量。假设 s=jω，G_{d}=1，G_{q}=1，则 e_{α}'=e_{α}。而且 qe_{α}' 和 e_{α} 有相同的幅值，但相角有 90° 的滞后。当频率偏离 ω_{o}，$|G_{\mathrm{d}}|$ 和 $|G_{\mathrm{q}}|$ 相应减小，减小的速度与增益 k

有关。因此，只有基波分量可顺利通过 SOGI-QSG，小的增益 k 可带来更好的选择性和对其他频率分量更强的抑制效果，但进入稳态的时间会变长。由式(3-15)和式(3-16)可知，$G_{\mathrm{d}}(s)$ 和 $G_{\mathrm{q}}(s)$ 存在如下关系：

$$G_{\mathrm{d}}(s)=\frac{s}{\omega}G_{\mathrm{q}}(s) \tag{3-17}$$

从式(3-17)可以看出，SOGI-QSG 的输出量和 qe'_{α} 在任何频率下都和 v'_{α} 有 90° 的滞后，即两个分量 v'_{α} 和正交量 qv'_{α} 总是正交的。

如图 3-3 所示，两个 SOGI-QSG 分别产生了 e'_{α}、qe'_{α} 和 e'_{β}、qe'_{β}，这些信号作为正/负序分量计算模块(PNSC)的输入，通过式(3-13)和式(3-14)就可以计算出三相电网电压 e_{abc} 在 αβ 轴上的各序分量。因此，通过 DSOGI-PLL 获得信号 $e_{\alpha\beta}^{+}{}'$ 和 $e_{\alpha\beta}^{-}{}'$ 后，再利用 SRF-PLL(图 3-2)，就可以得到电网的相位和正负序电压分量。

3.1.4 解耦双同步参考坐标系锁相环(DDSRF-PLL)

对于 DSOGI-PLL，在一定程度上能削弱检测得到的幅值和相角的二倍频振荡现象，但实际上无法将其完全地消除。为了完全消除这种二倍频振荡，本节将介绍一种基于三相电网电压正负序分量解耦的高性能三相锁相环，即解耦双同步参考坐标系锁相环(decoupled double synchronous refernece frame-PLL，DDSRF-PLL)。

图 3-4 给出了 DDSRF-PLL 方法下以正序速度 ω_{o} 旋转的 dq^{+1} 及其相角 θ_{o} 和以负序速度 $-\omega_{\mathrm{o}}$ 旋转的 dq^{-1} 及其相角 $-\theta_{\mathrm{o}}$ 的双同步参考坐标系。

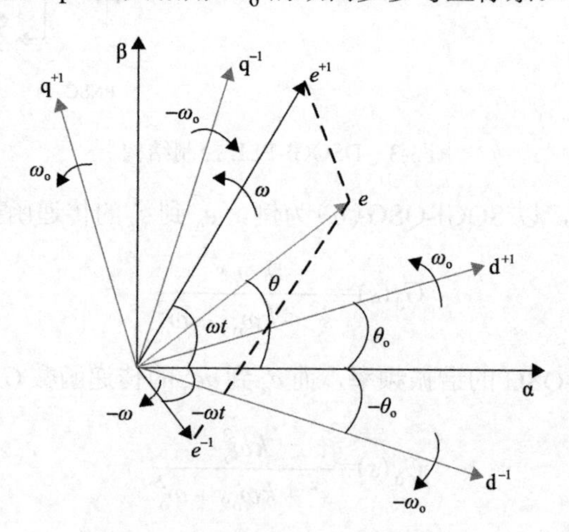

图 3-4　DDSRF-PLL 电压矢量图

在三相三线制电网系统中，包含正、负序基波分量的不平衡电网电压可以表示为

$$e_{\alpha\beta}=\begin{bmatrix} v_\alpha \\ v_\beta \end{bmatrix}=e^{+}_{\alpha\beta}+e^{-}_{\alpha\beta}=E^{+1}\begin{bmatrix}\cos(\omega t+\varphi^{+1}) \\ \sin(\omega t+\varphi^{+1})\end{bmatrix}+E^{-1}\begin{bmatrix}\cos(-\omega t+\varphi^{-1}) \\ \sin(-\omega t+\varphi^{-1})\end{bmatrix} \tag{3-18}$$

假设此时锁相成功，即$\theta_o=\omega t$，则经Park变换后，在双同步旋转坐标系下，三相不平衡电网电压可以表示为

$$e_{\mathrm{dq}^+}=T_{\mathrm{dq}^+}\cdot e_{\alpha\beta}=E^{+1}\begin{bmatrix}\cos\varphi^{+1} \\ \sin\varphi^{+1}\end{bmatrix}+E^{-1}\begin{bmatrix}\cos(2\omega t) & \sin(2\omega t) \\ -\sin(2\omega t) & \cos(2\omega t)\end{bmatrix}\begin{bmatrix}\cos(\varphi^{-1}) \\ \sin(\varphi^{-1})\end{bmatrix} \tag{3-19}$$

$$e_{\mathrm{dq}^-}=T_{\mathrm{dq}^-}\cdot e_{\alpha\beta}=E^{-1}\begin{bmatrix}\cos\varphi^{-1} \\ \sin\varphi^{-1}\end{bmatrix}+E^{+1}\begin{bmatrix}\cos(2\omega t) & \sin(2\omega t) \\ -\sin(2\omega t) & \cos(2\omega t)\end{bmatrix}\begin{bmatrix}\cos(\varphi^{+1}) \\ \sin(\varphi^{+1})\end{bmatrix} \tag{3-20}$$

式中，$T_{\mathrm{dq}^+}=T^{\mathrm{T}}_{\mathrm{dq}^-}=\begin{bmatrix}\cos(\theta_o) & \sin(\theta_o) \\ -\sin(\theta_o) & \cos(\theta_o)\end{bmatrix}$，其中上标T表示的是矩阵转置。

从式(3-19)和式(3-20)可以看出，dq^{+1}轴上的直流分量对应于自身正序电压分量的幅值E^{+1}，而dq^{+1}轴上的交流分量却是dq^{-1}轴的直流分量的2ω频率振荡引起的，反之同理。因此，dq^{+1}和dq^{-1}坐标轴上的信号存在耦合作用，可以采用DDSRF-PLL的解耦网络来完全消除2ω频率振荡。

DDSRF-PLL的工作原理如图3-5所示，它是SRF-PLL的一种扩展形式，其最突出的特点是将解耦网络引入到双同步参考坐标系中[6,7]，使得在dq^{+1}和dq^{-1}坐标轴上的2ω频率振荡可以在DDSRF-PLL的解耦网络中被完全抵消。

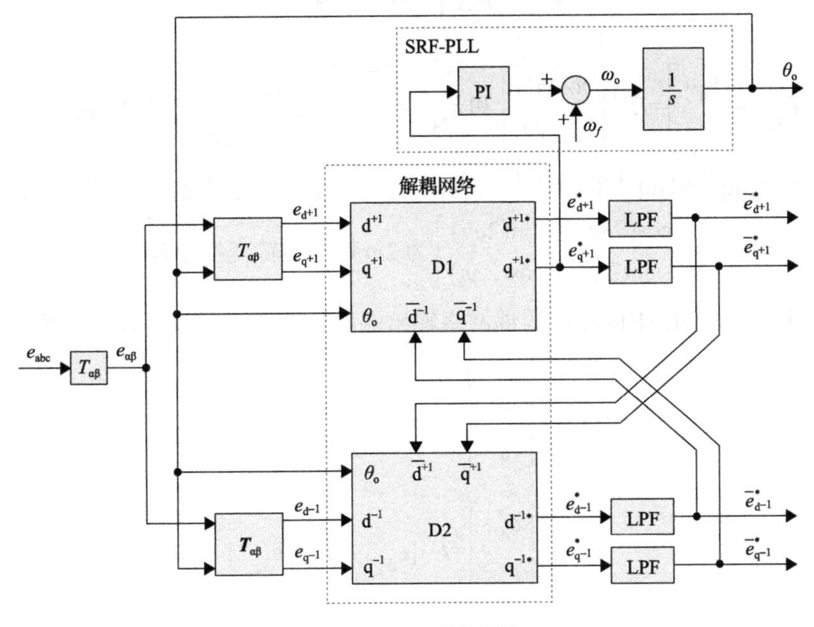

(a) DDSRF-PLL结构框图

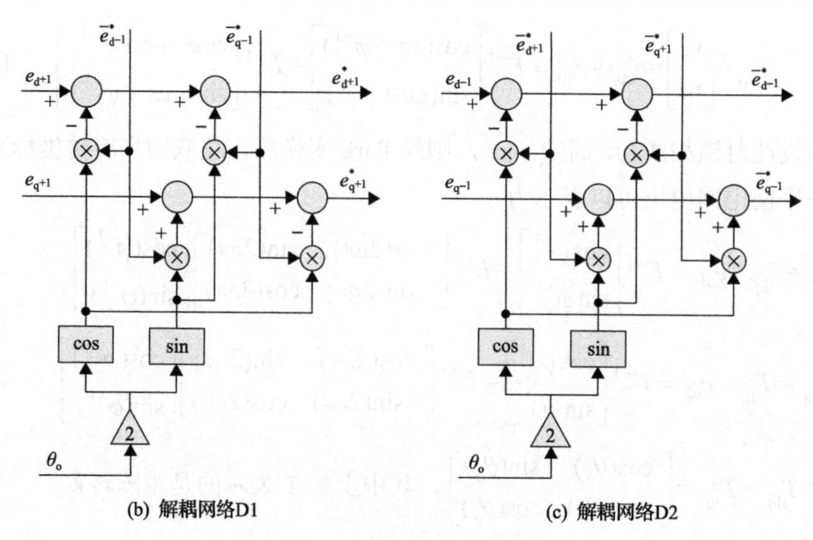

图 3-5　DDSRF-PLL 原理框图

为了便于分析，分别将式(3-19)和式(3-20)记为

$$e_{dq^{+1}}=\begin{bmatrix}e_{d^{+1}}\\ e_{q^{+1}}\end{bmatrix}=\overline{e}_{dq^{+1}}+T_{dq^{+2}}\overline{e}_{dq^{-1}} \tag{3-21}$$

$$e_{dq^{-1}}=\begin{bmatrix}e_{d^{+1}}\\ e_{q^{+1}}\end{bmatrix}=\overline{e}_{dq^{-1}}+T_{dq^{-2}}\overline{e}_{dq^{+1}} \tag{3-22}$$

式中，$\overline{e}_{dq^{+1}}=\begin{bmatrix}\overline{e}_{d^{+1}}\\ \overline{e}_{q^{+1}}\end{bmatrix}=E^{+1}\begin{bmatrix}\cos\varphi^{+1}\\ \sin\varphi^{+1}\end{bmatrix}$ 和 $\overline{e}_{dq^{-1}}=\begin{bmatrix}\overline{e}_{d^{-1}}\\ \overline{e}_{q^{-1}}\end{bmatrix}=E^{-1}\begin{bmatrix}\cos\varphi^{-1}\\ \sin\varphi^{-1}\end{bmatrix}$ 分别表示双同步参考坐标系下 dq^{+1} 和 dq^{-1} 坐标轴上的直流分量，也就是电网电压正、负序分量的幅值；$T_{dq^{+2}}=T_{dq^{-2}}^{T}=\begin{bmatrix}\cos(2\omega t) & \sin(2\omega t)\\ -\sin(2\omega t) & \cos(2\omega t)\end{bmatrix}$ 为 2ω 频率旋转变换矩阵。

由此可见，DDSRF-PLL 解耦网络输出端的估计直流分量可以表示为

$$\overline{e}_{dq^{+1}}^{*}=\begin{bmatrix}\overline{e}_{d^{+1}}^{*}\\ \overline{e}_{q^{+1}}^{*}\end{bmatrix}=F\cdot[e_{dq^{+1}}-T_{dq^{+2}}\overline{e}_{dq^{-1}}^{*}] \tag{3-23}$$

$$\overline{e}_{dq^{-1}}^{*}=\begin{bmatrix}\overline{e}_{d^{-1}}^{*}\\ \overline{e}_{q^{-1}}^{*}\end{bmatrix}=F\cdot[e_{dq^{-1}}-T_{dq^{-2}}\overline{e}_{dq^{+1}}^{*}] \tag{3-24}$$

式中，$F=\begin{bmatrix} \mathrm{LPF}(s) & 0 \\ 0 & \mathrm{LPF}(s) \end{bmatrix}$，$\mathrm{LPF}(s)=\dfrac{\omega_f}{s+\omega_f}$，$\omega_f$ 为额定的电网频率。

综上所述，利用解耦网络得到电网电压正、负序分量的幅值后，再通过传统 SRF-PLL 锁相环就可以检测到电网电压的相位。

3.1.5　仿真分析与验证

为了验证本节所介绍的 SRF-PLL、DSOGI-PLL 和 DDSRF-PLL 三种三相锁相环在电网电压不平衡下对电网电压正序分量和相角的跟踪效果，在 MATLAB/Simulink 中进行仿真分析。三相电网电压幅值设为 $220\sqrt{2}$ V，频率为 50Hz。设定在运行时间为 0.20s 时系统发生某种故障而引发逆变器并网处电网电压不平衡，并假设故障期间电力系统电压跌落为 $e^{+1}=0.6\angle-45°\text{p.u.}$、$e^{-1}=0.2\angle+45°\text{p.u.}$（这里假设故障前的电压幅值为 1p.u.），仿真中所产生的三相不平衡电网电压波形如图 3-6 所示。

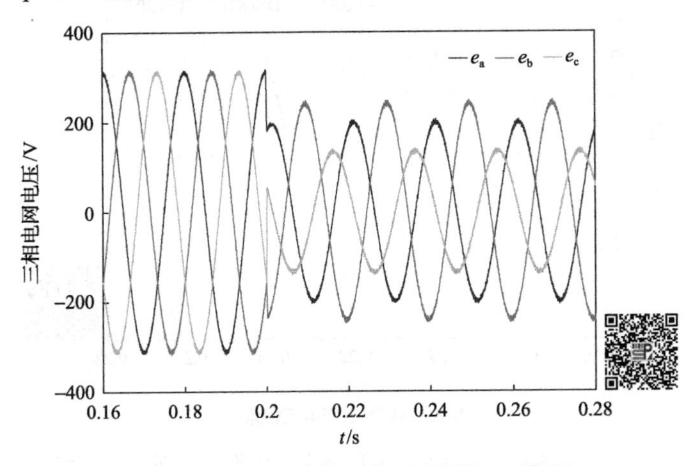

图 3-6　三相不平衡电网电压（彩图扫二维码）

图 3-7 给出了 SRF-PLL、DSOGI-PLL 和 DDSRF-PLL 三种锁相环所检测得到的正序电压的频率和相角。从图 3-7 中可以看出，在 $0<t<0.2\,\text{s}$ 时，电网处于正常运行状态，三种锁相环都能实现锁相。但是，当 $t\geqslant 0.2$s 时，电网发生不平衡故障，传统 SRF-PLL 检测得到的频率和相角信号都出现了两倍于电网频率的稳态振荡。对于 DSOGI-PLL 仿真模块，由 3.1.3 节内容分析可知，可设置谐振频率 $\omega_o=100\pi\,\text{rad/s}$，$k=\sqrt{2}$。结果如图 3-7 所示，虽然检测到的频率和相角信号的二倍频振荡幅值大大减小，但二倍频振荡现象并没有完全消除。而当采用 DDSRF-PLL 时，其 LPF 模块的 ω_f 取为 $100\pi\,\text{rad/s}$，经过一小段暂态过渡时间后，检测到的电网频率和相角基本上不再含有二倍频振荡。

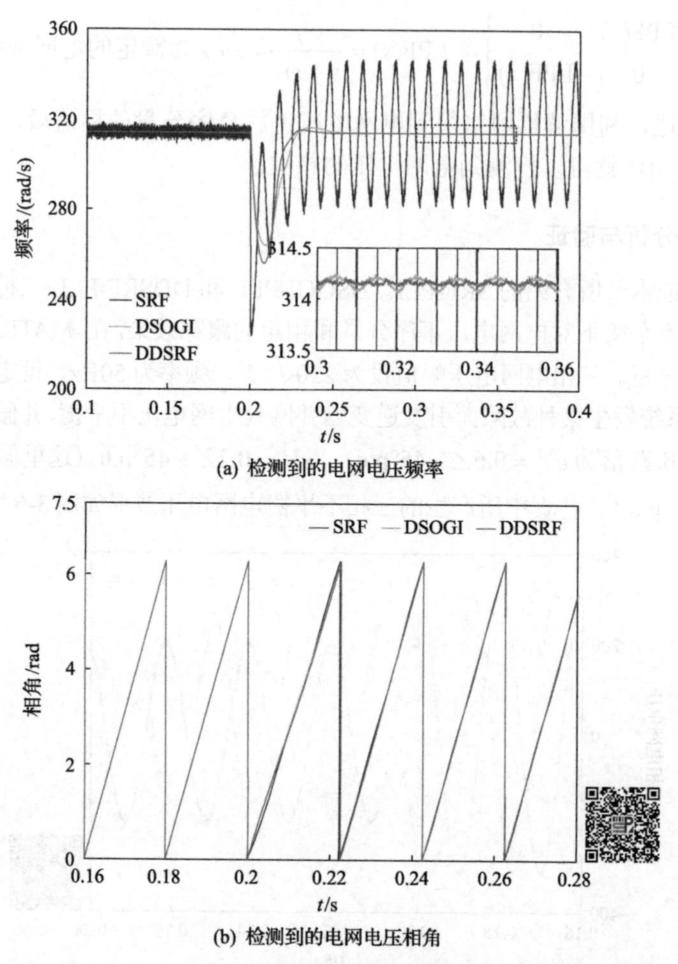

(a) 检测到的电网电压频率

(b) 检测到的电网电压相角

图 3-7　三种不同锁相环检测到的频率和相角信号(彩图扫二维码)

图 3-8 给出了电网运行时三种锁相环检测到的电压信号波形。同样地，如图 3-8(a)所示，当电网发生不平衡故障时，SRF-PLL 的电压信号有明显的二倍频振荡。在图 3-8(b)和(c)中，DSOGI-PLL 基于自适应滤波器虽然在一定程度上能够滤除二次谐波分量，但由于正负序坐标轴 dq^{+1} 和 dq^{-1} 信号的相互耦合，其检测到的电网电压的正负序 dq 轴分量仍存在小幅二倍频振荡。而 DDSRF-PLL 基于解耦网络完全抵消了 dq^{+1} 和 dq^{-1} 中的 2ω 频率的振荡，在电网电压出现不平衡时也可以又快又准地检测到其正负序分量，如图 3-8(d)和(e)所示。

综上所述，DDSRF-PLL 锁相技术具有更好的锁相能力和电网故障适应性。因此，本章将利用 DDSRF-PLL 为下面研究不平衡电网下并网电流的模型预测控制策略提供无振荡的电网电压正负序分量的幅值和相角信号。

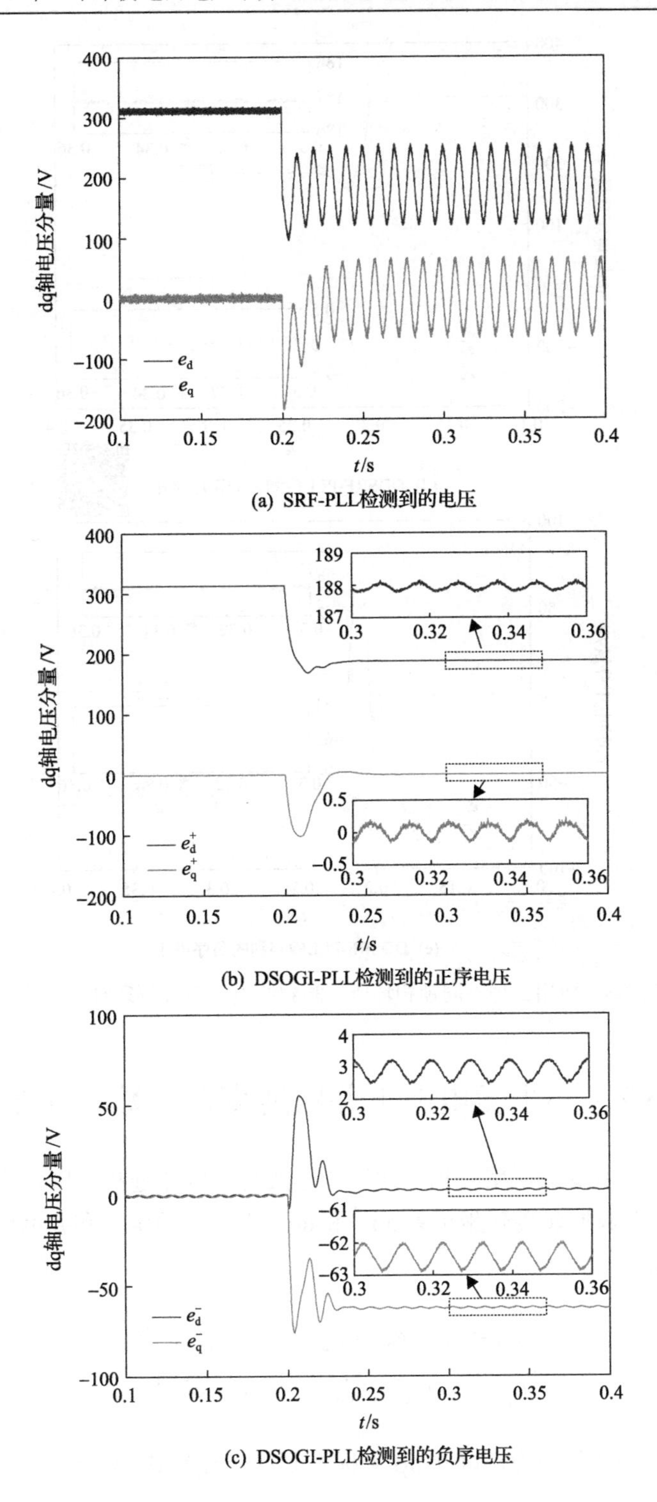

(a) SRF-PLL检测到的电压

(b) DSOGI-PLL检测到的正序电压

(c) DSOGI-PLL检测到的负序电压

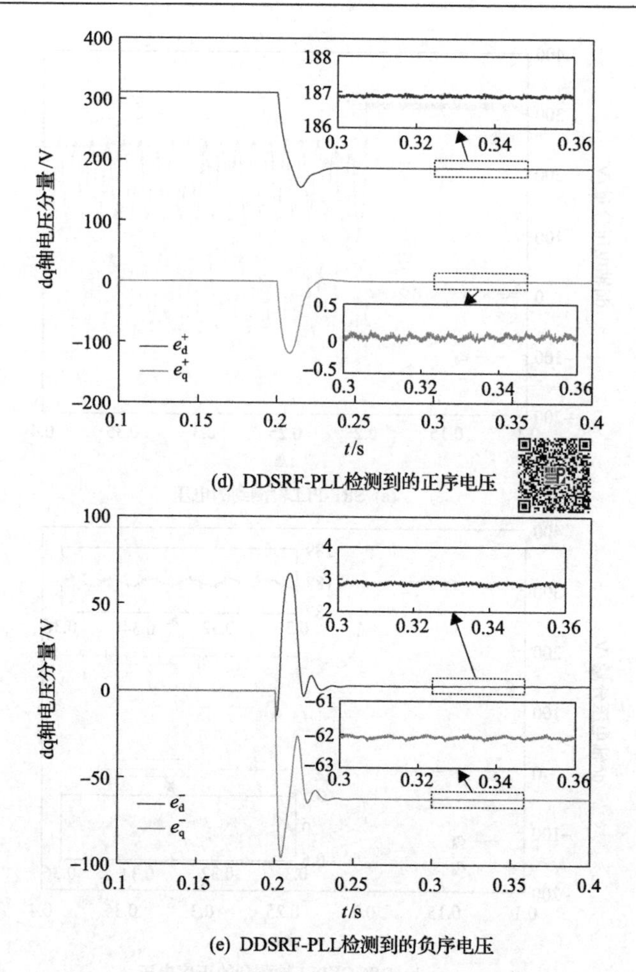

图 3-8　应用三种不同锁相环所检测到的电压信号(彩图扫二维码)

3.2　不平衡电网下并网逆变器的数学建模

本章中并网逆变器采用三相三线制的形式与电网相连接，因此不会有零序电流注入电网。在双同步旋转坐标系 dq^{+1} 和 dq^{-1} 下，电网电压和并网电流的正负序分量可以表示为

$$\begin{cases} e_{\alpha\beta} = e_{\alpha\beta}^{+} + e_{\alpha\beta}^{-} = e_{dq}^{+} \cdot e^{j\omega t} + e_{dq}^{-} \cdot e^{-j\omega t} \\ i_{\alpha\beta} = i_{\alpha\beta}^{+} + i_{\alpha\beta}^{-} = i_{dq}^{+} \cdot e^{j\omega t} + i_{dq}^{-} \cdot e^{-j\omega t} \end{cases} \tag{3-25}$$

式中，$e^{j\omega t}$ 和 $e^{-j\omega t}$ 分别为从静止 αβ 坐标系到同步旋转 dq 坐标系的旋转因子。同

时，e_{dq}^{+}、e_{dq}^{-}、i_{dq}^{+}和i_{dq}^{+}可以展开为

$$\begin{cases} e_{dq}^{+} = e_{d}^{+} + j \cdot e_{q}^{+} \\ e_{dq}^{-} = e_{d}^{-} + j \cdot e_{q}^{-} \\ i_{dq}^{+} = i_{d}^{+} + j \cdot i_{q}^{+} \\ i_{dq}^{-} = i_{d}^{-} + j \cdot i_{q}^{-} \end{cases} \tag{3-26}$$

并网逆变器工作在电网不平衡时，其输出复功率可以表示为[8]

$$S = P + jQ = \frac{3}{2} \cdot e_{\alpha\beta} \cdot \tilde{i}_{\alpha\beta} \tag{3-27}$$

式中，P、Q 分别为有功功率和无功功率；$\tilde{i}_{\alpha\beta}$ 为 $i_{\alpha\beta}$ 的共轭分量。

对式(3-27)进行分解可以得到瞬时有功和无功功率的表达式为

$$\begin{cases} p = P_0 + P_{c2}\cos(2\omega t) + P_{s2}\sin(2\omega t) \\ q = Q_0 + Q_{c2}\cos(2\omega t) + Q_{s2}\sin(2\omega t) \end{cases} \tag{3-28}$$

式中，P_0 和 Q_0 分别为 P、Q 的平均值；P_{c2} 和 P_{s2} 分别为 P 的二倍频振荡分量幅值；Q_{c2} 和 Q_{s2} 分别为 Q 的二倍频振荡分量幅值。其中

$$\begin{bmatrix} P_0 \\ Q_0 \\ P_{c2} \\ Q_{c2} \\ P_{s2} \\ Q_{s2} \end{bmatrix} = \frac{3}{2} \begin{bmatrix} e_{d}^{+} & e_{q}^{+} & e_{d}^{-} & e_{q}^{-} \\ e_{q}^{+} & -e_{d}^{+} & e_{q}^{-} & -e_{d}^{-} \\ e_{d}^{-} & e_{q}^{-} & e_{d}^{+} & e_{q}^{+} \\ e_{q}^{-} & -e_{d}^{-} & e_{q}^{+} & -e_{d}^{+} \\ e_{q}^{-} & -e_{d}^{-} & -e_{q}^{+} & e_{d}^{+} \\ -e_{d}^{-} & -e_{q}^{-} & e_{d}^{+} & e_{q}^{+} \end{bmatrix} \begin{bmatrix} i_{d}^{+} \\ i_{q}^{+} \\ i_{d}^{-} \\ i_{q}^{-} \end{bmatrix} \tag{3-29}$$

式中，e_{d}^{+}、e_{q}^{+}、e_{d}^{-}、e_{q}^{-}分别为电网电压的 dq 轴正负序分量；i_{d}^{+}、i_{q}^{+}、i_{d}^{-}、i_{q}^{-}分别为并网电流的 dq 轴正负序分量。

可以看出，电网不平衡时，逆变器除了输出平均有功 P、无功功率 Q，并网功率还出现二倍频振荡 P_{c2}、P_{s2}、Q_{c2} 和 Q_{s2}。由式(3-29)可知，存在 6 个功率分量需要控制，但仅存在 4 个可控自由度。因此，在实际应用中，传统的控制方案无法同时满足 6 个功率变量的控制要求[9]。

3.3 并网逆变器的不平衡及电流限幅灵活控制

并网逆变器在不平衡故障越过程中，由于电压负序分量的存在，逆变器并网电流往往急剧增大，甚至烧毁系统开关器件，导致故障穿越失败。

目前，国内外研究学者对不平衡电网下并网逆变器的控制已经取得了不少成果。Rodriguez 等[10,11]根据不同的控制目标，提出了正序瞬时控制、平衡正序控制、正负序补偿控制、平均有功控制、平均无功控制以及瞬时无功控制五种不同控制方式，实现并网电流平衡或功率恒定，为后续并网逆变器的控制研究提供了理论基础。但是，以上控制策略无法同时满足正弦网侧电流以及消除功率波动这两种控制目标[12]，为了解决并网逆变器输出电流质量、有功和无功功率恒定无法同时控制的问题，文献[13]和[14]采用双电流内环结构和 PI 调节器对电压、电流正负序分量进行独立控制，达到较为较好的并网电流质量以及输出功率恒定控制的目的，但是这种方法整个控制过程需要多个 PI 控制器，各个参数的调节配合难度大。文献[15]提出了一种调节正、负序输出无功功率的比值来得到正弦网侧电流的控制算法，但此时并网逆变器的输出有功、无功功率均存在幅值较大的二倍频振荡；文献[16]利用加权思想，提出一种协调输出功率和电流质量的控制方案，提高了并网系统的运行性能。值得注意的是，上述研究均忽略了电网不平衡故障下存在并网逆变器输出电流剧增的问题。为此，文献[17]提出了不同控制策略下，电流和功率参考的设定方法，通过查表方式灵活地调节输出电流参考值，有效地限制了逆变器并网电流峰值，但该方法使用的控制器结构复杂，参数过多，不利于调试，而且并网电流畸变严重。

为了克服以上方法的不足，本节提出一种并网逆变器的不平衡及电流限幅模型预测控制。本节所提方法运用电流参考发生器与功率参考发生器的级联控制结构，有效地保证三相并网电流的平衡，以及实现输出有功或无功功率的恒定。同时，该方法确保了电网发生不平衡故障过程中逆变器并网电流被限制在最大允许值之内。

3.3.1 电流参考发生器

在不平衡电网中，平均有功功率 P、无功功率 Q 需要控制，此时，式(3-29)剩余两个变量可以选择。根据不同的控制目标从中再选择两个变量组成方程组，可以解出 4 个自由度即电流参考变量。

(1) 目标 Ⅰ：平衡电流模式(balanced current mode，BCM)；为有效地抑制并网逆变器输出电流的负序分量，令 $i_{\mathrm{d}}^{-}=i_{\mathrm{q}}^{-}=0$，同时，设定 P_0、Q_0 为给定值；忽略 P_{c2}、P_{s2}、Q_{c2} 和 Q_{s2}。此时，电流参考值只有两个自由度 i_{d}^{+}、i_{q}^{+}。由式(3-29)

可得电流参考值为

$$\begin{bmatrix} i_{\mathrm{d}}^{+} \\ i_{\mathrm{q}}^{+} \end{bmatrix} = \frac{2P_0}{3D_1}\begin{bmatrix} e_{\mathrm{d}}^{+} \\ e_{\mathrm{q}}^{+} \end{bmatrix} + \frac{2Q_0}{3D_1}\begin{bmatrix} e_{\mathrm{d}}^{+} \\ -e_{\mathrm{q}}^{+} \end{bmatrix} \tag{3-30}$$

式中，$D_1 = (e_{\mathrm{d}}^{+})^2 + (e_{\mathrm{q}}^{+})^2$。目标 I 可以实现逆变器输出三相电流的平衡，但输出有功和无功功率存在很大的波动。

(2) 目标Ⅱ：有功功率恒定模式(constant active power mode，CAPM)；为抑制输出有功功率振荡，令 $P_{\mathrm{c2}} = P_{\mathrm{s2}} = 0$，设定 P_0、Q_0 为给定值，忽略 Q_{c2}、Q_{s2}，可得电流参考值为

$$\begin{bmatrix} i_{\mathrm{d}}^{+} \\ i_{\mathrm{q}}^{+} \\ i_{\mathrm{d}}^{-} \\ i_{\mathrm{q}}^{-} \end{bmatrix} = \frac{2P_0}{3(D_1 - D_2)}\begin{bmatrix} e_{\mathrm{d}}^{+} \\ e_{\mathrm{q}}^{+} \\ -e_{\mathrm{d}}^{-} \\ -e_{\mathrm{q}}^{-} \end{bmatrix} + \frac{2Q_0}{3(D_1 + D_2)}\begin{bmatrix} e_{\mathrm{q}}^{+} \\ -e_{\mathrm{d}}^{+} \\ e_{\mathrm{q}}^{-} \\ -e_{\mathrm{d}}^{-} \end{bmatrix} \tag{3-31}$$

式中，$D_2 = (e_{\mathrm{d}}^{-})^2 + (e_{\mathrm{q}}^{-})^2$。目标Ⅱ可以有效地抑制逆变器输出有功功率的二倍频振荡，但无功功率得不到良好的控制，仍然存在很大的波动，且并网电流畸变严重，存在明显的不平衡负序分量。

(3) 目标Ⅲ：无功功率恒定模式(constant reactive power mode，CRPM)；为抑制输出无功功率振荡，令 $Q_{\mathrm{c2}} = Q_{\mathrm{s2}} = 0$，设定 P_0、Q_0 为给定值，忽略 P_{c2}、P_{s2}，可得电流参考值为

$$\begin{bmatrix} i_{\mathrm{d}}^{+} \\ i_{\mathrm{q}}^{+} \\ i_{\mathrm{d}}^{-} \\ i_{\mathrm{q}}^{-} \end{bmatrix} = \frac{2P_0}{3(D_1 + D_2)}\begin{bmatrix} e_{\mathrm{d}}^{+} \\ e_{\mathrm{q}}^{+} \\ -e_{\mathrm{d}}^{-} \\ -e_{\mathrm{q}}^{-} \end{bmatrix} + \frac{2Q_0}{3(D_1 - D_2)}\begin{bmatrix} e_{\mathrm{q}}^{+} \\ -e_{\mathrm{d}}^{+} \\ e_{\mathrm{q}}^{-} \\ -e_{\mathrm{d}}^{-} \end{bmatrix} \tag{3-32}$$

目标Ⅲ可以实现逆变器输出无功功率恒定，但输出有功功率存在很大的波动，且输出电流含有不平衡负序分量。

综上所述，电流参考发生器以平衡电流、抑制有功、无功功率振荡三种不同的控制目标来设计。但是，在不平衡电网下，传统的模型预测电流控制方案[18]仅仅依靠电流参考发生器的作用来生成逆变器并网电流的正、负序参考值，使得实际电流能对参考电流进行准确跟踪。由于基于给定的功率参考值，这种方案在控制过程中有功功率和无功功率保持不变，使得在电网电压发生不平衡故障过程中，

并网电流会急剧增大，严重威胁电网和并网逆变器的安全稳定运行。因此，为了限制逆变器的输出电流峰值，3.3.2 节将引入功率参考发生器，来解决这个问题。

3.3.2　功率参考发生器

1. 输出电流峰值计算

依照上述 3 个控制目标求取电流参考值，均假设有功功率 P_0、无功功率 Q_0 为给定值。在这种情况下，当电网电压下降时，可能会导致逆变器输出电流超过其最大允许值。为了防止输出过电流，对于不同的控制对象，P_0、Q_0 应通过功率参考发生器计算来获得相应的参考值。

下面针对三种不同的运行方式来分析并网逆变器在电网电压不平衡时存在输出过流的原因。为了方便问题的讨论，首先设置逆变器工作在有功功率恒定模式(CAPM)下，然后将式(3-31)进行 dq/abc 变换，可得并网逆变器三相输出电流正、负序分量如式(3-33)、式(3-34)所示：

$$\begin{bmatrix} i_a^+ \\ i_b^+ \\ i_c^+ \end{bmatrix} = \begin{bmatrix} K_1\cos\theta^+ + K_2\sin\theta^+ & K_2\cos\theta^+ - K_1\sin\theta^+ \\ K_1\cos\left(\theta^+ - \frac{2}{3}\pi\right) + K_2\sin\left(\theta^+ - \frac{2}{3}\pi\right) & K_2\cos\left(\theta^+ - \frac{2}{3}\pi\right) - K_1\sin\left(\theta^+ - \frac{2}{3}\pi\right) \\ K_1\cos\left(\theta^+ + \frac{2}{3}\pi\right) + K_2\sin\left(\theta^+ + \frac{2}{3}\pi\right) & K_2\cos\left(\theta^+ + \frac{2}{3}\pi\right) - K_1\sin\left(\theta^+ + \frac{2}{3}\pi\right) \end{bmatrix} \begin{bmatrix} e_d^+ \\ e_q^+ \end{bmatrix} \tag{3-33}$$

$$\begin{bmatrix} i_a^- \\ i_b^- \\ i_c^- \end{bmatrix} = \begin{bmatrix} K_2\sin\theta^- - K_1\cos\theta^- & K_1\sin\theta^- + K_2\cos\theta^- \\ K_2\sin\left(\theta^- - \frac{2}{3}\pi\right) - K_1\cos\left(\theta^- - \frac{2}{3}\pi\right) & K_1\sin\left(\theta^+ - \frac{2}{3}\pi\right) + K_2\cos\left(\theta^+ - \frac{2}{3}\pi\right) \\ K_2\sin\left(\theta^- + \frac{2}{3}\pi\right) - K_1\cos\left(\theta^- + \frac{2}{3}\pi\right) & K_1\sin\left(\theta^+ + \frac{2}{3}\pi\right) - K_2\cos\left(\theta^+ + \frac{2}{3}\pi\right) \end{bmatrix} \begin{bmatrix} e_d^- \\ e_q^- \end{bmatrix} \tag{3-34}$$

式中，$K_1 = 2P_0 / 3(D_1 - D_2)$；$K_2 = 2P_0 / 3(D_1 + D_2)$；$\theta^+ = \omega t + \varphi^+$；$\theta^- = -\omega t + \varphi^-$。以 a 相电流为例，由式(3-33)、式(3-34)可得

$$\begin{aligned} i_a = &(K_1 e_d^+ + K_2 e_q^+)\cos\theta^+ + (K_2 e_d^+ - K_1 e_q^+)\sin\theta^+ \\ &+ (K_2 e_q^- - K_1 e_d^-)\cos\theta^- + (K_1 e_q^- + K_2 e_d^-)\sin\theta^- \end{aligned} \tag{3-35}$$

令 $A_1 = K_1 e_d^+ + K_2 e_q^+$；$A_2 = K_2 e_d^+ - K_1 e_q^+$；$A_3 = K_2 e_q^- - K_1 e_d^-$；$A_4 = K_1 e_q^- + K_2 e_d^-$；

则逆变器输出电流峰值为[19]

$$i_{\mathrm{am}}=\sqrt{A_1^2+A_2^2+A_3^2+A_4^2+2\sqrt{A_1^2+A_2^2}\sqrt{A_3^2+A_4^2}\cos(\Delta\varphi-\varphi')} \tag{3-36}$$

式中，$\varphi'=\arctan(A_2/A_1)+\arctan(A_4/A_3)$；$\Delta\varphi=\theta^+ +\theta^- =\varphi^+ +\varphi^-$。

同理，b 相、c 相输出电流峰值为

$$i_{\mathrm{bm}}=\sqrt{A_1^2+A_2^2+A_3^2+A_4^2+2\sqrt{A_1^2+A_2^2}\sqrt{A_3^2+A_4^2}\cos\left(\Delta\varphi-\varphi'-\frac{2}{3}\pi\right)} \tag{3-37}$$

$$i_{\mathrm{cm}}=\sqrt{A_1^2+A_2^2+A_3^2+A_4^2+2\sqrt{A_1^2+A_2^2}\sqrt{A_3^2+A_4^2}\cdot\cos\left(\Delta\varphi-\varphi'+\frac{2}{3}\pi\right)} \tag{3-38}$$

如式(3-37)和式(3-38)所示，当 $\Delta\varphi=\varphi'$ 时，相电流最大；当 $\Delta\varphi=\varphi'+(2/3)\pi$ 时，b 相电流最大；当 $\Delta\varphi=\varphi'-(2/3)\pi$ 时，c 相电流最大；最大幅值为

$$I_{\mathrm{m}}=\sqrt{A_1^2+A_2^2}+\sqrt{A_3^2+A_4^2} \tag{3-39}$$

将 A_1、A_2、A_3 和 A_4 代入式(3-39)，a、b、c 三相会出现的最大电流峰值为

$$I_{\mathrm{m}}=\sqrt{\left[\frac{2P_0}{3(D_1-D_2)}\right]^2+\left[\frac{2Q_0}{3(D_1+D_2)}\right]^2}(\sqrt{D_1}+\sqrt{D_2}) \tag{3-40}$$

为了便于分析，设置逆变器以单位功率因数运行，即取 $Q_0=0$，且 θ^+、θ^- 使得 $e_{\mathrm{q}}^+=e_{\mathrm{q}}^-=0$。因此，电网正常运行时，并网三相电流平衡，幅值为

$$I'_{\mathrm{m}}=\frac{2P_0}{3e_{\mathrm{d}}^+} \tag{3-41}$$

当电网电压不平衡时，即 $e_{\mathrm{d}}^-\neq 0$，并网电流存在负序分量，三相电流幅值由电网电压的正、负序分量相位差 $\Delta\varphi$ 决定，最大幅值为

$$I''_{\mathrm{m}}=\frac{2P_0[(e_{\mathrm{d}}^+)+(e_{\mathrm{d}}^-)]}{3[(e_{\mathrm{d}}^+)^2-(e_{\mathrm{d}}^-)^2]} \tag{3-42}$$

对比式(3-41)和式(3-42)，电网不平衡时，电压负序分量增加，并网电流将大于电网正常运行电流。为了提高系统运行的可靠性，此时需要限制并网逆变器的输出电流峰值。

2. 功率参考值计算

由式(3-40)可知，输出最大电流峰值I_m与有功功率P_0、无功功率Q_0、电压正序分量e_{dq}^+、负序分量e_{dq}^-密切相关，而e_{dq}^+、e_{dq}^-由不平衡电网本身决定。因此，可以通过设计合理的功率参考发生器调节P_0和Q_0，从而限制减少I_m的大小。本书从CAPM、CRPM、BCM三种模式来分析限制并网逆变器输出最大电流峰值的控制措施。

1)有功功率恒定模式

设并网逆变器运行时所允许的最大电流峰值为I_{max}，由式(3-40)可知，输出有功参考设定值P^*、无功功率参考设定值Q^*应满足

$$\sqrt{\left[\frac{P^*}{(D_1-D_2)}\right]^2+\left[\frac{Q^*}{(D_1+D_2)}\right]^2}\leqslant\frac{1.5I_{max}}{\sqrt{D_1}+\sqrt{D_2}} \tag{3-43}$$

电网电压不平衡时，按式(3-43)对P^*、Q^*进行控制，可以有效地限制并网逆变器输出的最大电流峰值。

值得注意的是，电网发生故障时通常会在并网逆变器接入点形成不对称电压。此时，不仅要求并网逆变器能保持并网运行，还要求其能向电网提供一定的无功功率。由于并网规则还没对电网不平衡下光伏或风力发电站输出的无功功率做出具体规定，因此，本书设定如下关系：$P^*=kQ^*$，k为功率调节系数，变化范围为[0, 1]，进一步可得

$$\begin{cases}Q_1^*=\dfrac{1.5(D_1+D_2)(\sqrt{D_1}-\sqrt{D_2})I_{max}}{\sqrt{k^2(D_1+D_2)^2+(D_1-D_2)^2}}\\P_1^*=kQ_1^*\end{cases} \tag{3-44}$$

由于式(3-44)表达式较为复杂，且考虑到当$0\leqslant k\leqslant 1$时，可以证明$\dfrac{1.5(D_1+D_2)}{\sqrt{k^2(D_1+D_2)^2+(D_1-D_2)^2}}>1$，因此式(3-44)可以简化为

$$\begin{cases}Q_1^*=(E^+-E^-)I_{max}\\P_1^*=kQ_1^*\end{cases} \tag{3-45}$$

式中，$E^+=\sqrt{(e_d^+)^2+(e_q^+)^2}$、$E^-=\sqrt{(e_d^-)^2+(e_q^-)^2}$分别表示电网电压正负序分量幅值。

2)无功功率恒定模式

参照上述CAPM的分析步骤，可得CRPM的功率参考值为[20]

$$\begin{cases} Q_2^* = \dfrac{1.5(D_1+D_2)(\sqrt{D_1}-\sqrt{D_2})I_{\max}}{\sqrt{(D_1+D_2)^2+k^2(D_1-D_2)^2}} \\ P_2^* = kQ_2^* \end{cases} \tag{3-46}$$

同理，式(3-46)可以简化为

$$\begin{cases} Q_2^* = (E^+ - E^-)I_{\max} \\ P_2^* = kQ_2^* \end{cases} \tag{3-47}$$

显然，式(3-47)与式(3-45)相同。

3)平衡电流模式

参照上述1)和2)步骤，这种模式下的功率参考值可以表示为

$$\begin{cases} Q_3^* = \dfrac{1.5\sqrt{D_1}}{\sqrt{1+k^2}} \cdot I_{\max} \\ P_3^* = kQ_3^* \end{cases} \tag{3-48}$$

为了简化公式，当$0 \leqslant k \leqslant 1$时，$\dfrac{1.5}{\sqrt{1+k^2}}$可以认为等于系数1。因此，式(3-48)可以表示为

$$\begin{cases} Q_3^* = E^+ I_{\max} \\ P_3^* = kQ_3^* \end{cases} \tag{3-49}$$

由以上分析可以看出，式(3-45)、式(3-47)和式(3-49)可以统一表示为

$$\begin{cases} Q^* = (E^+ - \sigma^2 E^-)I_{\max} \\ P^* = kQ^* \end{cases} \tag{3-50}$$

当$\sigma = 0$时，式(3-50)转化为式(3-49)，此时输出对称的三相电流；当$\sigma = \pm 1$时，式(3-50)转化为式(3-45)和式(3-47)，消除输出有功和无功功率的二倍频振荡。

为了进一步增强功率参考发生器的灵活性，式(3-50)可以表示为

$$\begin{cases} Q^* = \begin{cases} (E^+ - \sigma^2 E^-)I_{\max}, & \mathrm{Enb}=1 \\ Q_{\mathrm{set}}, & \mathrm{Enb}=0 \end{cases} \\ P^* = \begin{cases} kQ^*, & \mathrm{Enb}=1 \\ P_{\mathrm{set}}, & \mathrm{Enb}=0 \end{cases} \end{cases} \tag{3-51}$$

式中，Enb为使能控制端。定义电网电压不平衡度为

$$\varepsilon=\frac{E^-}{E^+} \tag{3-52}$$

当$\varepsilon \leqslant 4\%$时，电网正常运行，Enb=0，功率参考值$P^*$、$Q^*$取预先设定值$P_{set}$和$Q_{set}$；当$\varepsilon > 4\%$时，电网出现电压不平衡，Enb=1，功率参考值$P^*$、$Q^*$根据式(3-51)取计算值；然后与电流参考发生器结合，有效地抑制并网逆变器三种模式下的输出最大电流峰值，使其在允许的运行范围之内。

3.3.3 控制方案的总体流程分析

图 3-9 给出了本章所提不平衡电网下并网逆变器的电流限幅模型预测控制框图。与传统的控制方案相比较，该控制策略增加了功率参考器，用来获取功率参考设定值与输出电流峰值阈值的定量关系，如式(3-45)、式(3-47)和式(3-49)所示，可以指导不平衡电网电压下 BCM、CAPM 和 CRPM 三种模式下的功率参考设定，并给电网系统提供一定的有功功率和无功功率的支撑。

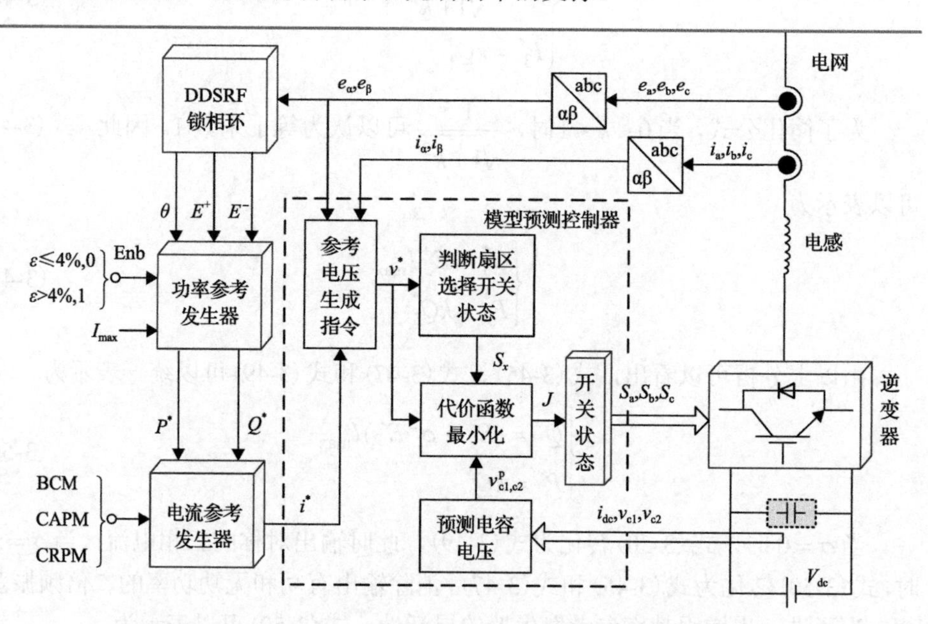

图 3-9 不平衡电网下并网逆变器的电流限幅模型预测控制框图

从图 3-9 可以看出，本章所提不平衡电网下并网逆变器的模型预测电流限幅灵活控制方案如下所示。

(1)利用解耦双同步参考坐标系锁相环(DDSRF-PLL)准确地检测电网电压的相位θ和幅值E^+、E^-，并根据相位将电网电压变换到 dq 坐标系下并得到其正负序分量。

(2) 判断电网运行状态，利用式(3-51)，通过使能控制端 Enb 控制功率参考发生器，灵活设定 BCM、CAPM 和 CRPM 三种模式下并网逆变器的功率参考设定值 P^* 和 Q^*。

(3) 将第(2)步得到的 P^* 和 Q^* 送入电流参考发生器模块得到并网电流参考值 i^*，可以有效地限制逆变器输出的最大峰值电流。

(4) 采用改进的基于分区判断的模型预测控制器，并根据第(3)步所得的并网参考电流指令、逆变器侧电流、DC 侧电容电压、电网侧电压和电流，计算出使代价函数最小的开关状态应用于逆变器，从而达到输出并网电流能够快速准确预测跟踪参考电流的控制目的。

3.3.4　仿真分析与验证

为验证本章所提不平衡及电流限幅模型预测控制策略的正确性，在 MATLAB/Simulink 中进行仿真分析，仿真参数如表 3-1 所示。

表 3-1　FCS-MPC 控制策略仿真参数

参数	符号	数值
直流电压	V_{dc}	700V
直流侧电容	C_1 / C_2	4400 μF
滤波电感	L_f	5mH
滤波电阻	R_f	0.01Ω
电网电压幅值	e	$220\sqrt{2}$ V
采样频率	f_s	40kHz
权重系数	λ_{dc} / λ_n	0.1/0.01
功率调节系数	k	1

并网逆变器工作在电网正常运行条件时，其输出有功功率、无功功率取 $P_{set} = 10\text{kW}$、$Q_{set} = 0$，即此时并网逆变器按照额定功率运行，功率因素为 1。仿真设定在运行时间为 0.30s 时系统发生某种故障而引发逆变器并网处电网电压不平衡，在 0.50s 时切除故障恢复正常；在故障期间假设电力系统电压跌落为 $e^{+1} = 0.6\angle -45°\text{p.u.}$、$e^{-1} = 0.2\angle +45°\text{p.u.}$（这里假设故障前的电压幅值为 1p.u.），如图 3-10 所示，且并网逆变器所允许的最大电流峰值 $I_{max} = 25\text{A}$。

为验证不平衡电网下本章所提方法的控制性能，分别给出了不同控制目标下并网逆变器的仿真结果。

1) 平衡电流模式

图 3-11 为 BCM 模型下以抑制并网逆变器输出电流的负序分量为控制目标时，

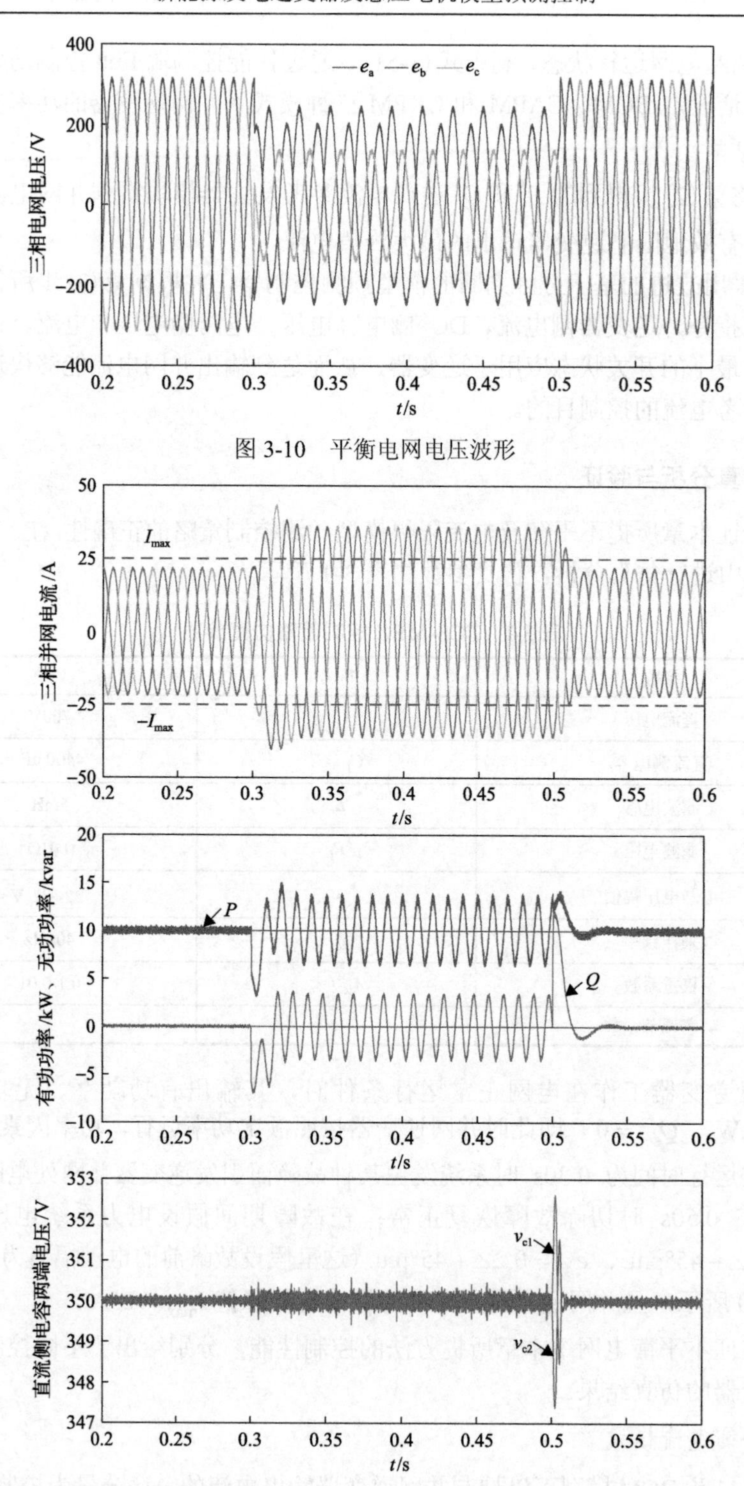

图 3-10　平衡电网电压波形

图 3-11　BCM 模型下传统控制策略的并网电流、输出功率和直流侧电容两端电压仿真波形图

采用传统控制策略的并网电流、输出功率和直流侧电容两端电压仿真波形图。从图 3-11 中可以看出，电网电压对称时，逆变器输出并网三相对称电流，其峰值为 21.43A；输出有功功率和无功功率恒定；直流侧电容两端电压在±0.5 V 内波动。电网故障后，虽然可以实现输出有功功率和无功功率的连续调节，但输出功率存在明显的二倍频振荡，最大电流峰值增大到 43.45A，远远超过设定的最大电流限幅 25A。

图 3-12 为相同 BCM 模型下采用本章所提控制方案的仿真结果。电网不平衡故障发生过程中，电网电压正序分量 $E^{+}=186.68\text{V}$，负序分量 $E^{-}=62.23\text{V}$。根据式(3-44)，参考功率发生器输出 $P^{*}=4.67\text{kW}$、$Q^{*}=4.67\text{kvar}$。此时，通过电

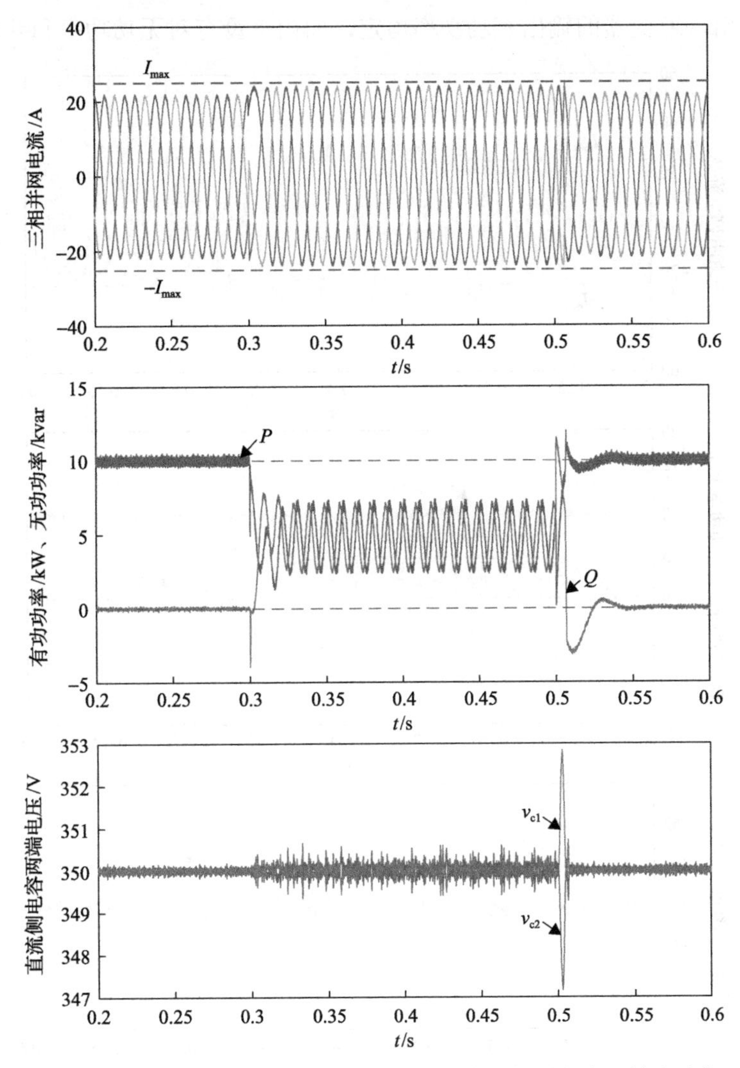

图 3-12　BCM 模型下采用本章所提控制方案的并网电流、输出功率和直流侧电容两端电压仿真波形图

流参考发生器输出最大电流峰值 $i_{am}=24.16A$、$i_{bm}=24.49A$、$i_{cm}=24.20A$。由于抑制了负序分量，电流 THD 为 1.41%，与故障前 THD 为 1.58%相比，有所下降。由此可见，本章所提控制方案有效地限制了逆变器的并网电流峰值，并且成功地保持了输出三相电流的平衡。并网逆变器的输出功率与计算结果相同，输出功率的振荡幅值大小显著地降低了。

2)有功功率恒定模式

图 3-13 为 CAPM 模型下，即以抑制输出有功功率振荡为控制目标时，采用传统控制方案的并网电流、输出功率和直流侧电容两端电压仿真波形图。从图 3-13 中可以看出，逆变器的输出有功功率恒定，而由于没有对无功功率和并网电流进

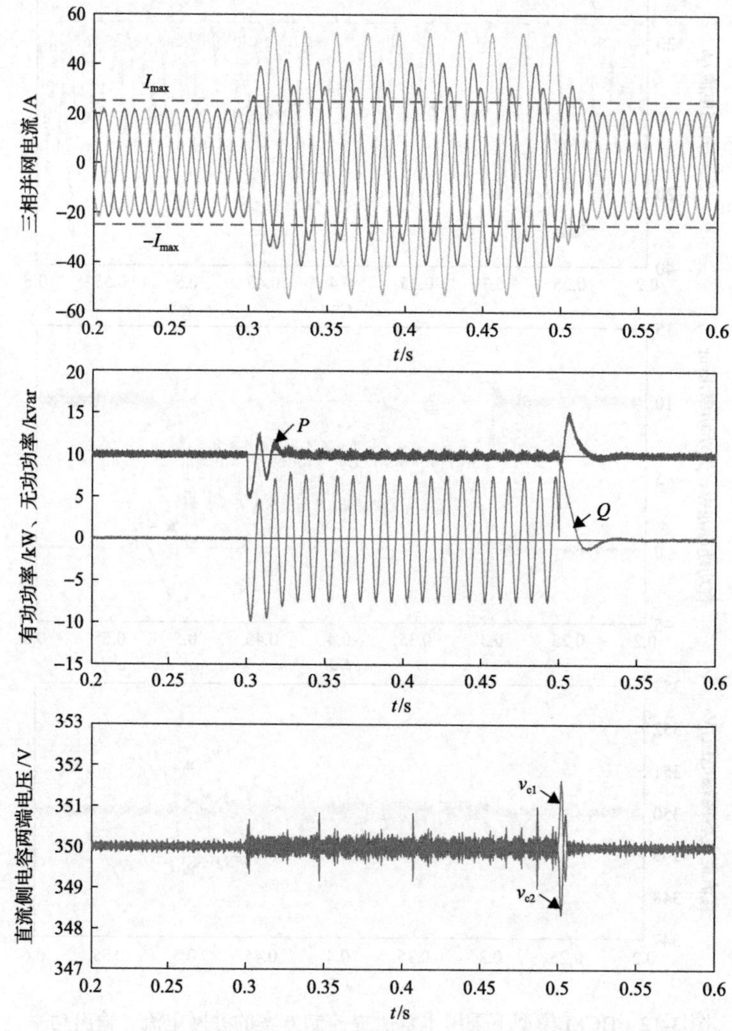

图 3-13 CAPM 模型下传统控制方案的并网电流、输出功率和直流侧电容两端电压仿真波形图

行控制，并网逆变器输出的无功功率在出现较大的二倍频振荡时，输出电流畸变，且超出最大电流限幅。

图 3-14 为本章所提带电流限幅的仿真结果，可以看出，在电网不平衡故障中，逆变器并网电流始终维持在额定运行值 5A 范围内，并且有效地抑制了输出有功功率的二倍频振荡，而且能够降低无功功率的振荡幅值。

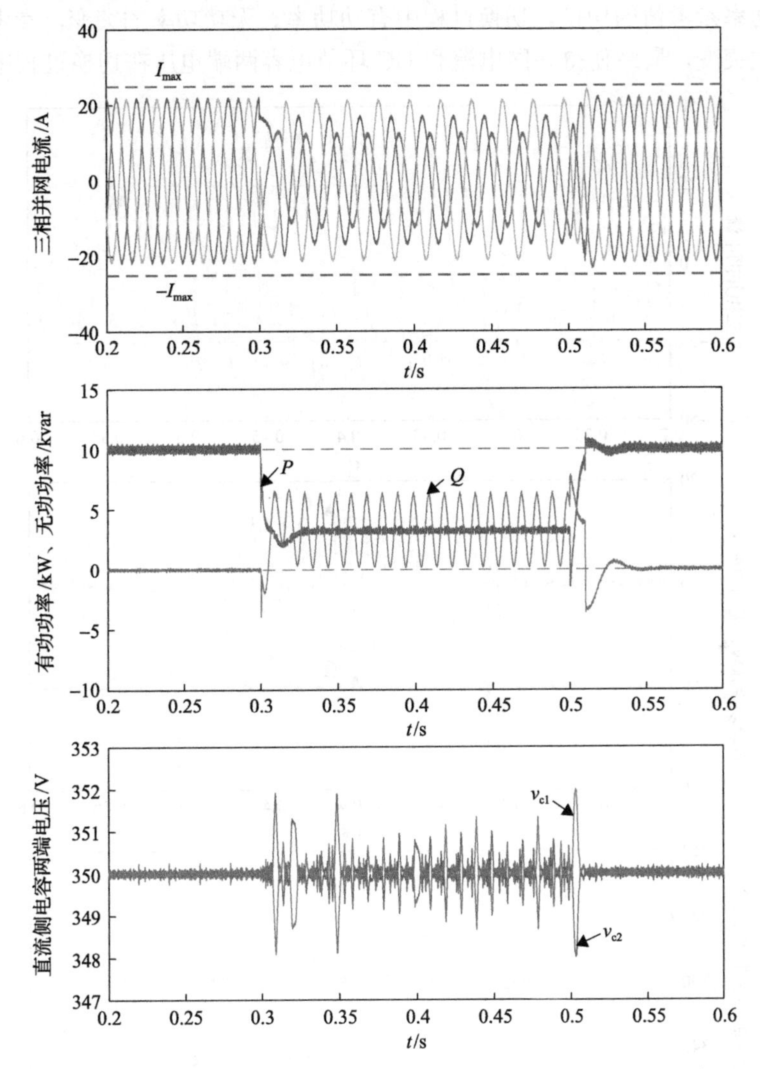

图 3-14　CAPM 模型下本章所提控制方案的并网电流、输出功率和直流侧电容两端电压仿真波形图

3) 无功功率恒定模式

图 3-15 和图 3-16 为 CAPM 模型下以抑制输出无功功率振荡为控制目标时，

采样两种不同方案的仿真结果。可以看出，逆变器在电网不平衡故障过程中，与传统方案相比，本章方案不仅能够保证输出无功功率的恒定，并且在故障过程中，能够向电网提供一定的无功功率支撑。同时有效地将逆变器并网电流峰值限制在安全运行范围内。

值得说明的是，为了限制电流峰值，在电网发生故障时，需要进行有功功率和无功功率参考值的切换。切换过程中有功功率、无功功率的突变，参考电流值也会发生突变，最终使得并网电流和DC环节电容两端电压在切换过程中存在短

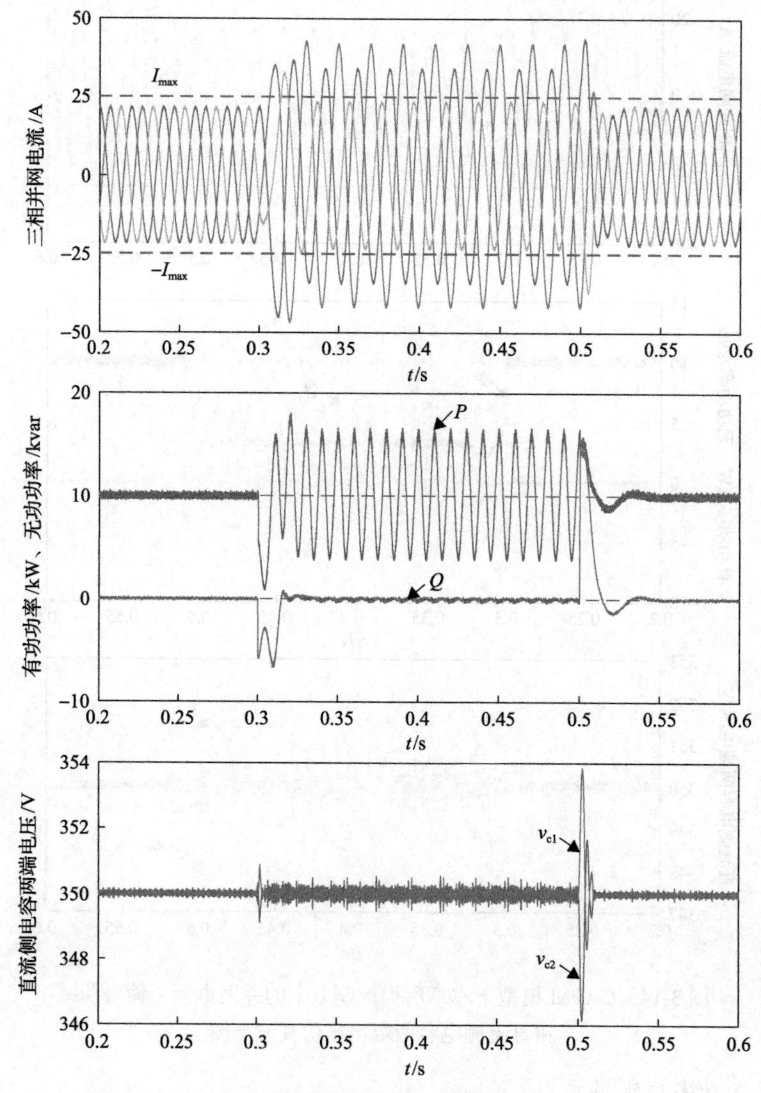

图 3-15　CRPM 模型下传统控制方案的并网电流、输出功率和直流侧电容两端电压仿真波形图

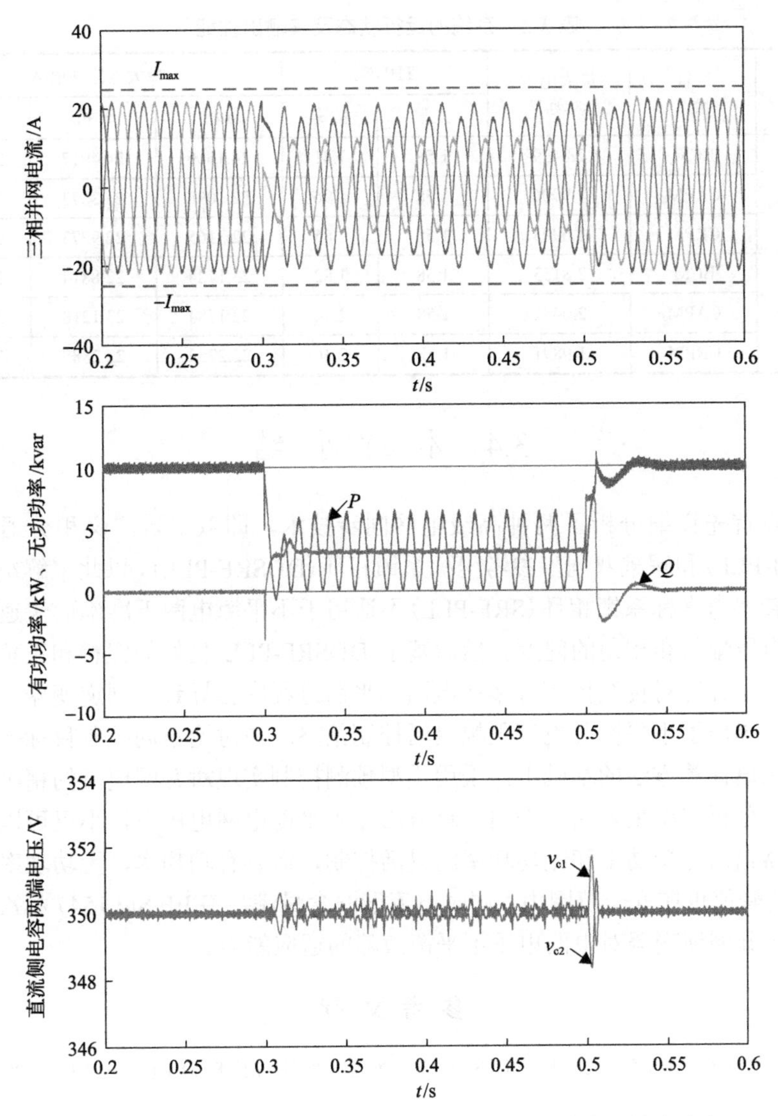

图 3-16　CRPM 模型下本章所提控制方案的并网电流、输出功率和直流侧电容两端电压仿真波形图

暂的尖峰，之后再迅速减小趋向稳定。同时，考虑到并网的电能质量以及 IEEE Std.1547 标准对并网电流谐波含量的严格限制，表 3-2 给出了采用本书方案时可能出现的最大电流峰值、DC 侧电压最大波动量和并网电流总谐波畸变率。从表 3-2 中可以看出，由于功率参考值的切换，过渡过程中存在的短暂信号尖峰不会对并网电流的控制效果造成较大的影响，最大电流峰值均在最大允许的范围之内，且并网电流 THD 小于 5%，满足 IEEE 标准。

表 3-2 系统的运行状态及其输出性能

运行参数	运行状态	最大电压波动/V	THD/%		最大电流峰值/A		
			正常	故障	a 相	b 相	c 相
k=1	BCM	2.8429	1.58	1.41	24.1600	24.4917	24.1980
	CAPM	1.9906	1.58	1.96	22.1098	23.3673	24.0298
	CRPM	1.6905	1.58	2.05	22.3165	22.9273	23.2644
k=0.5	BCM	2.8153	1.58	1.82	23.1724	22.8814	22.0340
	CAPM	2.0481	1.58	2.74	22.1784	23.1218	23.9565
	CRPM	1.9891	1.58	2.36	22.2752	22.2888	22.4683

3.4 本章小结

本章首先详细分析了两种高级电网同步技术，即双二阶广义积分器锁相环(DSOGI-PLL)和解耦双同步参考坐标系锁相环(DDSRF-PLL)，以此来解决传统的同步旋转参考坐标系锁相环(SRF-PLL)不适用于不平衡电网下准确而快速地检测出电网电压幅值和相角的问题。然后基于 DDSRF-PLL 良好的锁相和正负序分量检测效果，并针对传统控制方案在电网不平衡过程中会导致并网逆变器出现过流的问题，提出了不平衡及电流限幅灵活控制策略。在讨论不同控制目标下三相电流最大峰值计算方法的基础上，采用模型预测控制实现对并网电流的精确控制。最后仿真分析与结果表明，采用本章方法在不平衡电网电压下，不仅可以实现并网逆变器输出有功功率和无功功率的灵活控制，而且有功功率、无功功率波动更小，电流峰值也在安全范围内，同时电流谐波含量满足 IEEE Std.1547 标准，显著地提升了并网逆变器对电网电压不平衡故障的适应能力。

参考文献

[1] 赵红雁, 郑琼林, 李艳, 等. 应用于三相并网系统的电网电压快速锁相技术研究[J]. 高电压技术, 2018, 44(1): 314-320.
[2] 李昂. 电网故障情况下三相光伏三电平逆变器的控制技术研究[D]. 秦皇岛: 燕山大学, 2014.
[3] 陈岩. 电网不平衡条件下的锁相技术研究[D]. 武汉: 华中科技大学, 2016.
[4] 郭磊, 王丹, 刁亮, 等. 针对电网不平衡与谐波的锁相环改进设计[J]. 电工技术学报, 2018, 33(6): 1390-1399.
[5] 张纯江, 赵晓君, 郭忠南, 等. 二阶广义积分器的三种改进结构及其锁相环应用对比分析[J]. 电工技术学报, 2017, 32(22): 42-49.
[6] Reyes M, Rodriguez P, Vazquez S, et al. Enhanced decoupled double synchronous reference frame current controller for unbalanced grid-voltage conditions[J]. IEEE Transactions on Power Electronics, 2012, 27(9): 3934-3943.
[7] 文武松, 张颖超, 王璐, 等. 解耦双同步坐标系下单相锁相环技术[J]. 电力系统自动化, 2016, 40(20): 114-120.
[8] Afshari E, Moradi G R, Rahimi R, et al. Control strategy for three-phase grid connected PV inverters enabling current limitation under unbalanced faults[J]. IEEE Transactions on Industrial Electronics, 2017, 64(11): 8908-8918.

[9] 谭骞, 徐永海, 黄浩, 等. 不对称电压暂降情况下光伏逆变器输出电流峰值的控制策略[J]. 电网技术, 2015, 39(3): 601-608.

[10] Rodriguez P, Timbus A V, Teodorescu R, et al. Flexible active power control of distributed power generation systems during grid faults[J]. IEEE Transactions on Industrial Electronics, 2007, 54(5): 2583-2592.

[11] Rodriguez P, Timbus A, Teodorescu R, et al. Reactive power control for improving wind turbine system behavior under grid faults[J]. IEEE Transactions on Power Electronics, 2009, 24(7): 1798-1801.

[12] Wang F, Duarte J L, Hendrix M A M. Pliant active and reactive power control for grid-interactive converters under unbalanced voltage dips[J]. IEEE Transactions on Power Electronics, 2011, 26(5): 1511-1521.

[13] Reyes M, Rodriguez P, Vazquez S, et al. Enhanced decoupled double synchronous reference frame current controller for unbalanced grid-voltage conditions[J]. IEEE Transactions on Power Electronics, 2012, 27(9): 3934-3943.

[14] 章玮, 王宏胜, 任远, 等. 不对称电网电压条件下三相并网型逆变器的控制[J]. 电工技术学报, 2010, 25(12): 103-110.

[15] Camacho A, Castilla M, Miret J, et al. Flexible voltage support control for three-phase distributed generation inverters under grid fault[J]. IEEE Transactions on Industrial Electronics, 2012, 60(4): 1429-1441.

[16] 郭小强, 张学, 卢志刚, 等. 不平衡电网电压下光伏并网逆变器功率/电流质量协调控制策略[J]. 中国电机工程学报, 2014, 34(3): 346-353.

[17] Miret J, Castilla M, Camacho A, et al. Control scheme for photovoltaic three-phase inverters to minimize peak currents during unbalanced grid-voltage sags[J]. IEEE Transactions on Power Electronics, 2012, 27(10): 4262-4271.

[18] 年珩, 於妮飒, 曾嵘. 不平衡电压下并网逆变器的预测电流控制技术[J]. 电网技术, 2013, 37(5): 1223-1229.

[19] Guo X, Liu W, Lu Z. Flexible power regulation and current-limited control of grid-connected inverter under unbalanced grid voltage faults[J]. IEEE Transactions on Industrial Electronics, 2017, PP(99): 1.

[20] Zheng T, Chen L, Guo Y, et al. Flexible unbalanced control with peak current limitation for virtual synchronous generator under voltage sags[J]. Journal of Modern Power Systems and Clean Energy, 2018(1): 61-72.

第 4 章 离网逆变器的多步模型预测电压控制

并网型新能源发电系统以电流源的形式并入电网，而离网型新能源发电系统则以电压源的形式向本地负载供电。离网型新能源发电系统无须与大电网并联发电，其输出电压直接受交流侧负载特性的影响。当逆变器交流侧运行于不平衡或者非线性负载条件时，由于负载电流存在负序分量，逆变器输出电压会引入相应的低次谐波分量，从而导致负载电压波形发生畸变，无法满足负载侧逆变器的输出电能质量需求[1-7]。

为此，本章以负载电压作为控制目标，提出一种既能降低传统模型预测电压控制策略优化过程的保守性，又不过度增加控制算法运算量的多步模型预测电压控制方法。最后通过 MATLAB/Simulink 仿真来验证本章所提算法的控制效果。

4.1 三电平 NPC 离网逆变器的离散数学模型

如图 4-1 所示，典型的离网型混合发电系统[8,9]包括光伏阵列(photovoltaic array)、直驱永磁风力发电系统(PMSG-based WECS)、用于短期储能的飞轮(flywheel storage)、用于长期储能的蓄电池组(battery banks)、三相三电平 NPC 逆变器、LC 滤波器和任意负载。

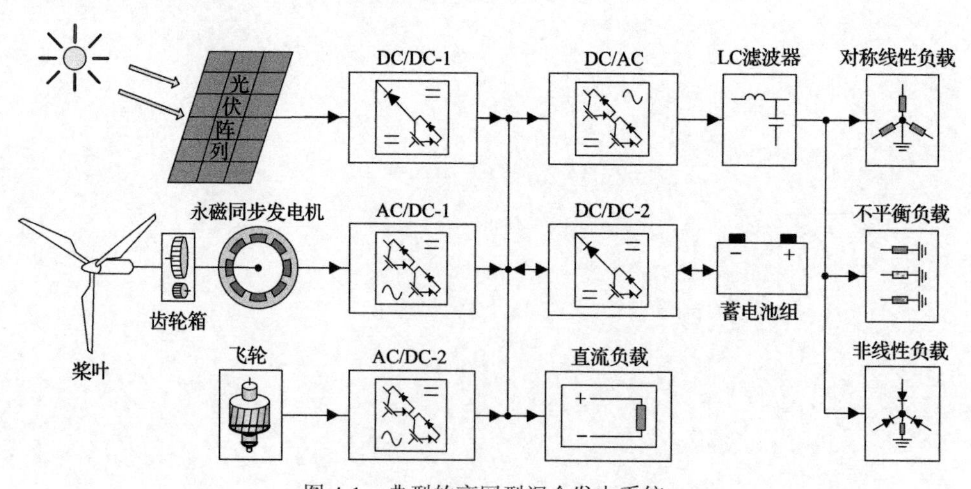

图 4-1 典型的离网型混合发电系统

DC/DC-1 和 AC/DC-1 变换器利用最大功率点跟踪技术[10-13](maximum power point tracking，MPPT)，最大限度地将光能和风能转化为电能，然后和其他储能单元向 DC/AC 逆变器直流侧提供输入电压。

新能源发电系统离网型三相三电平 NPC 逆变器的主电路结构拓扑如图 4-2 所示，逆变器输出经过 LC 滤波器为负载供电。图 4-2 中，V_{dc} 为直流电压；C_1 和 C_2 为直流侧电容；v_{c1} 和 v_{c2} 为电容两端电压；L_f 为滤波电感；R_f 为滤波电感电阻和线路等效电阻的总电阻；C_f 为滤波电容；Z_a、Z_b、Z_c 为任意负载，可以是对称线性负载、不平衡负载或者非线性负载。

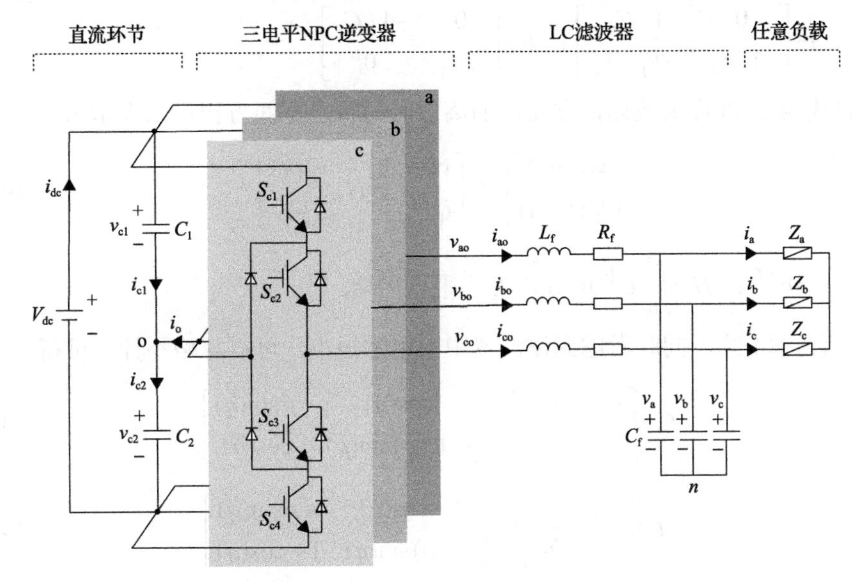

图 4-2　离网型三相三电平 NPC 逆变器主电路结构拓扑

根据基尔霍夫电压电流定律，逆变器的数学模型可以表示为

$$\begin{cases} v_{\mathrm{o}} = L_{\mathrm{f}} \dfrac{\mathrm{d}i_{\mathrm{L}}}{\mathrm{d}t} + R_{\mathrm{f}} i_{\mathrm{L}} + v \\ C_{\mathrm{f}} \dfrac{\mathrm{d}v}{\mathrm{d}t} = i_{\mathrm{L}} - i \end{cases} \tag{4-1}$$

考虑空间矢量原理可以推得

$$\begin{cases} v_{\mathrm{o}} = \dfrac{2}{3}(v_{\mathrm{ao}} + \alpha v_{\mathrm{bo}} + \alpha^2 v_{\mathrm{co}}) \\ v = \dfrac{2}{3}(v_{\mathrm{a}} + \alpha v_{\mathrm{b}} + \alpha^2 v_{\mathrm{c}}) \\ i_{\mathrm{L}} = \dfrac{2}{3}(i_{\mathrm{ao}} + \alpha i_{\mathrm{bo}} + \alpha^2 i_{\mathrm{co}}) \\ i = \dfrac{2}{3}(i_{\mathrm{a}} + \alpha i_{\mathrm{b}} + \alpha^2 i_{\mathrm{c}}) \end{cases} \tag{4-2}$$

式中，v_o 为逆变器的输出电压；i_L 为逆变器的输出电流；v 为负载电压；i 为负载电流；$\alpha = e^{j2\pi/3} = -1/2 + j\sqrt{3}/2$ 代表相间的 $120°$ 相位差。

由式(4-1)整理可得逆变器的状态空间表达式为[14]

$$\begin{bmatrix} \dot{v} \\ \dot{i}_L \end{bmatrix} = A \begin{bmatrix} v \\ i_L \end{bmatrix} + B \begin{bmatrix} v_o \\ i \end{bmatrix} \tag{4-3}$$

式中，$A = \begin{bmatrix} 0 & 1/C_f \\ -1/L_f & -R_f/L_f \end{bmatrix}$；$B = \begin{bmatrix} 0 & -1/C_f \\ 1/L_f & 0 \end{bmatrix}$。

将式(4-3)进行离散化，则相应的离散时间状态空间方程可以表示为

$$\begin{bmatrix} v(k+1) \\ i_L(k+1) \end{bmatrix} = G \begin{bmatrix} v(k) \\ i_L(k) \end{bmatrix} + H \begin{bmatrix} v_o(k) \\ i(k) \end{bmatrix} \tag{4-4}$$

式中，$G = e^{AT_s}$；$H = \int_0^{T_s} e^{At} dt \cdot B$，$T_s$ 为采样周期。

结合式(4-3)，同时考虑到滤波器中的电阻很小，可以忽略不计，可得

$$G = \begin{bmatrix} g_{11} & g_{12} \\ g_{21} & g_{22} \end{bmatrix} = \begin{bmatrix} \cos(q) & p\sin(q) \\ -(1/p)\sin(q) & \cos(q) \end{bmatrix} \tag{4-5}$$

$$H = \begin{bmatrix} h_{11} & h_{12} \\ h_{21} & h_{22} \end{bmatrix} = \begin{bmatrix} 1-\cos(q) & -p\sin(q) \\ (1/p)\sin(q) & 1-\cos(q) \end{bmatrix} \tag{4-6}$$

式中，$p = \sqrt{L_f / C_f}$；$q = T_s / \sqrt{L_f \cdot C_f}$。

4.2 多步模型预测电压控制策略

4.2.1 传统 FCS-MPVC 保守性分析

图 4-3 给出了基于逆变器的有限控制集模型预测电压控制(finite control set-mode predictive voltage control，FCS-MPVC)策略的控制框图。

对于传统 FCS-MPVC，通常采用单步预测[15]。由式(4-4)可得，负载端预测电压可以表示为

$$v(k+1) = g_{11}v(k) + g_{12}i_L(k) + h_{11}v_o(k) + h_{12}i(k) \tag{4-7}$$

这种方法在逆变器的每个控制周期开始时，以当前 t_k 时刻采集得到的电压和电流信号为基础，通过系统模型来预测 t_{k+1} 时刻的负载电压 $v(k+1)$。同时，该算法对逆变器输出的每一种电压矢量进行遍历寻优，寻找能够使代价函数最小的开关状态在 t_{k+1} 时刻应用。

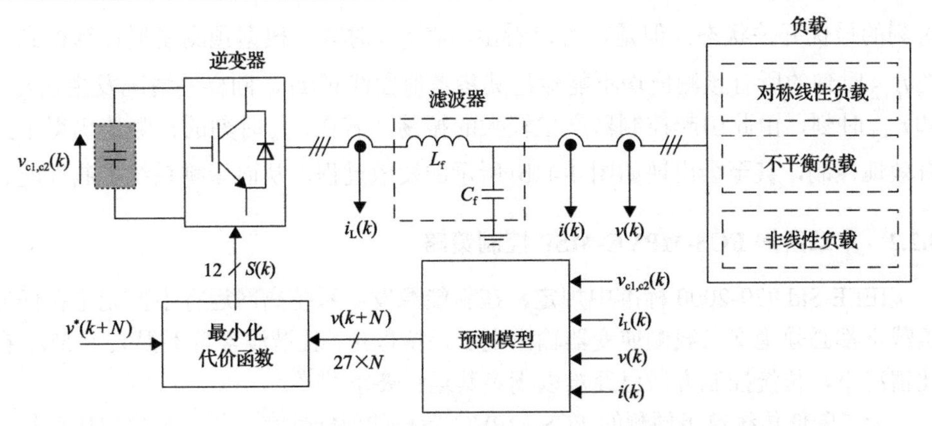

图 4-3　应用于三相逆变器的 FCS-MPVC 策略框图

显然，这种方法仅在一个控制周期 T_s 内考虑逆变器的最优开关状态，而忽略了预测模型在多个控制周期内包含的最优信息，在算法的优化过程中存在一定的保守性。

图 4-4 给出了传统单步预测的 FCS-MPVC 策略对三电平 NPC 逆变器的 27 种开关状态进行在线选择的过程。在图 4-4(a)中，算法在 t_k 时刻确定了逆变器在 t_{k+1}

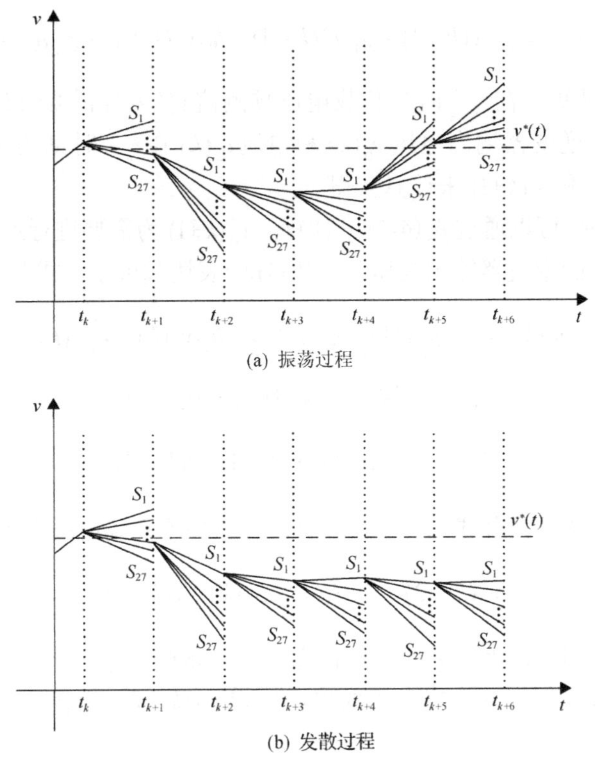

(a) 振荡过程

(b) 发散过程

图 4-4　单步 FCS-MPVC 策略保守性分析

时刻的最优开关状态。但是，可以看出，在 t_{k+1} 时刻，根据预测模型计算得到的在 t_{k+2} 时刻的所有预测值均不能穿越其参考值曲线 $v^*(t)$，同样的情况发生在 t_{k+2} 和 t_{k+3} 时刻，由此引起控制器产生较大的振荡。若在 t_{k+4} 时刻的预测值仍得不到有效地控制，甚至会出现如图 4-4(b)所示的发散过程，从而影响系统控制性能。

4.2.2 本章所提 FCS-MPVC-MSP 控制策略

IEEE Std 929-2000 标准中规定，在新能源发电系统离网运行中，无论在任何负载下都必须确保负载侧逆变器输出电压保持恒定，且谐波含量不得大于 5%。在此情况下，传统控制方法已经难以满足其运行要求[16-19]。

为了降低传统单步预测的 FCS-MPVC 策略的保守性[20]，提高输出电压质量，同时又不过度增加算法滚动寻优过程的计算量，本章以逆变负载侧电压为控制目标，给出一种在一个控制周期内同时考虑逆变器最优开关状态及次优开关状态，并在两个控制周期内确保所选开关状态最优的多步预测的 FCS-MPVC(finite control set model predictive voltage control with multi-step prediction，FCS-MPVC-MSP)策略。

对于上述多步模型预测电压控制(FCS-MPVC-MSP)，根据式(4-4)，在 t_{k+2} 时刻负载电压预测模型可以表达为

$$v(k+2) = g_{11}v(k+1) + g_{12}i_{\mathrm{L}}(k+1) + h_{11}v_{\mathrm{o}}(k+1) + h_{12}i(k+1) \tag{4-8}$$

由式(4-8)可知，在 t_{k+2} 时刻负载电压预测值 $v(k+2)$ 需要负载电压 $v(k)$ 和负载电流 $i(k)$ 以及逆变器输出电压 $v_{\mathrm{o}}(k)$ 和电流 $i_{\mathrm{L}}(k)$ 在 t_{k+1} 时刻的预测值 $v(k+1)$、$i(k+1)$、$v_{\mathrm{o}}(k+1)$ 和 $i_{\mathrm{L}}(k+1)$ 来计算获得。

其中，$v(k+1)$ 可以通过式(4-7)来计算，$v_{\mathrm{o}}(k+1)$ 为需要进行遍历寻优的 27 种开关状态所对应的逆变器输出电压，$i_{\mathrm{L}}(k+1)$ 的表达式可以由式(4-4)推得

$$i_{\mathrm{L}}(k+1) = g_{21}v(k) + g_{22}i_{\mathrm{L}}(k) + h_{21}v_{\mathrm{o}}(k) + h_{22}i(k) \tag{4-9}$$

根据 Lagrange 外推法，可以推得 $i(k+1)$ 的表达式为

$$i(k+1) = 3i(k) - 3i(k-1) + i(k-2) \tag{4-10}$$

同理，采用该外推公式(式(4-10))时，可以预测负载电压未来参考值：

$$v^*(k+2) = 3v(k+1) - 3v(k) + v(k-1) \tag{4-11}$$

对于附加控制项，由于采样频率很高，我们将假设在一个采样时刻内 DC 环节电容电压不会发生很大变化，因而可以假设 $v_{\mathrm{c1}}(k+2) = v_{\mathrm{c1}}(k+1)$，$v_{\mathrm{c2}}(k+2) = v_{\mathrm{c2}}(k+1)$。

最终应用的代价函数为

$$g=\left|v^*(k+N)-v(k+N)\right|+\lambda_{\mathrm{dc}}\left|v_{\mathrm{c1}}(k+N)-v_{\mathrm{c2}}(k+N)\right| \tag{4-12}$$

式中，N=1 表示第一步预测中的代价函数；N=2 表示第二步预测中的代价函数。

由上述分析可知，FCS-MPVC-MSP 算法的最优开关选择过程如图 4-5 所示，设定负载电压 $v(t)$ 对其给定参考值 $v^*(t)$ 的准确跟踪作为系统的控制目标。在图 4-5 中，该算法首先以 t_k 时刻的测量值 $v(t)$ 为基础，可以计算出负载电压在 t_{k+1} 时刻预测值 $v(k+1)$；然后对于逆变器的每一个不同的电压矢量，根据系统预测模型计算出下一个采样时刻的负载电压预测值 $v_i(k+1)$，$i=1,2,\cdots,27$，并在 $v_i(k+1)$ 中选择最接近和次接近于给定参考值 $v^*(t)$ 两个预测值 $v_{\min1}(k+2)$、$v_{\min2}(k+2)$ 及它们所对应的开关状态 $S_{\min1}(k+2)$、$S_{\min2}(k+2)$；之后，再分别以 $v_{\min1}(k+2)$、$v_{\min2}(k+2)$ 为基础，得到两组预测值 $v_{\min1i}(k+3)$ 和 $v_{\min2i}(k+3)$（$i=1,2,\cdots,27$）；最后，从 t_{k+3} 时刻的 54 个预测值中选择与给定参考值最接近的预测值所对应的最优开关状态 $S_{\min1}(k+2)$ 或 $S_{\min2}(k+2)$，并将它实施于逆变器。整个开关状态选择过程对应的负载电压数值轨线如图 4-5 中的双点划线所示。

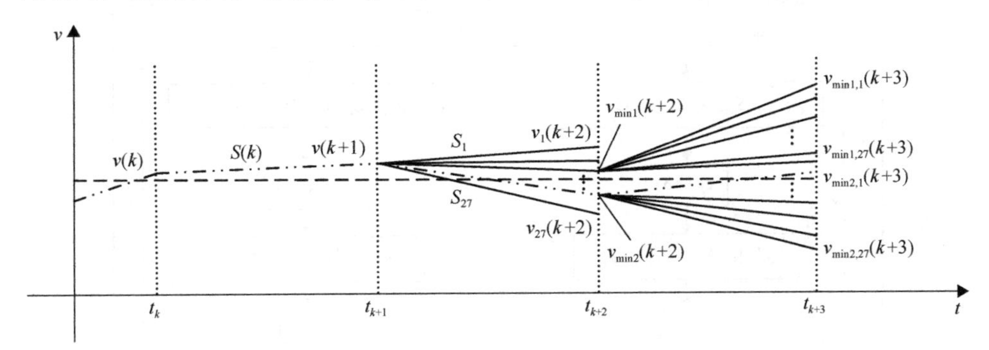

图 4-5　FCS-MPVC-MSP 算法控制原理示意图

在实际执行过程中，由于控制器采样时间和计算时间不能忽略，应当将应用新的电压矢量的时刻移到每个控制周期的开始阶段，并增加 t_{k+1} 时刻的负载电压估算。值得一提的是，负载电压估算会延长控制器的计算时间，但所延长的计算时间很短，因为每个控制周期仅需一次计算。同时注意到 FCS-MPCV-MSP 策略的计算量比传统单步 FCS-MPVC 增加了一倍，但由于受实际硬件条件的限制，控制器的控制周期也不可能太小，从而保证了 FCS-MPCV-MSP 策略的可行性。

整个 FCS-MPVC-MSP 算法流程如图 4-6 所示，具体描述如下所示。

第一步，测量当前 t_k 时刻的负载电压 $v(k)$、负载电流 $i(k)$、逆变器的输出电流 $i_{\mathrm{L}}(k)$ 及 DC 环节电容两端电压。

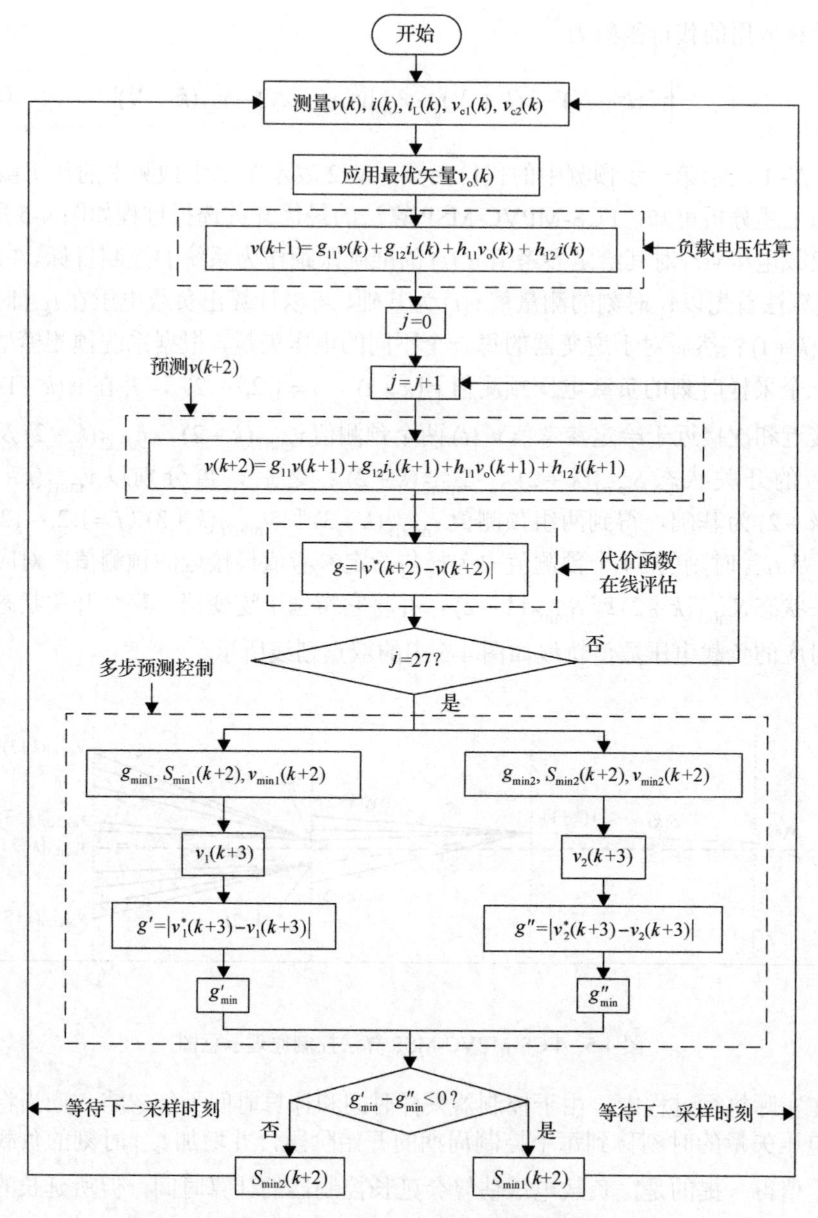

图 4-6 FCS-MPVC-MSP 算法流程图

第二步，应用开关状态$v_o(k)$（t_{k-1}时刻的计算结果）。

第三步，在所应用开关状态$v_o(k)$的基础上，根据式(4-7)估计负载电压的预测值。

第四步，在逆变器 27 种开关状态下，根据预测模型(式(4-8))，计算下一个采样时刻t_{k+2}的负载电压$v(k+2)$，并对每次预测的代价函数g进行在线评估，并得到使代价函数最小和次小两组开关状态 $S_{\min1}(k+2)$ 与 $S_{\min2}(k+2)$ 以及它们对应的被控量预测值 $v_{\min1}(k+2)$ 和 $v_{\min2}(k+2)$。

第五步，已知 $v_{\min1}(k+2)$ 和 $v_{\min2}(k+2)$ 的前提下，由预测模型和线性递推分别进行 27 次预测，得到各自 27 个预测值 $v_{\min1i}(k+3)$ 和 $v_{\min2i}(k+3)$，$i=1,2,\cdots,27$；然后构造两组代价函数 g' 和 g''，并求得 g' 和 g'' 的最小值，分别记为 $g'_{\min}$ 和 $g''_{\min}$。

第六步，比较 $g'_{\min}$ 和 $g''_{\min}$，选择这两组值中的最小值，并将其所对应的开关状态 $S_{\min1}(k+2)$ 或 $S_{\min2}(k+2)$ 应用于系统。

4.3　仿真验证与分析

为验证本章所提 FCS-MPVC-MSP 策略的正确性，利用 MATLAB/Simulink 进行仿真分析。离网型三电平 NPC 逆变器系统仿真参数表 4-1 所示。

表 4-1　离网型三电平 NPC 逆变器系统仿真参数

参数	符号	数值
直流电压	V_{dc}	700V
直流侧电容	C_1/C_2	4400 μF
滤波电感	L_f	2.5mH
滤波电容	C_f	20 μF
滤波电阻	R_f	0.03Ω
采样频率	f_s	40kHz
参考负载电压峰值	v^*	$220\sqrt{2}$ V
参考负载电压频率	f	50Hz
DC 环节电压平衡控制系数	λ_{dc}	0.1

为验证不同负载情况控制器的输出性能，在进行稳态和暂态分析中考虑以下三种负载情况。

(1) 对称线性负载：$R_a=R_b=R_c=10\Omega$。

(2) 不平衡负载：$R_a=10\Omega$，$R_b=15\Omega$，$R_c=20\Omega$，$L_a=1\text{mH}$，$L_b=1.5\text{mH}$，$L_c=2\text{mH}$。

(3) 非线性负载：由三相不控整流桥输出并联 20μF 电容和 50Ω 电阻构成。

4.3.1　稳态分析

图 4-7 是新能源发电系统离网型逆变器接对称电阻性负载时，采用传统 FCS-

MPVC 和 FCS-MPVC-MSP 的稳态仿真波形图。可以看出，两种算法均能输出幅值恒定的标准化正弦负载电压波形。在 0.06s 时，电阻负载由10Ω突增到20Ω。整个控制过程 FCS-MPVC-MSP 表现出更好的电压跟踪效果。表 4-2 和表 4-3 对负载电压进行 FFT 分析，负载变化前，传统 FCS-MPVC 算法下，A、B、C 三相电压 THD 分别为 1.13%、1.22%和 1.27%。负载突增一倍后，各项电压 THD 都有所增加。而采用 FCS-MPVC-MSP 算法时，在负载变化前后均呈现出较小的电压 THD 值，逆变器输出的负载电压和给定参考电压的之间的差值也明显小于传统的 FCS-MPVC 算法。

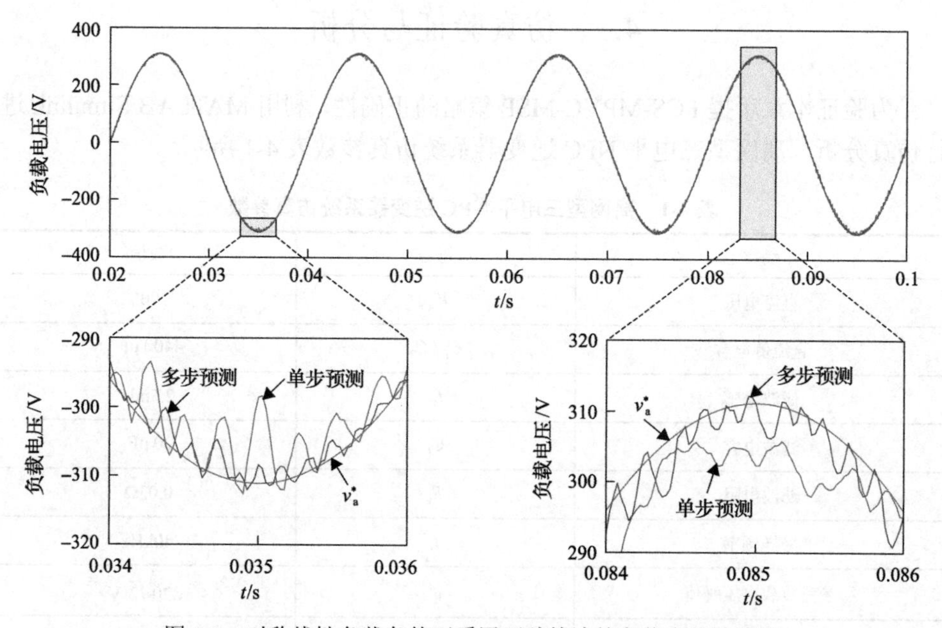

图 4-7　对称线性负载条件下采用两种算法的负载电压波形图

表 4-2　负载参数变化前的负载电压的 THD 和 RMSE

负载类型	控制方法	THD/%			RMSE		
		A 相	B 相	C 相	A 相	B 相	C 相
对称线性负载	单步预测	1.13	1.22	1.27	3.01	3.07	3.00
	多步预测	0.78	0.76	0.79	1.98	1.98	1.98
不平衡负载	单步预测	5.51	5.14	5.52	13.64	13.63	14.38
	多步预测	1.52	1.65	1.54	4.24	4.36	4.38
非线性负载	单步预测	7.84	8.70	8.60	24.53	24.55	24.19
	多步预测	2.33	2.03	2.04	6.19	6.11	6.08

表 4-3　负载参数变化后的负载电压的 THD 和 RMSE

负载类型	控制方法	THD/%			RMSE		
		A 相	B 相	C 相	A 相	B 相	C 相
对称线性负载	单步预测	2.09	1.99	2.05	5.32	5.35	5.27
	多步预测	1.10	1.05	1.07	2.94	2.93	2.92
不平衡负载	单步预测	7.66	7.79	8.92	17.63	18.94	19.31
	多步预测	2.05	2.23	2.17	4.93	4.94	5.02
非线性负载	单步预测	8.94	8.93	9.52	25.15	24.74	24.65
	多步预测	2.34	2.32	2.15	6.57	6.50	6.65

图 4-8 是新能源发电系统离网型逆变器接不平衡感性负载时，分别采用传统单步预测的 FCS-MPVC 算法和本章所提 FCS-MPVC-MSP 算法的稳态仿真波形图。可以看出，在不平衡负载条件下，采用传统单步预测的 FCS-MPVC 算法时，逆变器负载电压波形发生严重畸变。负载变化前，三相电压 THD 分别为 5.51%、5.14%和 5.52%。在 0.06s 时三相负载突增一倍，此时三相电压 THD 增至 7.66%、7.79%和 8.92%，超过了分布式新能源发电系统离网运行时输出电压总谐波含量应当要小于 5%的要求。而采用 FCS-MPVC-MSP 算法时，负载变化前后，逆变器各相电压 THD 均维持在 3%以内，且该算法具有较小的 RMSE 误差值。由此可见，在系统带不平衡感性负载时，本章所提 FCS-MPVC-MSP 算法仍能有效地控制负载电压。

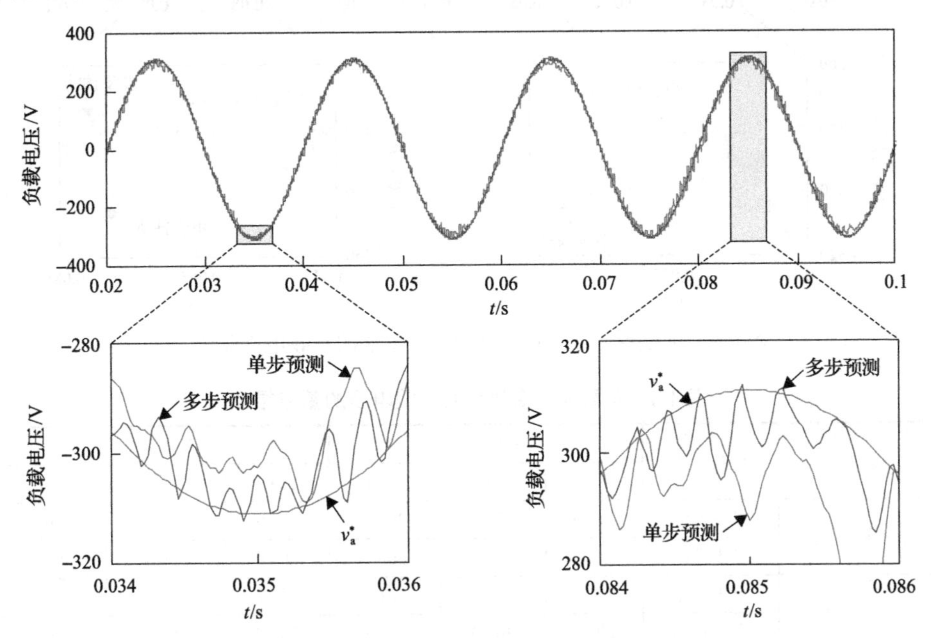

图 4-8　不平衡负载条件下采用两种算法的负载电压波形图

图 4-9 是新能源发电系统离网型逆变器接非线性负载时，分别采用传统单步

预测的 FCS-MPVC 和本章所提 FCS-MPVC-MSP 算法的稳态仿真波形图。从图 4-9 中可以看出，在非线性负载下，由于低次谐波电流的影响，采用传统单步预测的 FCS-MPVC 负载电压也具有较高的低次谐波含量。负载变化前，三相电压 THD 分别为 7.84%、8.70%和 8.60%。在 0.06s 时，与不控整流桥输出并联的电阻从 50Ω 突增到100Ω 后，三相电压 THD 上升至 8.94%、8.93%和 9.52%，同样无法满足离网型逆变器输出电压要求。而且输出负载电压波形完全处于较大的振荡状态，RMSE 误差值很大。而即使是带非线性负载，在 FCS-MPVC-MSP 算法下，各相电压 THD 仍能维持在允许的范围即 3%以内，同时，逆变器的输出负载电压精度较高。还应当注意到，采用 FCS-MPVC-MSP 算法时，无论离网系统在何种负载条件下运行，其负载基波电压幅值与给定值 $220\sqrt{2}$ V(约为 311.1V) 比较接近，如表 4-4 所示。从而可以说明，FCS-MPVC-MSP 算法可以提供更好的负载电压质量，具有较好的稳态输出能力。

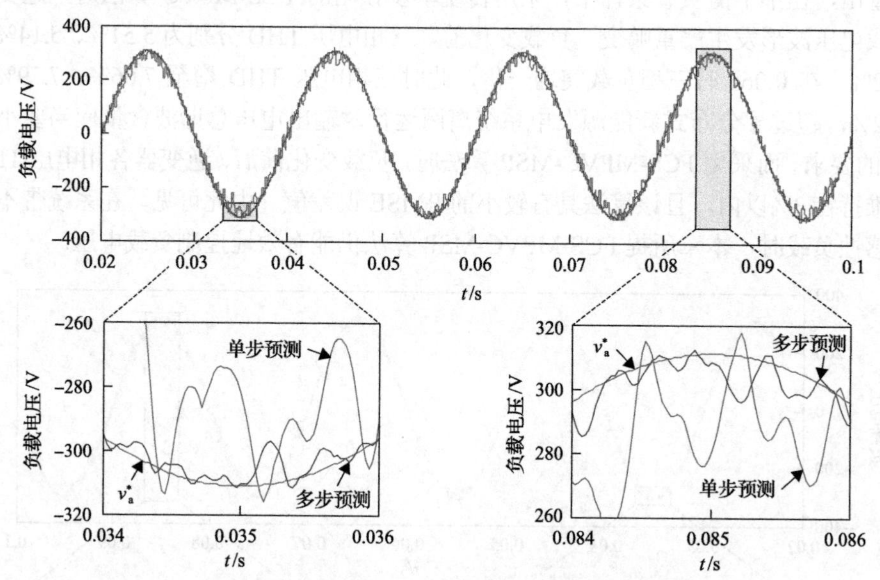

图 4-9 非线性负载条件下采用两种算法的负载电压波形图

表 4-4 负载参数变化前后负载电压的基波幅值

负载类型	控制方法	变化前/V			变化后/V		
		A 相	B 相	C 相	A 相	B 相	C 相
对称线性负载	单步预测	308.4	308.2	308.3	306.9	307.1	306.8
	多步预测	310.0	310.0	309.9	309.4	309.4	309.2
不平衡负载	单步预测	301.9	301.0	301.4	294.2	293.1	292.5
	多步预测	307.9	307.9	308.1	306.9	306.4	306.4
非线性负载	单步预测	291.2	290.7	291.5	287.9	288.6	286.4
	多步预测	305.8	306.7	306.9	305.6	305.7	306.7

4.3.2 暂态分析

图 4-10 给出在不平衡负载条件下，系统在 $t=0.04$ s 时刻参考电压 v^* 的幅值从 $220\sqrt{2}$ V 到 $160\sqrt{2}$ V 阶跃变化时的仿真结果。可以看出，在阶跃过程中，负载电

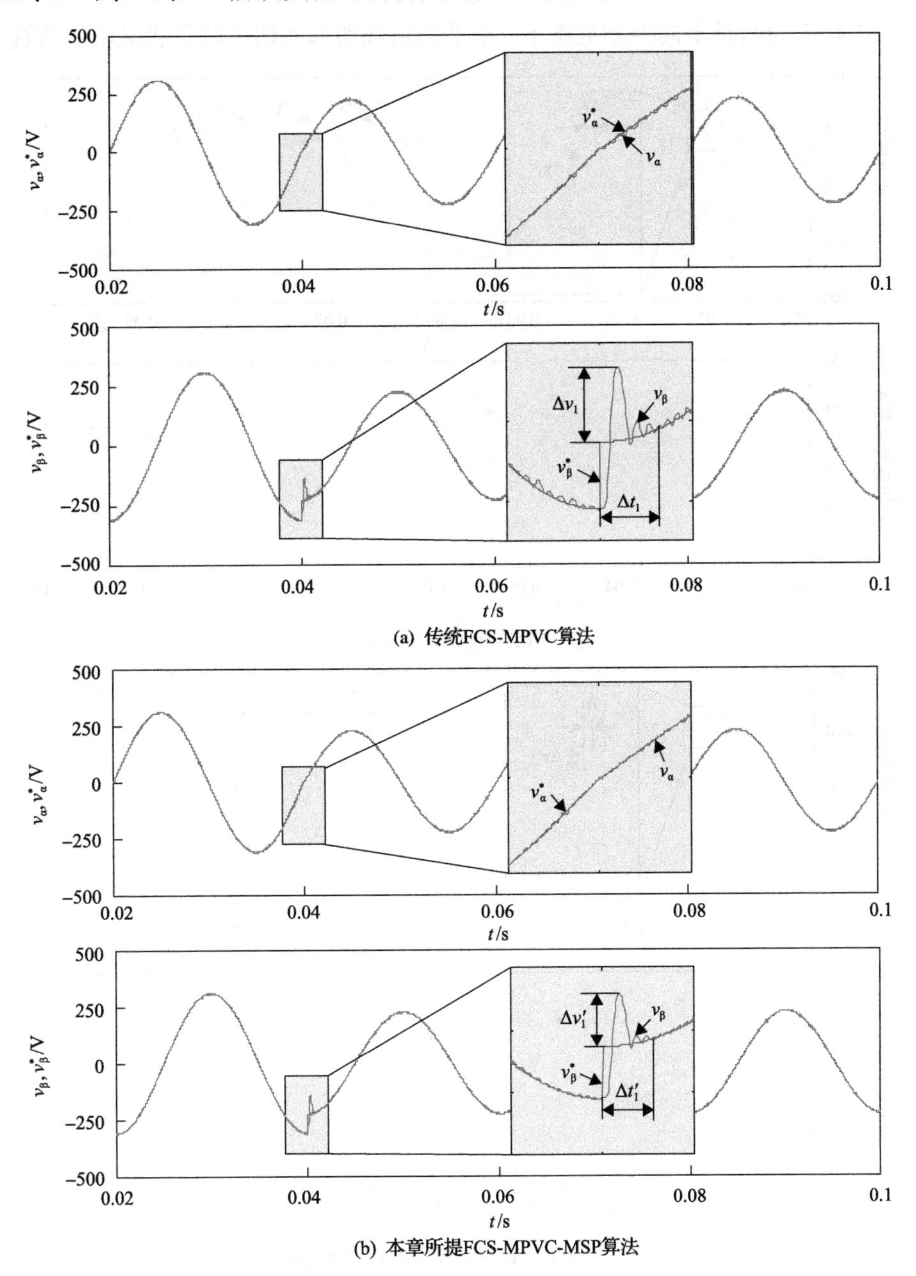

(a) 传统FCS-MPVC算法

(b) 本章所提FCS-MPVC-MSP算法

图 4-10　参考电压幅值阶跃变化下负载电压波形图

压 v_α 不受阶跃变化的影响，其波形基本与参考电压波形重合，而负载电压 v_β 出现一个短暂波峰后，迅速跟随参考值进行变化。从而说明，两种模型预测电压算法都可以实现两种电压间的内部解耦，提高控制系统的动态响应能力。阶跃过程中虽然 Δt_1 和 $\Delta t_1'$ 近似相等，但 Δv_1 大于 $\Delta v_1'$。

图 4-11 为两种不同控制策略下，不平衡负载切入和切出时负载电压的仿真波

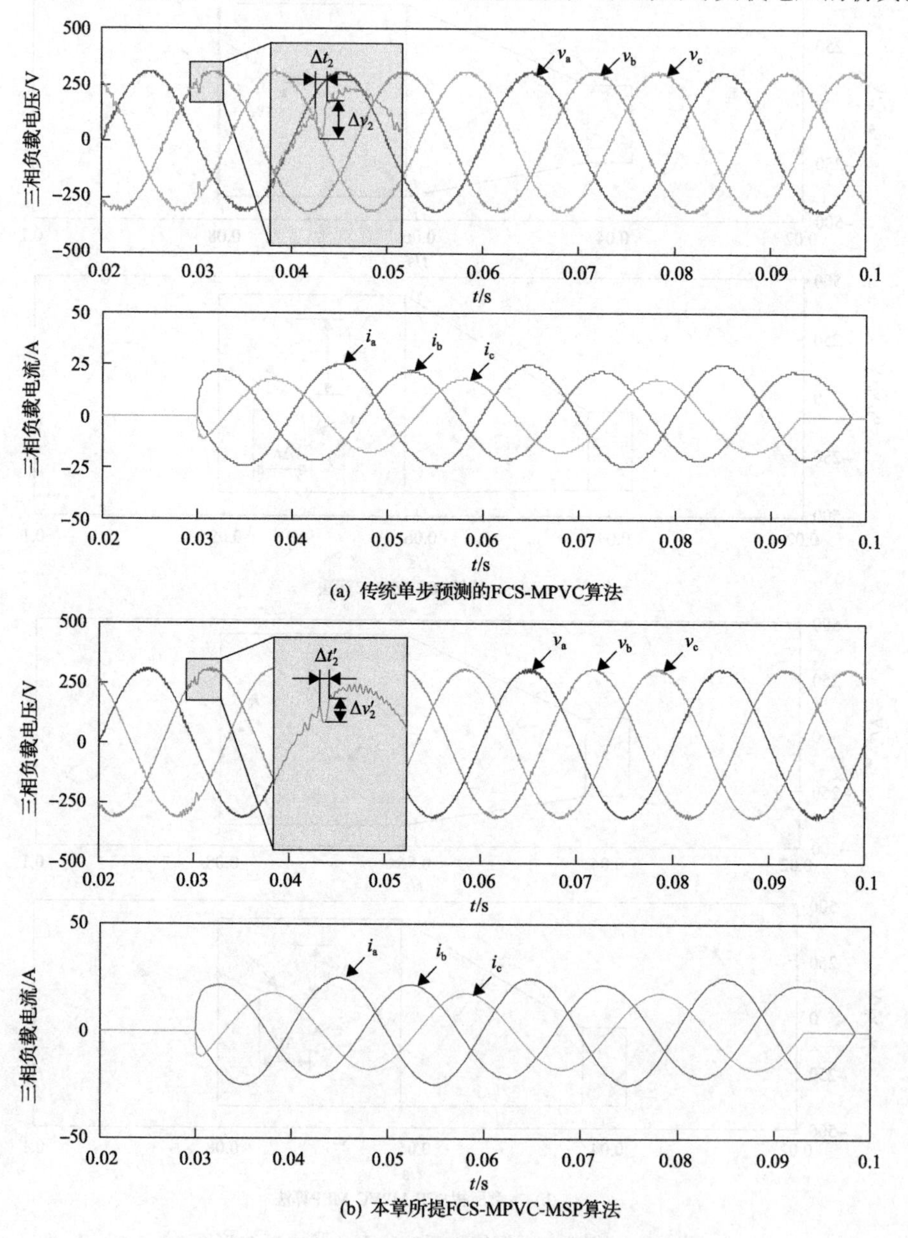

图 4-11　不平衡负载切入和切出时的负载电压波形图

形。负载在 $t = 0.03$ s 时刻由空载切入不平衡负载，并在 $t = 0.09$ s 时刻由不平衡负载变为空载。从图 4-11 中可以看出，当系统在 $t = 0.03$ s 时刻由空载切入不平衡负载时，两种控制策略的负载电压均出现一个短暂的、时间 Δt_2 与 $\Delta t_2'$ 近似相等的畸变过程，然后快速恢复为标准正弦波形，容易看出此时 Δv_2 大于 $\Delta v_2'$。

在 $t = 0.09$ s 时刻将不平衡负载从系统切出，两种控制策略的负载两端电压基本不受负载切换的影响。随着逆变器从空载到不平衡负载的切换，负载电流也从 0A 跳变为不平衡电流输出。在图 4-12 中，负载电压几乎不受非线性负载的跳变的影响，说明两种控制策略都具有良好的输出动态性能，且两种控制策略的动态响应能力十分相近。

4.3.3　模型失配的影响

由式(4-4)～式(4-6)可知，本章所提 FCS-MPVC-MSP 策略的控制精度在很大程度上取决于系统离散时间模型和滤波器参数 L_f 与 C_f。滤波器在实际运行中由于自身发热等原因会使自身参数值的发生变化，从而导致控制性能的下降，造成系统不稳定。

为此，本章针对以下两种模式进行仿真分析。

(1) CF 模式：控制系统本身无法实时监测滤波器参数的变化，因而控制器内实际电感和电容值的参数恒定在额定值 L_f=2.5mH 和 C_f = 20μF。

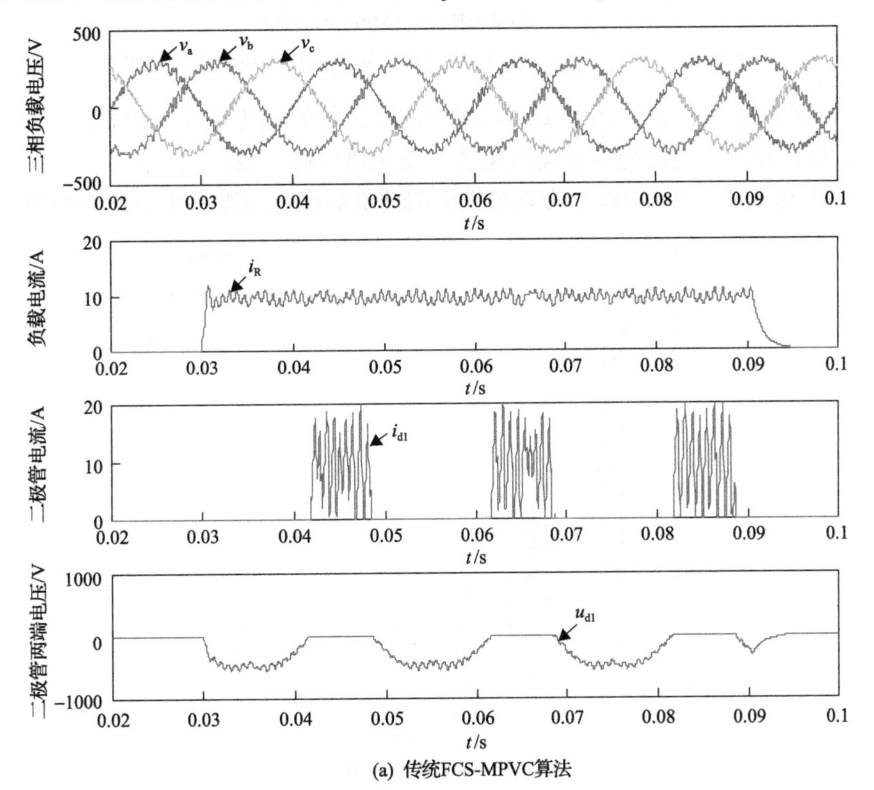

(a) 传统FCS-MPVC算法

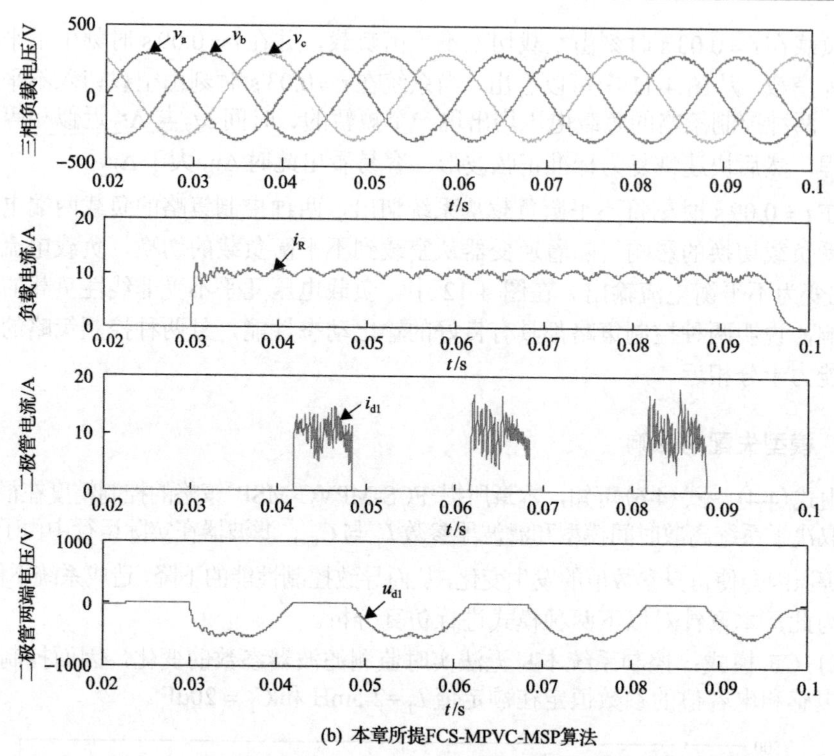

(b) 本章所提FCS-MPVC-MSP算法

图 4-12 非线性负载切入和切出时负载侧的输出电压和电流波形图

(2) CCF 模式：控制系统实时监测滤波器参数的变化，并能调整控制器相应参数，使其和实际滤波电感和滤波电容的变化值保持一致。

以 A 相负载电压 THD 作为系统性能的评价标准，所得结果如图 4-13 所示。

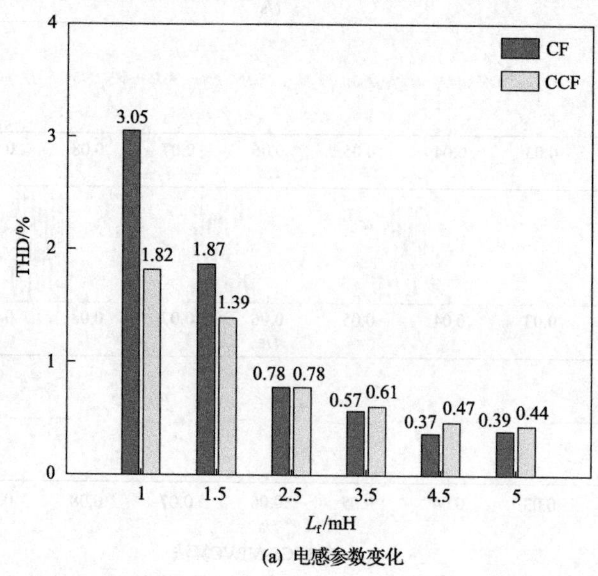

(a) 电感参数变化

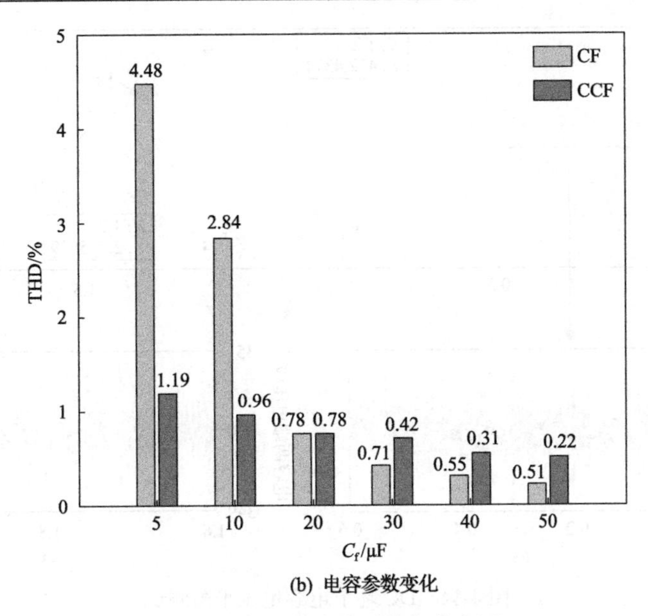

(b) 电容参数变化

图 4-13　滤波器参数变化时的负载电压 THD

从图 4-13(a)中可以看出，A 相负载电压 THD 随着滤波电感 L_f 参数值的增大而逐渐减小。同样地，如图 4-13(b)所示，随着滤波电容 C_f 参数值的增大，A 相负载电压 THD 随之逐渐减小。当滤波电感 L_f 或滤波电容 C_f 实际值与额定值偏差在 ±50% 内时，无论在 CF 模式还是 CCF 模式下，对控制器输出电压的影响均不大，说明本章所提策略具有很好的稳定性。

值得注意的是，在 L_f 和 C_f 的极端变化时，CF 模式下负载电压 THD 值分别为 3.05%和 4.48%，控制器的性能大大降低。这种情况下应当适当地调节相应的控制器参数使其与滤波参数变化一致，以避免逆变器输出的不稳定。

4.3.4　多目标 FCS-MPVC-MSP 优化控制

在利用本章所提 FCS-MPVC-MSP 策略进行三电平 NPC 逆变器的多目标优化控制时，应当引入 DC 环节电容电压平衡和降低开关频率附加项作为辅助控制目标。

对于 DC 环节电容电压的控制，权重系数 λ_{dc} 被设定为 0.1。如图 4-14 所示，在对附加项进行控制的过程中，DC 侧电容两端电压 v_{c1} 和 v_{c2} 波动的峰值不超过 1V，说明代价函数中的电容电压平衡控制项可以起到很好的控制效果。为了证明这一控制策略的能力，在 $t = 0.6$ s 时刻将 λ_{dc} 设置为 0。从图 4-16 中可以看出，DC 环节的两个电容电压在 $t = 0.6$ s 迅速分开，直到在 $t = 1.2$ s 时，再次加入平衡控制项，经过短暂的过渡过程电容电压重新平衡。

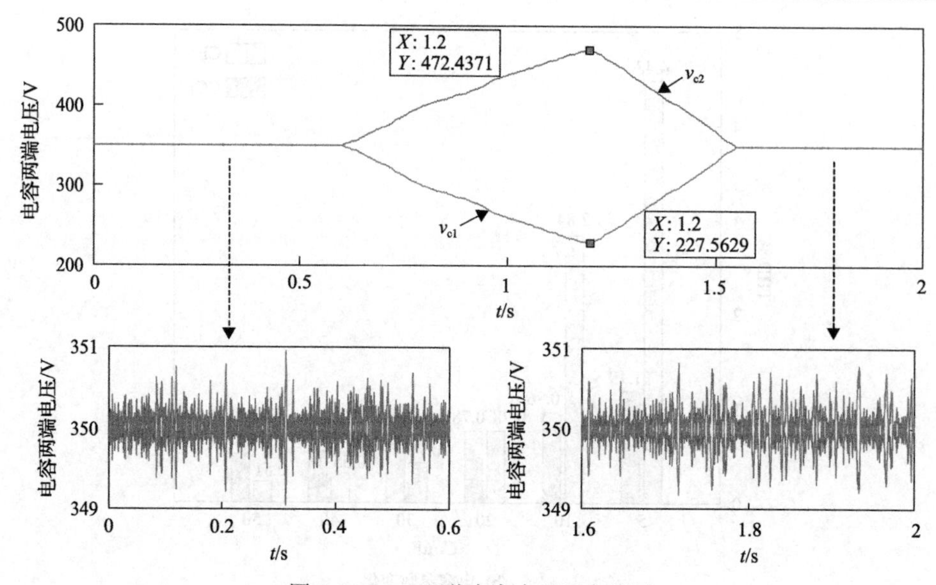

图 4-14　DC 环节电容电压平衡测试

图4-15给出了不同权重系数λ_n对多目标控制时NPC逆变器负载电压THD和平均开关频率f_{s_avg}的影响。由图4-15可知，λ_n的取值从0增大到0.12时，A相负载电压THD也随之逐渐增加，而平均开关频率f_{s_avg}随之减小。同时，不难发现，当λ_n取值超过1.2时，逆变器负载电压THD过大。从而可以说明，为了降低开关频率，不能盲目地持续增大λ_n的取值，还应当注意λ_n取值的上限，否则反而会导致控制器主控制项性能的急剧下降。

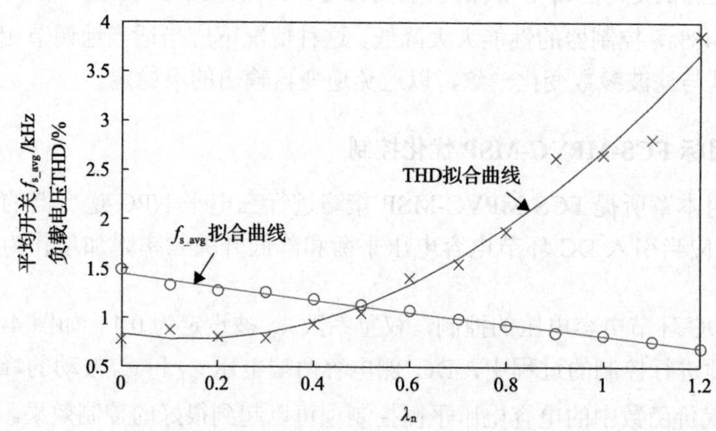

图 4-15　权重系数λ_n与负载电压THD、平均开关频率f_{s_avg}关系曲线

图4-16为权重系数λ_n=0.8下逆变器的平均开关频率曲线，且由2.2.2节内容可知，平均开关频率$f_{s_avg} \approx 919.6\text{Hz}$，与$\lambda_n$=0时的1.5kHz相比，开关频率显著

下降，从而验证了降低开关频率控制项的有效性。但是，由于此时代价函数还应当考虑开关频率控制项，而不仅仅只考虑主控制项与给定量的偏差，因此，补偿后 A 相电压的畸变率为 1.88%，虽符合限定要求，但比 $\lambda_n=0$ 时的 0.78%有所增加。即多目标优化控制中开关频率的降低是以牺牲主控制项的偏差为代价换来的，由此验证了本章所提 FCS-MPVC-MSP 算法具有多目标优化控制的能力。

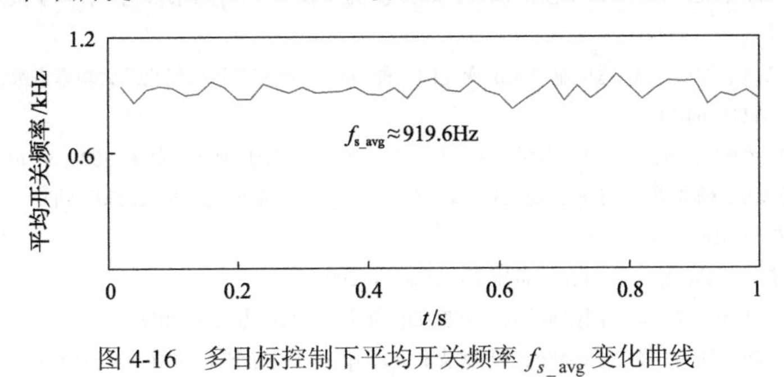

图 4-16　多目标控制下平均开关频率 f_{s_avg} 变化曲线

4.4　本章小结

本章对离网型新能源发电系统三电平 NPC 逆变器的控制策略进行深入研究。首先建立了负载侧带 LC 型滤波器三相三电平 NPC 逆变器的离散化数学模型。然后针对传统 FCS-MPVC 控制策略存在的保守性问题，提出了一种多步模型预测电压控制策略，即 FCS-MPVC-MSP，有效地抑制地控制系统的输出振荡。最后通过 MATLAB/Simulink 仿真对 FCS-MPVC-MSP 控制策略在对称线性负载、不平衡负载和非线性负载三种不同的负载条件下进行验证。结果表明，FCS-MPVC-MSP 控制策略具有良好的稳态特性和动态响应能力。与传统 FCS-MPVC 控制相比，它提高了三电平 NPC 逆变器的输出电压跟踪效果和负载电压质量，有较强的负载适应能力。在任何负载条件下输出电压谐波畸变率都很小，可以适用于对电压质量要求较高的场合。

参 考 文 献

[1] 王正仕, 林金燕, 陈辉明, 等. 不平衡非线性负载下分布式供电逆变器的控制[J]. 电力系统自动化, 2008(1): 48-51.

[2] 王恒利, 付立军, 肖飞, 等. 三相逆变器不平衡负载条件下双环控制策略[J]. 电网技术, 2013, 37(2): 398-404.

[3] 王立建. 离网光伏并联逆变器输出电能质量控制技术研究[D]. 重庆: 重庆大学, 2012.

[4] 吴思哲. 微电网变流器控制技术研究[D]. 北京: 北京交通大学, 2012.

[5] 王宝诚, 郭小强, 梅强, 等. 三相并网逆变器脱网运行电压控制技术[J]. 电网技术, 2011, 35(7): 91-95.

[6] 张兴, 陈玲, 杨淑英, 等. 离网型小型风力发电系统逆变器的控制[J]. 电力系统自动化, 2008, 32(23): 95-99.

[7] 纪圣勇. 离网小型风力发电系统逆变装置的研究[D]. 合肥: 合肥工业大学, 2007.

[8] Yaramasu V, Rivera M, Narimani M, et al. Model predictive approach for a simple and effective load voltage control of four-leg inverter with an output LC filter[J]. IEEE Transactions on Industrial Electronics, 2014, 61(10): 5259-5270.

[9] Yaramasu V, Wu B, Rivera M, et al. Cost-function based predictive voltage control of two-level four-leg inverters using two step prediction horizon for standalone power systems[C]. Applied Power Electronics Conference and Exposition, Orlando, 2012: 128-135.

[10] 苏勋文, 徐殿国, 杨荣峰, 等. 考虑温度和湿度的风机最大功率跟踪控制[J]. 电工技术学报, 2017, 32(13): 210-218.

[11] 周连俊, 殷明慧, 周前, 等. 适应湍流风况变化的风能捕获量-载荷多目标优化最大功率点跟踪控制[J]. 电网技术, 2017, 41(1): 64-71.

[12] 周林, 武剑, 栗秋华, 等. 光伏阵列最大功率点跟踪控制方法综述[J]. 高电压技术, 2008, 34(6): 1145-1154.

[13] 邹子君, 杨俊华, 杨金明. 基于模拟退火粒子群算法的波浪发电系统最大功率跟踪控制[J]. 电机与控制应用, 2017, 44(10): 13-18.

[14] 刘豹. 现代控制理论[M]. 3 版. 北京: 机械工业出版社, 2007.

[15] 孙小燕. 适用于光伏逆变器预测控制方法的研究[D]. 北京: 华北电力大学, 2015.

[16] 曾嵘, 年珩. 离网型风力发电系统逆变器控制技术研究[J]. 电力电子技术, 2010, 44(6): 5-6.

[17] 年珩, 曾嵘. 分布式发电系统离网运行模式下输出电能质量控制技术[J]. 中国电机工程学报, 2011, 31(12): 22-28.

[18] 盛建科, 曾嵘, 年珩, 等. 新能源分布式发电系统并网与离网运行的柔性切换技术[J]. 大功率变流技术, 2012(2): 34-38, 58.

[19] 谭兰兰. 三相四桥臂微网变流器的离网运行控制[J]. 大功率变流技术, 2013(4): 39-42.

[20] 沈坤, 章兢, 王坚. 一种多步预测的变流器有限控制集模型预测控制算法[J]. 中国电机工程学报, 2012, 32(33): 37-44.

第 5 章　感应电机模型预测转矩控制与数字控制系统

本章首先介绍感应电机的数学模型，并根据感应电机模型推导出电机的预测模型。之后在预测模型的基础上对感应电机模型预测转矩控制系统进行介绍。同时介绍应用在电机控制领域的基于硬件实现和基于软件实现的两种数字控制器各自的优缺点，并分析两种数字控制系统在模型预测转矩控制上的适应性，为后续章节的展开奠定理论基础。

5.1　感应电机模型与预测模型

模型预测转矩控制原理图如图 5-1 所示。在一个采样周期内，控制系统通过转速环的 PI 调节器获得转矩给定值；定子电流和磁链观测器获得定转子磁通估计值，通过感应电机预测模型计算各电压矢量可能获得的转矩和定子磁链预测值。最后，通过代价函数对电压矢量进行优选输出，以实现感应电机的高性能控制。

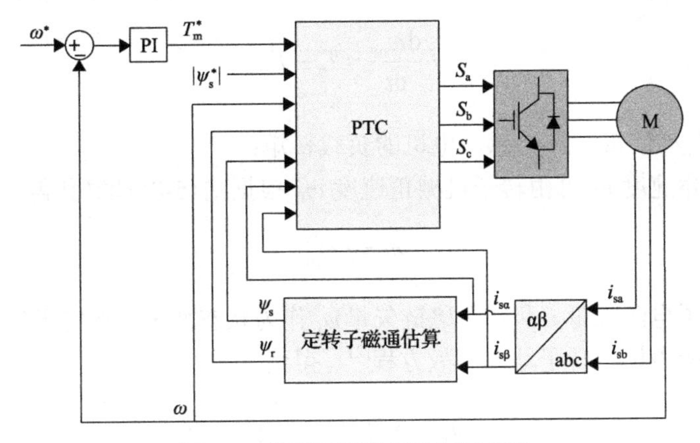

图 5-1　模型预测转矩控制原理图

5.1.1　感应电机数学模型

在定子参考坐标系下，三相感应电机的数学模型可由下列式子表示[1]：

$$v_s = R_s i_s + \frac{d\psi_s}{dt} \tag{5-1}$$

$$v_{\mathrm{r}} = R_{\mathrm{r}} i_{\mathrm{r}} + \frac{\mathrm{d}\psi_{\mathrm{r}}}{\mathrm{d}t} - \mathrm{j}\omega_{\mathrm{r}}\psi_{\mathrm{r}} \tag{5-2}$$

$$\psi_{\mathrm{s}} = L_{\mathrm{s}} i_{\mathrm{s}} + L_{\mathrm{m}} i_{\mathrm{r}} \tag{5-3}$$

$$\psi_{\mathrm{r}} = L_{\mathrm{r}} i_{\mathrm{r}} + L_{\mathrm{m}} i_{\mathrm{s}} \tag{5-4}$$

$$T_{\mathrm{e}} = \frac{3}{2} p \operatorname{Im}\{\bar{\psi}_{\mathrm{s}} i_{\mathrm{s}}\} \tag{5-5}$$

式中，v_{s} 为定子电压矢量；ψ_{s} 和 ψ_{r} 分别为定子磁链矢量和转子磁链矢量；i_{s} 和 i_{r} 分别为定子电流矢量和转子电流矢量；R_{s} 和 R_{r} 分别为定子电阻和转子电阻；L_{s}、L_{r} 和 L_{m} 分别为定子、转子和励磁电感；ω_{r} 为转子电角速度；T_{e} 和 p 分别为电磁转矩和极对数；$\bar{\psi}_{\mathrm{s}}$ 为 ψ_{s} 的共轭复值。

由于采用的电机为鼠笼型感应电机，因此式(5-2)的转子电压矢量 v_{r} 为 0。则式(5-2)可修改为

$$0 = R_{\mathrm{r}} i_{\mathrm{r}} + \frac{\mathrm{d}\psi_{\mathrm{r}}}{\mathrm{d}t} - \mathrm{j}\omega_{\mathrm{r}}\psi_{\mathrm{r}} \tag{5-6}$$

根据转子运动方程可得，转矩与转子机械角速度 ω_{m} 的变化率间关系为

$$J\frac{\mathrm{d}\omega_{\mathrm{m}}}{\mathrm{d}t} = T_{\mathrm{e}} - T_{\mathrm{L}} \tag{5-7}$$

式中，J 为转动惯量；T_{L} 为感应电机的负载转矩；

转子电角速度 ω_{r} 可由转子机械角速度 ω_{m} 根据式(5-8)计算获得

$$\omega = p\omega_{\mathrm{m}} \tag{5-8}$$

若以定子电流矢量 i_{s} 和转子磁链矢量 ψ_{r} 作为状态变量。在定子坐标系下，根据鼠笼型感应电机定转子动态等效方程[2]，得到

$$i_{\mathrm{s}} + \tau_{\sigma}\frac{\mathrm{d}i_{\mathrm{s}}}{\mathrm{d}t} = \frac{k_{\mathrm{r}}}{R_{\sigma}}\left(\frac{1}{\tau_{\mathrm{r}}} - \mathrm{j}\omega\right)\psi_{\mathrm{r}} + \frac{v_{\mathrm{s}}}{R_{\sigma}} \tag{5-9}$$

$$\psi_{\mathrm{r}} + \tau_{\mathrm{r}}\frac{\mathrm{d}\psi_{\mathrm{r}}}{\mathrm{d}t} = \mathrm{j}\omega\tau_{\mathrm{r}}\psi_{\mathrm{r}} + L_{\mathrm{m}} i_{\mathrm{s}} \tag{5-10}$$

式中，$\tau_{\mathrm{r}} = L_{\mathrm{r}}/R_{\mathrm{r}}$；$\sigma = 1 - L_{\mathrm{m}}^2/(L_{\mathrm{s}}L_{\mathrm{r}})$；$k_{\mathrm{r}} = L_{\mathrm{m}}/L_{\mathrm{r}}$；$k_{\mathrm{s}} = L_{\mathrm{m}}/L_{\mathrm{s}}$；$R_{\sigma} = R_{\mathrm{s}} + R_{\mathrm{r}}k_{\mathrm{r}}^2$；$\tau_{\sigma} = \sigma L_{\mathrm{s}}/R_{\sigma}$。

5.1.2　感应电机预测模型

为了在数字控制系统上执行控制算法，需要建立离散化的感应电机预测模型。由欧拉公式可得，状态变量的导数离散化表示为

$$\frac{\mathrm{d}x}{\mathrm{d}t}=\frac{x(k+1)-x(k)}{T_\mathrm{s}} \tag{5-11}$$

式中，T_s为采样周期。

因此，通过欧拉公式对式(5-1)进行离散化，可得到定子磁链的预测表达式为

$$\psi_{\mathrm{sp}}(k+1)=\hat{\psi}_\mathrm{s}(k)+T_\mathrm{s}v_\mathrm{s}(k)-R_\mathrm{s}T_\mathrm{s}i_\mathrm{s}(k) \tag{5-12}$$

式中，$\hat{\psi}_\mathrm{s}(k)$为磁链观测器计算获得的当前采样时刻的电机定子磁链值；$i_\mathrm{s}(k)$为采样电路当前采样时刻的定子电流值。

同理，通过欧拉公式将式(5-9)进行离散化，可得到定子电流的预测表达式为

$$i_{\mathrm{sp}}(k+1)=\left(1-\frac{T_\mathrm{s}}{\tau_\sigma}\right)i_\mathrm{s}(k)+\frac{T_\mathrm{s}}{\tau_\sigma}\frac{1}{R_\sigma}\times\left[k_\mathrm{r}\left(\frac{1}{\tau_\mathrm{r}}-\mathrm{j}\omega(k)\right)\hat{\psi}_\mathrm{r}(k)+v_\mathrm{s}(k)\right] \tag{5-13}$$

式中，$\hat{\psi}_\mathrm{r}(k)$为磁链观测器计算获得的当前采样时刻的电机转子磁链值。

因此，通过预测定子电流和预测定子磁链可计算获得预测转矩表达式为

$$T_\mathrm{p}(k+1)=\frac{3}{2}p\,\mathrm{Im}\left\{\bar{\psi}_{\mathrm{sp}}(k+1)i_{\mathrm{sp}}(k+1)\right\} \tag{5-14}$$

从式(5-12)～式(5-14)可看出，下一采样时刻的预测定子电流和预测定子磁链值都与当前采样时刻的定子电流、磁链和输出电压矢量有关。由于定子电流和定转子磁链在当前控制周期内为固定值，而电压矢量 v_s 由输出的开关状态决定，因此最终的定子电流和定子磁链矢量预测值和转矩预测值都是由电压矢量 v_s 决定的，并且电压矢量的数量决定了转矩和磁链的预测结果数量。

最后，通过代价函数对所有预测结果进行评估，优选出代价函数结果最小的电压矢量，代价函数的表达式如下：

$$g_\mathrm{i}=\left|T_\mathrm{n}-T_{\mathrm{p,i}}(k+1)\right|+\lambda\left\|\psi_{\mathrm{sn}}\right|-\left|\psi_{\mathrm{sp,i}}(k+1)\right\| \tag{5-15}$$

式中，λ 为代价函数的权重系数，由于转矩和定子磁链为不同变量，大小差别也很大。因此，需要通过权重系数调节两个被控量的重要性。理论上，λ 取值一般为$T_\mathrm{n}/\left|\psi_{\mathrm{sn}}\right|$，即定子磁链和电磁转矩给予了相同的权重。其中 T_n 为额定电磁转矩，

$|\psi_{sn}|$为额定定子磁链幅值。实际实验中，λ 的值要根据电机实际运行情况进行适当的调整，一般取值要大于 $T_n / |\psi_{sn}|$[3]。

5.1.3 磁链观测器

由 5.1.2 节可知，计算定子磁链和电磁转矩预测值需要当前采样时刻的定转子磁链估计值，为此需要设计磁链观测器。基于模型预测转矩控制的磁链观测器主要可分为两种，一种为基于电压模型的磁链观测器，另一种为基于电流模型的磁链观测器[4,5]。

对于基于电压模型的磁链观测器，根据式(5-1)可得

$$\frac{d\psi_s}{dt} = v_s - R_s i_s \tag{5-16}$$

则转子磁链 ψ_r 可通过将式(5-3)代入式(5-4)得到

$$\psi_r = \frac{L_r}{L_m}\psi_s - \left(\frac{L_r L_s}{L_m} + L_m\right) i_s \tag{5-17}$$

对于 Real-Time 实时仿真控制系统，执行电压模型必须对式(5-17)进行离散化。基于电压模型的磁链观测器存在两个问题，首先其所采用的开环积分方式在电机转速较低时可能会造成过饱和问题，其次定子电阻 R_s 会随着电机长时间运行引起的温升而改变，并且定子电阻的阻值较正常情况下甚至可能增大近 50%。因此这些问题将对磁链观测结果的精度产生较大的影响。

对于基于电流模型的磁链观测器，通过将式(5-10)离散化可获得其数学模型为

$$\psi_r(k+1) = \left(1 - \frac{T_s}{\tau_r}\right)\psi_r(k) + \mathrm{j}\omega_r \tau_r \psi_r(k) + L_m i_s \tau_r \tag{5-18}$$

通过式(5-18)，可估计出转子磁链值。

之后根据式(5-17)推导出定子磁链的表达式(5-19)即可计算获得定子磁链值。

$$\psi_s = L_m\left(\frac{\psi_r - L_m i_s}{L_r}\right) + L_s i_s \tag{5-19}$$

相较于电压模型，电流模型不会产生积分饱和的问题，但其需要转子电角速度 ω_r。与电压模型相同的是电流模型也会受到电阻温升的干扰，转子时间常数 $\tau_r=L_r/R_r$ 的取值依赖于转子电阻 R_r 的电阻值。当电机运行时，随着电机温度的上升，R_r 也会随之增长。对于 FOC，大部分情况采用的是电流模型的转子磁链观测器。

5.2　数字控制系统

控制算法需要通过控制器才能得以应用。最早的控制器是通过运算放大器搭建的模拟 PID 控制器。随着微处理器的诞生和发展，数字控制器的应用也越来越广泛。如今，几乎所有的控制系统都采用数字控制器，而模拟控制器只在一些特定领域仍得以应用[6]。

现今的数字控制器可分为两种，一种是基于硬件实现的数字控制器，另一种是基于软件实现的数字控制器。硬件实现的数字控制系统一般采用可编程逻辑器件，例如，通用阵列逻辑(generic array logic，GAL)、复杂可编程逻辑器件(complex programmable logic device，CPLD)和现场可编程逻辑门阵列(field programmable gate array，FPGA)等。软件实现的数字控制系统一般采用微控制器，例如，数字信号处理(digital signal processing，DSP)、微控制单元(microcontroller unit，MCU)和进阶精简指令集机器(advanced RISC machine，ARM)等。

基于软件实现的数字控制器的基本原理如下：微控制器通过外部信号或内部定时器等中断源触发中断，向处理器发送中断信号，告知其进入新的采样周期并开始执行控制算法。进入中断后，控制器采样获取控制算法所需的采样值，并通过控制器内部设置或外部采样获得控制算法所需的给定值，之后开始执行所设计开发的控制算法。最后，处理器输出更新执行器动作并等待下一个中断信号。如今，在电机控制研究领域应用较为广泛的主要为两种，一种是基于 DSP 芯片的数字控制器，另一种是 Real-Time 实时仿真控制系统[7,8]。

基于硬件实现的数字控制器的基本原理如下：可编程逻辑器件主要由可配置逻辑模块(configurable logic block，CLB)或可编程逻辑宏单元(macro cell，MC)等可编辑元件组成，设计人员可通过硬件描述语言构建所需的数字集成电路，这些电路既可以实现一些简单的逻辑运算，也能实现较为复杂的数字信号处理。如今，在电机控制领域较为常用的是采用 FPGA 芯片的数字控制器[9]。

如今，基于软件实现的数字控制器相较于硬件实现的数字控制器应用更为普遍，而在电机控制领域应用最为广泛是 DSP 芯片。DSP 芯片可视为一个微型计算机。在单个 DSP 芯片上集成了许多所需的硬件，例如，中央处理器、存储器、外围设备等，并且 DSP 的处理器能够执行的基本指令数量更多。

在电机控制领域，需要控制程序能够实时运行，即在预先设定的离散时间内执行所需的计算流程。因此，通常会通过外围设备减少 DSP 处理器的计算负担，以实现资源的高效利用。TMS320F28335 是美国德州仪器公司(Texas Instruments，TI)面向工业控制推出的 DSP 芯片，其具有浮点数运算单元，可支持 32 位浮点数运算，如今在电机控制领域被广泛使用[10]。该DSP芯片内具有许多外围设备，这些外围设备无须耗费处理器计算资源即可执行任务，当需要进行控制算法的计算时，可通过定时器发送中断信号告知处理器开始执行控制算法。这种系统结构使得处理器的计算负担大大降低，从而加快了控制程序的计算速度。

硬件实现与软件实现最大的不同点在于微控制器执行控制算法采用顺序执行，而可编程逻辑器件采用的是并行计算。虽然可编程逻辑器件运行的最大系统时钟频率低于微控制器，但由于其采用的是并行计算，使得其计算时间只需数十个时钟周期即可完成。因此，基于软件实现的控制器在执行复杂控制算法时的最大采样频率一般小于 20kHz，而基于硬件实现的控制器的最大采样频率能够达到几百 kHz。对于采样频率要求较高的应用场合，采用可编程逻辑器件的控制器更为合适。

FPGA 是一种可编程逻辑器件，其允许设计人员自行定制硬件架构，以构建所需的嵌入式系统。FPGA 依靠电路的并行性和逻辑单元阵列大大提高了计算能力。相较于具有特定应用的逻辑和外围设备的DSP芯片，FPGA的硬件可编程特点使其具有了更高的灵活性[11]。

DSP作为在电机控制领域应用最多的数字控制器，已经拥有30多年的历史。因此，供应商在定制应用于电机控制的微型控制器上也拥有了较为成熟的方案。尽管如此，近年来，FPGA 仍依靠其较高的计算性能和灵活的设计方式等优点受到了工业界和学术界研究人员的关注。

由于FPGA采用的为硬件编程，相较于DSP简单易学的软件编程方式所需学习成本、开发时间成本都较高，这一缺点使FPGA的推广与应用受到了极大的限制。随着FPGA开发技术的不断发展，出现了越来越多简化FPGA编程的设计软件。这些设计软件不仅可以进行代码生成，还可以对FPGA代码设计进行验证和调试。

如在矢量控制上，传统数字控制器所需的计算时间较大，使得其动态性能较差，而使用FPGA作为控制器，可以将控制算法的计算时间极大地缩短。因此在一些应用场合，FPGA甚至可代替模拟器件。

FPGA 的另一个应用领域是硬件在环(hardware in loop，HIL)仿真。FPGA 的高计算性能有利于运行实时模型。由于电力驱动器和电力电子设备的采样时间短，精确模拟通常非常耗时，因此 FPGA 的并行处理能力对加速模型仿真十分有效[12,13]。

在航空航天和汽车工业等行业，控制系统的可靠性极为重要，必须确保系统在整个运行环境中能够稳定运行。可编程器件的分布式架构允许设计者隔离不同的功能模块，极大地降低了故障和错误时所造成的影响。

5.3　计算延时与延时补偿

所有的数字控制系统在执行控制算法时，都需要一定的计算时间。在实时控制系统中，在一个控制周期内必须完成对控制算法的计算。考虑到实际实时控制系统的计算时间，在搭建仿真时需要考虑实际系统与理想仿真模型之间的差别。图 5-2 为模型预测控制的理想仿真控制原理图。从图 5-2 中可看出，在第 k 个采样时刻，采样获得所需的系统状态变量 $x(k)$，同时在 t_k 时刻根据 $x(k)$ 计算获得相应输出的最优电压矢量为 $u(k)$，并将电压矢量应用于 t_k～t_{k+1} 整个控制周期。因此，对于理想仿真模型，当需要计算最优电压矢量为 $u(k)$ 时，仿真时间并不包含控制算法的计算时间，即认为控制算法的计算时间为零。

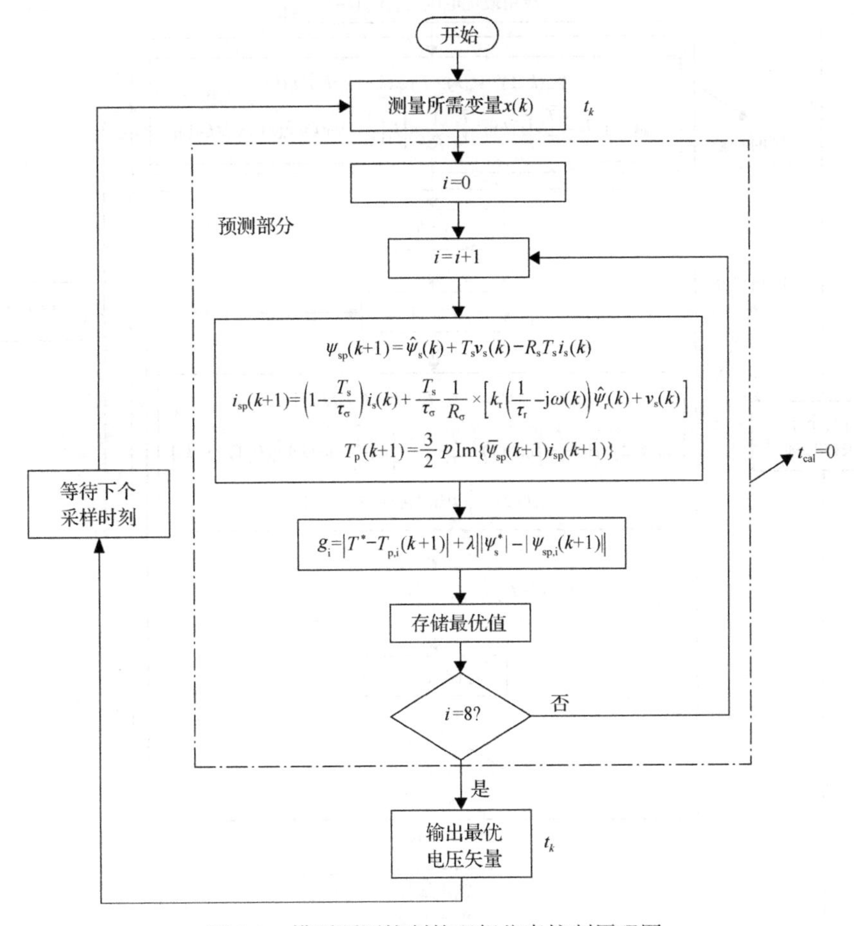

图 5-2　模型预测控制的理想仿真控制原理图

相较于理想仿真，实际数字控制系统在第 k 个采样时刻采样获得 $x(k)$ 后，需

要 t_{cal} 的时间计算所应输出的最优电压矢量 $u(k)$。由于实际的计算时间并不是固定值，因此计算获得的最优电压矢量被设置为在下一采样时刻 t_{k+1} 应用，而当前控制周期内应用的电压矢量为上一控制周期内计算获得的电压矢量 $u(k-1)$。因此，实际的数字控制系统在执行模型预测转矩控制时计算获得最优电压矢量与理想最优电压矢量在输出时间上存在一个控制周期的延时。

因此，为了减小计算延时对控制性能的影响，需要对其进行延时补偿[14-21]。图 5-3 为采用延时补偿的 MPC 实时控制原理图。从图 5-3 中可看出，在对各电压

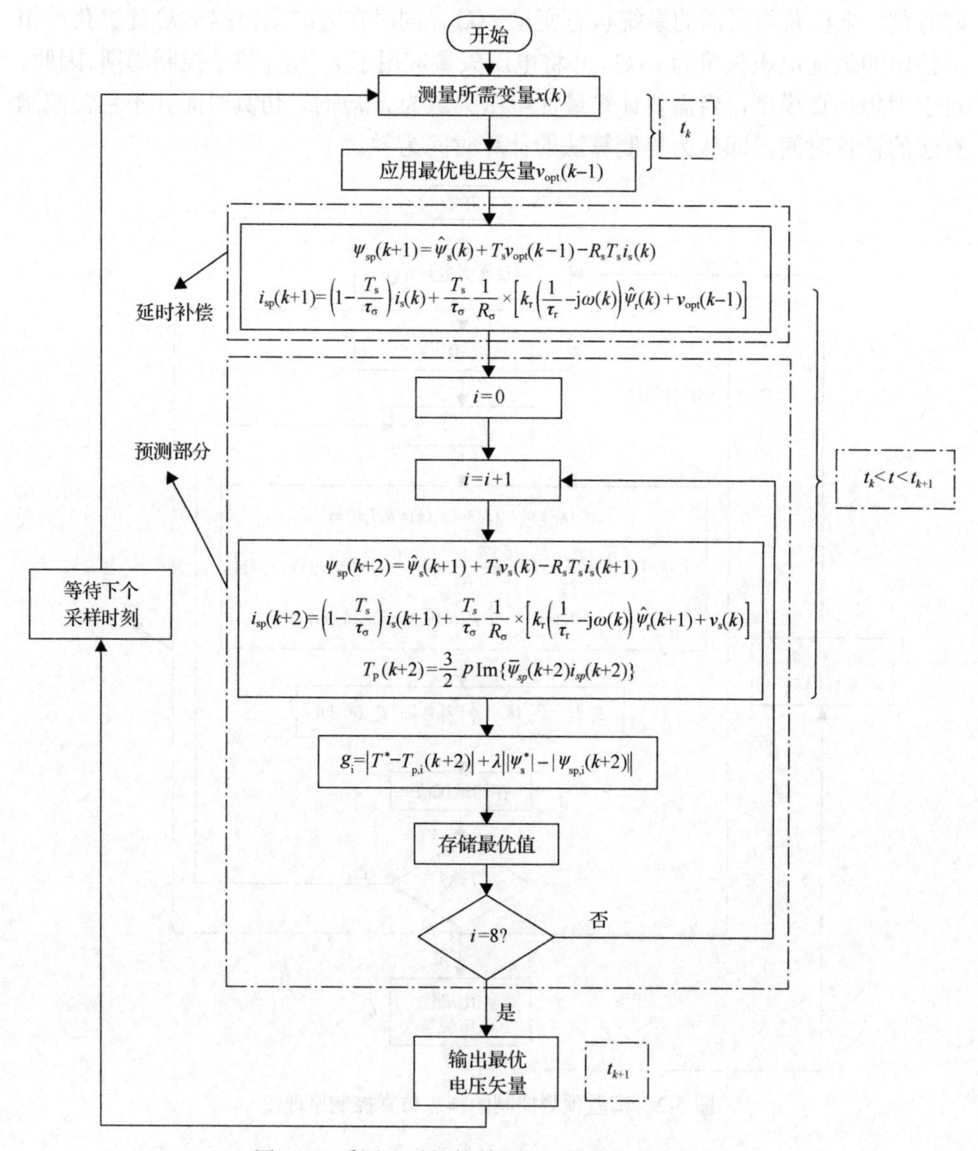

图 5-3　采用延时补偿的 MPC 实时控制原理图

矢量进行预测计算前，首先根据当前控制周期应用的电压矢量 $u(k-1)$ 和采样值 $x(k)$ 预测出下一采样时刻的状态变量采样值 $x(k+1)$，之后根据 $x(k+1)$ 来预测下一控制周期所应用的最优电压矢量 $u(k)$。通过这种延时补偿方式，只需增加一步简单的预测，就能显著地改善数字控制系统计算延时的问题。

因此，为了使仿真模型更接近实际控制器，可以在开关状态输出后添加一个采样周期的延迟或者将控制算法程序的开关状态计算结果更改为控制算法初始时刻应用。

5.4　仿真分析与验证

为了验证 5.3 节介绍的 MPC 策略的计算延时问题，以及分析和研究 5.3 节介绍的延时补偿策略，利用 MATLAB/Simulink 对两电平逆变器的感应电机模型预测转矩控制进行了仿真建模，系统仿真参数如表 5-1 所示。

表 5-1　系统仿真参数

参数	符号	数值
直流电压	V_{dc}	300V
定子电阻	R_s	1.2Ω
转子电阻	R_r	1.0Ω
励磁电感	L_m	170mH
定子电感	L_s	175mH
转子电感	L_r	175mH
转动惯量	J	0.062kg/m^2
极对数	p	1

电机的给定转速设定为 150rad/s，仿真总时间设置为 3s，在 1s 时电机从空载状态变为带载状态，负载转矩为 10N·m，1.7s 时电机反转，转速变更为–150rad/s。预测转矩部分的采样频率设为 25kHz，PI 控制器的采样频率设为 0.002s。仿真获得的电机转子机械转速、定子 A 相电流波形如图 5-4 所示。从转速波形图中可看出，电机的正反转的动态性能近似，转速的波形几乎没有差别。从电流波形可看出，延时补偿后的电流波形的纹波要明显小于存在计算延时的电流波形，波形也更为趋近正弦。

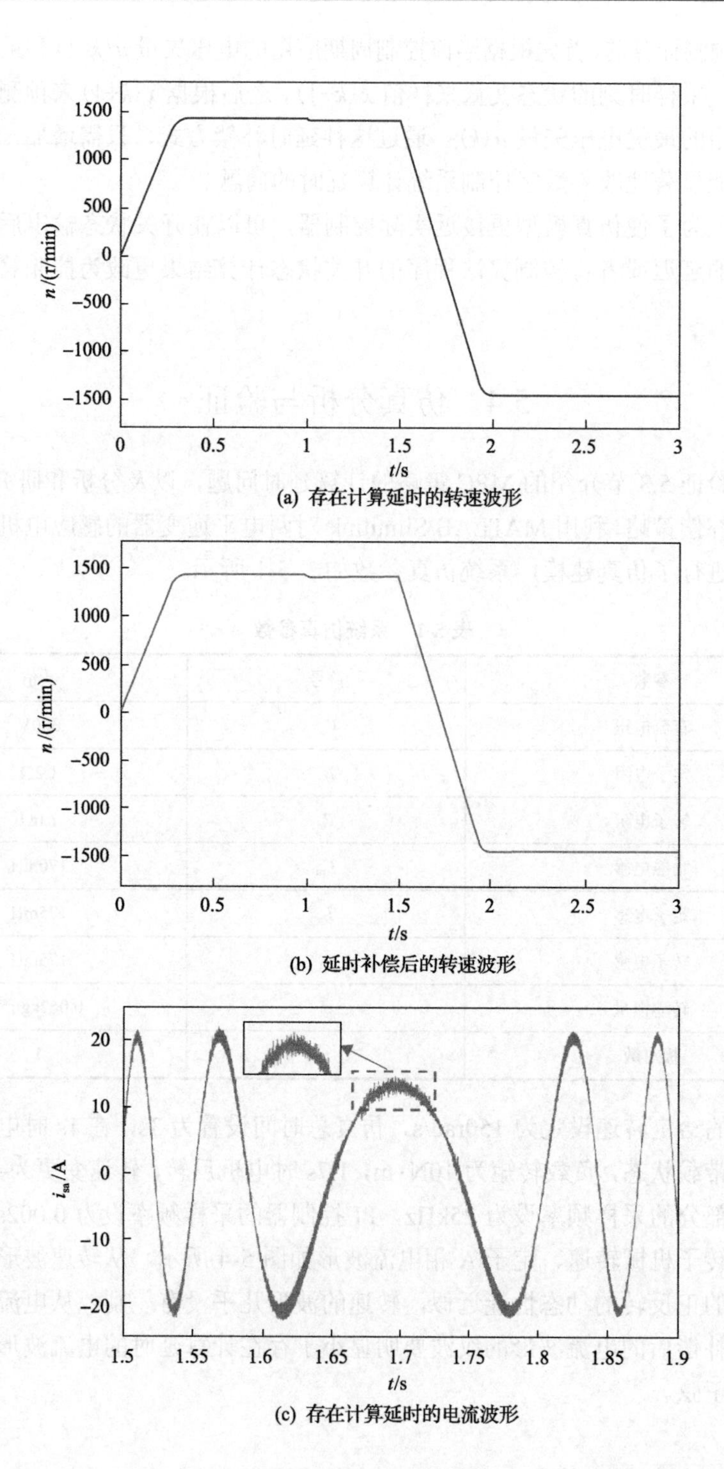

1500
1000
500
0
−500
−1000
−1500
n /(r/min)
0
0.5
1
1.5
2
2.5
3
t/s
(a) 存在计算延时的转速波形
1500
1000
500
0
−500
−1000
−1500
n /(r/min)
0
0.5
1
1.5
2
2.5
3
t/s
(b) 延时补偿后的转速波形
20
10
0
−10
−20
i_sa /A
1.5
1.55
1.6
1.65
1.7
1.75
1.8
1.85
1.9
t/s
(c) 存在计算延时的电流波形

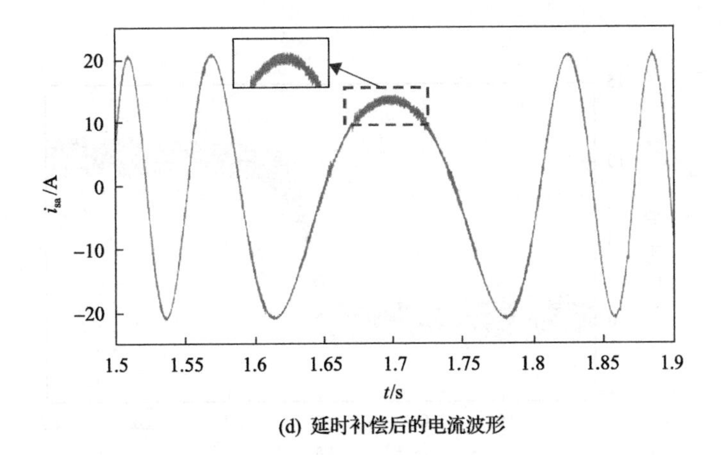

(d) 延时补偿后的电流波形

图 5-4　存在计算延时和延时补偿后的转速波形和电流波形

图 5-5 为两种情况下电机定子 A 相电流波形比较图，可以明显地看出定子电流的纹波有较大差别，从放大的电流波形图可看出，存在计算延时的电流波形的纹波与采用延时补偿的电流波形相比明显增大，电流波形较差。

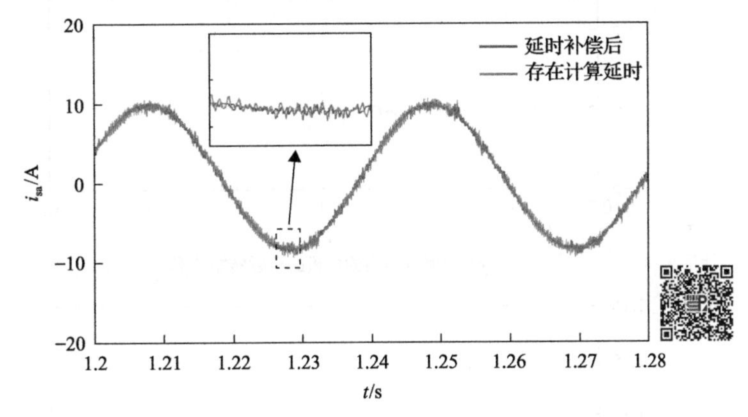

图 5-5　定子 A 相电流波形比较图(彩图扫二维码)

通过对电流的快速傅里叶变换分析可得存在计算延时的电流 THD 值为 6.46%，进行了延时补偿的电流 THD 值为 4.10%，可见延时补偿方案能够较为有效地抵消计算延时对控制算法带来的影响。

图 5-6 为两种情况下电机的电磁转矩波形和定子磁链幅值的波形，比较两个转矩波形，可以明显地看出计算延时对转矩控制性能产生了严重的负面影响，存在计算延时的转矩脉动大小是延时补偿后的转矩脉动大小的 3.28 倍。比较定子磁链幅值波形，相较于转矩脉动，定子磁链幅值脉动最大值差别很小，只有相差 0.02Wb，但从图 5-6 中可看出，采用延时补偿后的定子磁链幅值的平均脉动幅值要小于存在延时的情况。

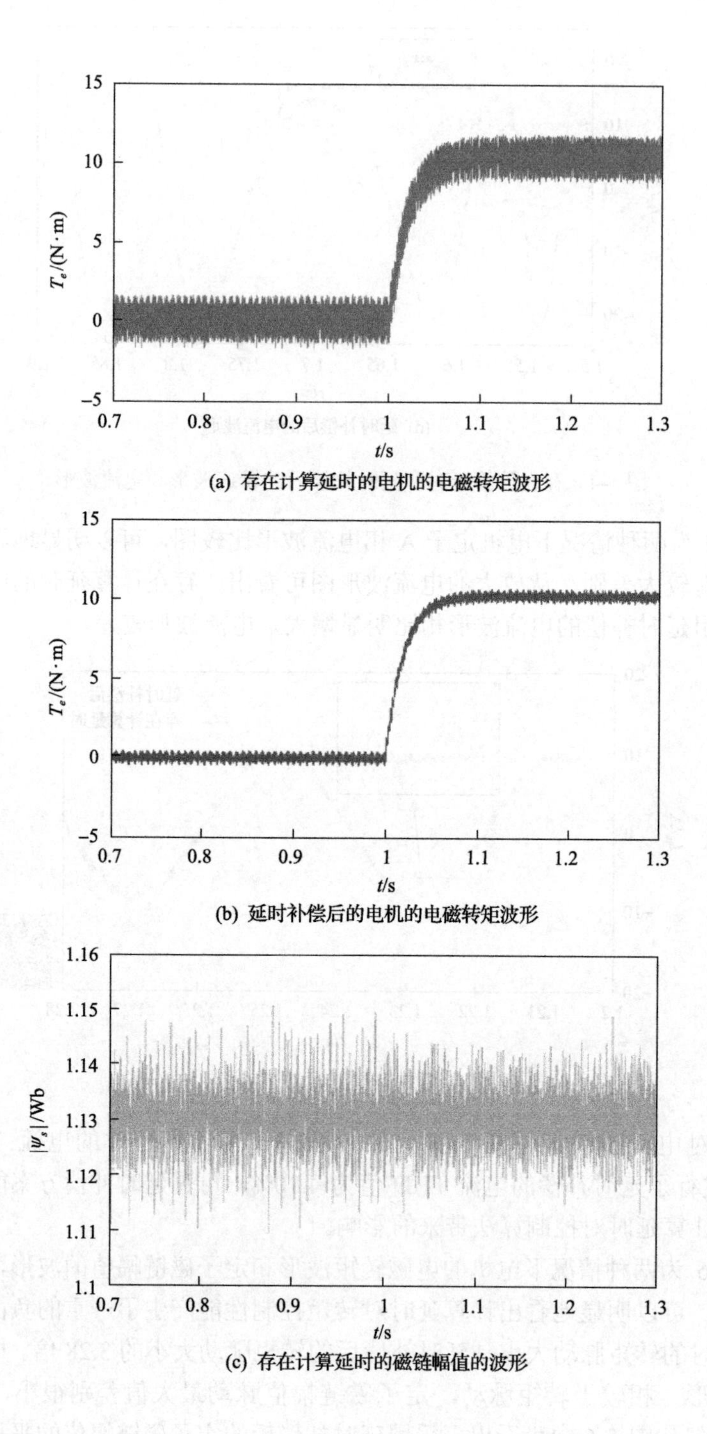

(a) 存在计算延时的电机的电磁转矩波形

(b) 延时补偿后的电机的电磁转矩波形

(c) 存在计算延时的磁链幅值的波形

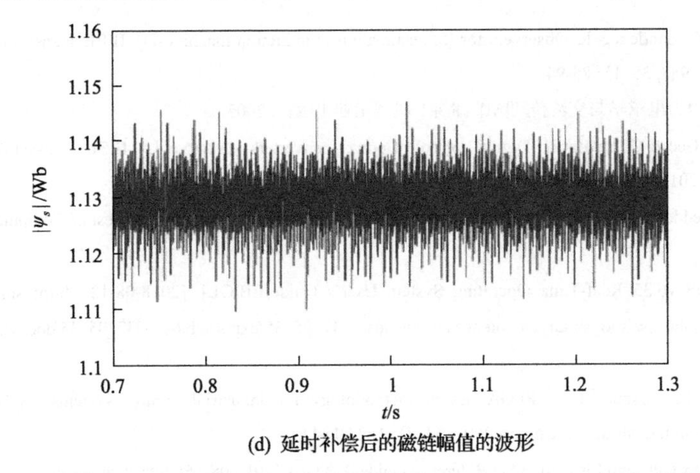

(d) 延时补偿后的磁链幅值的波形

图 5-6　存在计算延时和延时补偿后的转矩电机的波形和定子磁链幅值的波形

因此，从上述仿真结果可得出以下结论，采用延时补偿策略的模型预测控制能够较为有效地抵消传统数字控制系统计算延迟带来的问题，并且延时补偿策略对各种类型的模型预测控制策略都具有适用性，不仅能应用于模型预测转矩控制还能适用于模型预测电流控制策略。

5.5 本 章 小 结

本章首先介绍了感应电机的数学模型和预测模型，同时分析了两种感应电机磁链观测器各自的特点，并针对模型预测转矩控制选择了合适的磁链观测器。之后介绍了在电机控制领域应用的几种数字控制系统，分别介绍了基于软件实现的数字控制器和基于硬件实现的数字控制器两种数字控制器的特点。通过对比两种数字控制器的系统时钟频率、控制算法计算速度和最大采样频率，得出可编程逻辑器件所适合应用的控制场合。最后，通过分析不同电平数逆变器的模型预测转矩控制所需预测的电压矢量数，得出 FPGA 相较于 DSP 更适合于模型预测控制。同时，分析了理想仿真模型与实际数字控制系统的区别，介绍了延时补偿方法。

本章为后续章节内容奠定了理论基础，指出感应电机模型预测转矩控制系统所存在的计算量过大的问题。之后将从控制算法和控制器两方面进行解决。

参 考 文 献

[1] Krause P, Wasynczuk O, Sudhoff S. Analysis of electric machinery and drive systems[J]. Power Engineering, 2013, 21(9): 221-289.

[2] Rodriguez J, Kennel R M, Espinoza J R, et al. High-performance control strategies for electrical drives: An experimental assessment[J]. IEEE Transactions on Industrial Electronics, 2011, 59(2): 812-820.

[3] 张永昌, 杨海涛. 感应电机模型预测磁链控制[J]. 中国电机工程学报, 2015, 35(3): 719-726.

[4] Verghese G C, Sanders S R. Observers for flux estimation in induction machines[J]. IEEE Transactions on Industrial Electronics, 1988, 35(1): 85-94.

[5] 博斯. 现代电力电子学与交流传动[M]. 北京: 机械工业出版社, 2005.

[6] Buccella C, Cecati C, Latafat H. Digital control of power converters—A survey[J]. IEEE Transactions on Industrial Informatics, 2012, 8(3): 437-447.

[7] Itoh K. Embedded memories: Progress and a look into the future[J]. IEEE Design and Test of Computers, 2011, 28(1): 10-13.

[8] TI SYS/BIOS v6.35 Real-Time Operating System User's Guide[EB/OL]. [2018-08-12]. http://software-dl.ti.com/dsps/dsps_public_sw/sdo_sb/targetcontent/bios/sysbios/6_37_05_35/exports/bios_6_37_05_35/docs/Bios_User_Guide.pdf.

[9] Monmasson E, Cirstea M N. FPGA design methodology for industrial control systems—A review[J]. IEEE Transactions on Industrial Electronics, 2007, 54(4): 1824-1842.

[10] TMS320C28x CPU and Instruction Set Reference Guide [EB/OL]. [2017-08-16]. http://www.ti.com/lit/pdf/SPRU430.

[11] Monmasson E, Cirstea M N. FPGA design methodology for industrial control systems—A review[J]. IEEE Transactions on Industrial Electronics, 2007, 54(4): 1824-1842.

[12] Tavana N R, Dinavahi V. A general framework for FPGA-based real-time emulation of electrical machines for HIL applications[J]. IEEE Transactions on Industrial Electronics, 2015, 62(4): 2041-2053.

[13] 郝琦, 葛兴来, 宋文胜, 等. 电力牵引传动系统微秒级硬件在环实时仿真[J]. 电工技术学报, 2016, 31(8): 189-198.

[14] Cortes P, Rodriguez J, Silva C, et al. Delay compensation in model predictive current control of a three-phase inverter[J]. IEEE Transactions on Industrial Electronics, 2011, 59(2): 1323-1325.

[15] Rivera M, Yaramasu V, Llor A, et al. Digital predictive current control of a three-phase four-leg inverter[J]. IEEE Transactions on Industrial Electronics, 2013, 60(11): 4903-4912.

[16] 朱晓雨, 王丹, 彭周华, 等. 三相电压型逆变器的延时补偿模型预测控制[J]. 电机与控制应用, 2015, 42(9): 1-7.

[17] 陆治国, 王友, 廖一茜. 基于光伏并网逆变器的一种矢量角补偿法有限控制集模型预测控制研究[J]. 电网技术, 2018(2): 548-554.

[18] 何蔓蔓, 马龙华. 三相电压型逆变器的模型预测控制[J]. 电气自动化, 2016, 38(5): 1-3.

[19] 王从刚. 感应电机双 PWM 变流器模型预测控制研究[D]. 徐州: 中国矿业大学, 2014.

[20] 宋文祥, 乐胜康, 吴晓新, 等. 一种改进的异步电机模型预测直接转矩控制方法[J]. 上海大学学报(自然科学版), 2018, 24(6): 861-876.

[21] 郭磊磊, 张兴, 杨淑英, 等. 一种改进的永磁同步发电机模型预测直接转矩控制方法[J]. 中国电机工程学报, 2016, 36(18): 5053-5061.

第 6 章　基于两电平逆变器的多步模型预测转矩控制

传统感应电机模型预测转矩控制，虽然具有原理简单、转矩动态响应迅速和扩展性强等优点，但如第 2 章所述，传统模型预测转矩控制仍存在转矩脉动较大、控制性能受采样频率大小的影响较大等问题。这些问题将限制模型预测转矩控制在各类电机以及各大功率场合的推广与应用。

针对上述问题，本章提出一种改进的计算量小的多步模型预测转矩控制方法，该方法通过简化第二步预测值的计算，在只增加少量计算量的前提下实现了多步模型预测，以此降低转矩脉动，并将其应用于两电平逆变器的感应电机控制。最后通过对 MATLAB/Simulink 仿真结果的比较分析，验证本章所提方法的可行性与有效性。

6.1　两电平逆变器的多步模型预测转矩控制

传统的模型预测转矩控制采用单步预测。在当前采样周期内对每个电压矢量所能产生的定子磁链和转矩进行预测，利用代价函数对各电压矢量进行评估，最后选择最优电压矢量并应用[1-5]。多步模型预测转矩控制则是在单步预测的基础上对下一采样周期内的定子磁链和电磁转矩值进行预测，并以相邻两个采样周期内的转矩和磁链预测值作为代价函数优选的标准，实现了多采样周期的全局最优[6-8]。因此在相同的条件下，多步模型预测相较于传统的单步预测在理论上能够达到更为良好的控制性能。在实际数字控制系统上，随着预测步数的增长，模型预测转矩控制的计算量将以指数式增长[9-11]，而过大的计算量将会大大增加数字控制器的计算时间和控制周期，从而降低了控制算法的采样频率。当采样频率过低时，逆变器开关频率也随之降低，控制性能也会下降[12,13]。因此，当数字控制系统的计算能力较差时，采样频率较低的多步模型预测的预测转矩控制策略的控制性能反而要差于可采用较高采样频率的单步预测的控制性能。

6.1.1　两电平逆变器模型

对于三相两电平电压源型逆变器，其拓扑结构如图 6-1 所示[14]。图中逆变器共有 6 个开关管，用 S_x 表示，其中 x=1,⋯,6；V_{dc} 为直流侧电源电压；N 为逆变器中性点；v_{aN}、v_{bN}、v_{cN} 为逆变器三相的中性点电压；M 为负载电机。

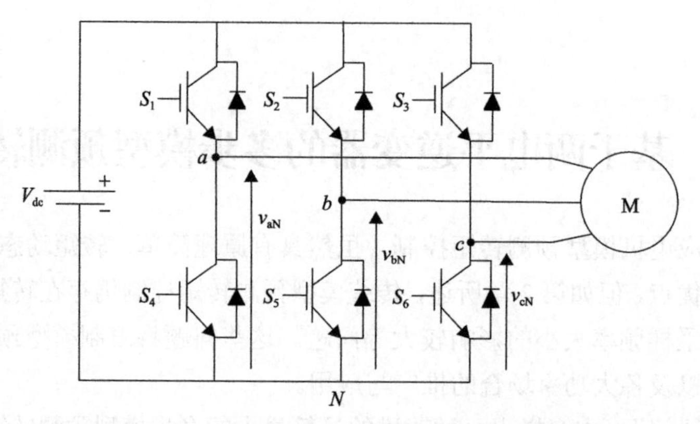

图 6-1　三相两电平电压源型逆变器拓扑结构

由于单相桥臂的上下开关管的开关状态是互补的，因此可以将三相桥臂的开关状态用如下的 S_a、S_b、S_c 表示[15]：

$$S_a = \begin{cases} 1, & S_1\text{导通}, S_4\text{关断} \\ 0, & S_1\text{关断}, S_4\text{导通} \end{cases} \tag{6-1}$$

$$S_b = \begin{cases} 1, & S_2\text{导通}, S_5\text{关断} \\ 0, & S_2\text{关断}, S_5\text{导通} \end{cases} \tag{6-2}$$

$$S_c = \begin{cases} 1, & S_3\text{导通}, S_6\text{关断} \\ 0, & S_3\text{关断}, S_6\text{导通} \end{cases} \tag{6-3}$$

根据 S_a、S_b、S_c，各相开关状态信号对应的输出电压值可表示为

$$v_{aN} = S_a V_{dc} \tag{6-4}$$

$$v_{bN} = S_b V_{dc} \tag{6-5}$$

$$v_{cN} = S_c V_{dc} \tag{6-6}$$

因此根据式(6-4)～式(6-6)可推导出输出电压矢量的表达式为

$$v = \frac{2}{3}(v_{aN} + a v_{bN} + a^2 v_{cN}) \tag{6-7}$$

式中，$a = e^{j2\pi/3} = -1/2 + j\sqrt{3}/2$，代表相邻两相间的 120°的相角差。

将三相输出电压的表达式代入式(6-7)，即可获得对应的输出电压矢量值。

表 6-1 为两电平逆变器的各开关状态对应的电压矢量。根据表 6-1 可得如图 6-2 所示的两电平逆变器电压矢量图，其中 000 和 111 两种开关状态所产生的电压矢量相同，即 8 个不同的开关状态可产生 7 种不同的电压矢量。

表 6-1 开关状态对应的电压矢量

S_a	S_b	S_c	电压矢量 v
0	0	0	$v_0 = 0$
1	0	0	$v_1 = 2/3V_{dc}$
1	1	0	$v_2 = 1/3V_{dc}+\mathrm{j}\sqrt{3}/3\ V_{dc}$
0	1	0	$v_3 = -1/3V_{dc}+\mathrm{j}\sqrt{3}/3\ V_{dc}$
0	1	1	$v_4 = -2/3V_{dc}$
0	0	1	$v_5 = -1/3V_{dc}-\mathrm{j}\sqrt{3}/3\ V_{dc}$
1	0	1	$v_6 = 1/3V_{dc}-\mathrm{j}\sqrt{3}/3\ V_{dc}$
1	1	1	$v_7 = 0$

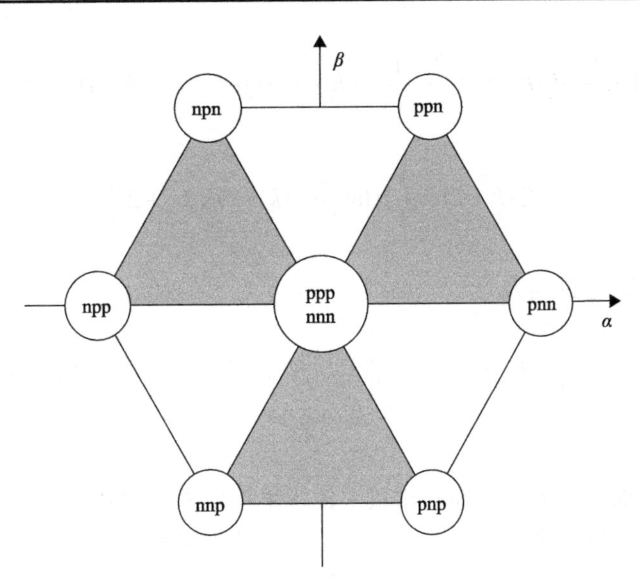

图 6-2 两电平逆变器电压矢量图

6.1.2 多步模型预测转矩控制

由第 2 章可知传统感应电机模型预测转矩控制的定子磁链预测和定子电流预

测表达式为

$$\psi_{\mathrm{sp}}(k+1)=\hat{\psi}_{\mathrm{s}}(k)+T_{\mathrm{s}}v_{\mathrm{s}}(k)-R_{\mathrm{s}}T_{\mathrm{s}}i_{\mathrm{s}}(k) \tag{6-8}$$

$$i_{\mathrm{sp}}(k+1)=\left(1-\frac{T_{\mathrm{s}}}{\tau_{\sigma}}\right)i_{\mathrm{s}}(k)+\frac{T_{\mathrm{s}}}{\tau_{\sigma}}\frac{1}{R_{\sigma}}\times\left[k_{\mathrm{r}}\left(\frac{1}{\tau_{\mathrm{r}}}-\mathrm{j}\omega(k)\right)\hat{\psi}_{\mathrm{r}}(k)+v_{\mathrm{s}}(k)\right] \tag{6-9}$$

电磁转矩的预测表达式为

$$T_{\mathrm{p}}(k+1)=\frac{3}{2}p\,\mathrm{Im}\left\{\overline{\psi}_{\mathrm{sp}}(k+1)i_{\mathrm{sp}}(k+1)\right\} \tag{6-10}$$

感应电机多步模型预测转矩控制则是在以上传统方法的基础上，再对下一采样周期可能的定子磁链、定子电流及电磁转矩进行预测，并以两个采样周期的预测值构建代价函数优选出下一采样时刻应用的开关状态。因此根据式(6-8)～式(6-10)可推导出定子磁链、定子电流和电磁转矩的第二步预测表达式为

$$\psi_{\mathrm{sp}}(k+2)=\psi_{\mathrm{s}}(k+1)+T_{\mathrm{s}}v_{\mathrm{s}}(k+1)-R_{\mathrm{s}}T_{\mathrm{s}}i_{\mathrm{s}}(k+1) \tag{6-11}$$

$$i_{\mathrm{sp}}(k+2)=\left(1-\frac{T_{\mathrm{s}}}{\tau_{\sigma}}\right)i_{\mathrm{s}}(k+1)+\frac{T_{\mathrm{s}}}{\tau_{\sigma}}\frac{1}{R_{\sigma}}\times\left[k_{\mathrm{r}}\left(\frac{1}{\tau_{\mathrm{r}}}-\mathrm{j}\omega(k)\right)\hat{\psi}_{\mathrm{r}}(k+1)+v_{\mathrm{s}}(k+1)\right] \tag{6-12}$$

$$T_{\mathrm{p}}(k+2)=\frac{3}{2}p\,\mathrm{Im}\left\{\overline{\psi}_{\mathrm{sp}}(k+2)i_{\mathrm{sp}}(k+2)\right\} \tag{6-13}$$

代价函数则需更改为

$$g=\left\{\left|T_{\mathrm{n}}-T_{\mathrm{p}}(k+1)\right|+\left|T_{\mathrm{n}}-T_{\mathrm{p}}(k+2)\right|\right\}+\lambda\left\{\left\|\psi_{\mathrm{sn}}\right|-\left|\psi_{\mathrm{sp}}(k+1)\right\|+\left\|\psi_{\mathrm{sn}}\right|-\left|\psi_{\mathrm{sp}}(k+2)\right\|\right\} \tag{6-14}$$

因此多步模型预测转矩控制相较于传统单步模型预测转矩则是考虑了相邻两个采样周期被控量的全局最优，在理论上能够获得更为优异的控制性能。多步预测和单步预测的转矩控制效果如图 6-3 所示，ΔT_1 和ΔT_2 为单步预测控制在 t_{k+1} 和 t_{k+2} 时刻的电磁转矩值；$\Delta T_1'$ 和 $\Delta T_2'$ 为多步预测控制在 t_{k+1} 和 t_{k+2} 时刻的电磁转矩值。从图 6-3 中可看出虽然单步预测在 t_{k+1} 时刻通过代价函数值选择了最优的电压矢量，但可能会造成在 t_{k+2} 时刻转矩偏差过大，而多步预测控制在单个控制周期

内预测了 t_{k+1} 和 t_{k+2} 两时刻的电磁转矩值，并以（$\Delta T_1'+\Delta T_2'$）作为评判标准选择最优开关矢量。虽然在 t_{k+1} 时刻多步预测控制计算获得的转矩值可能比单步预测控制大，但因为考虑两个采样周期的转矩值，使得（$\Delta T_1+\Delta T_2$）>（$\Delta T_1'+\Delta T_2'$），因此其平均转矩脉动比单步预测小[16]。

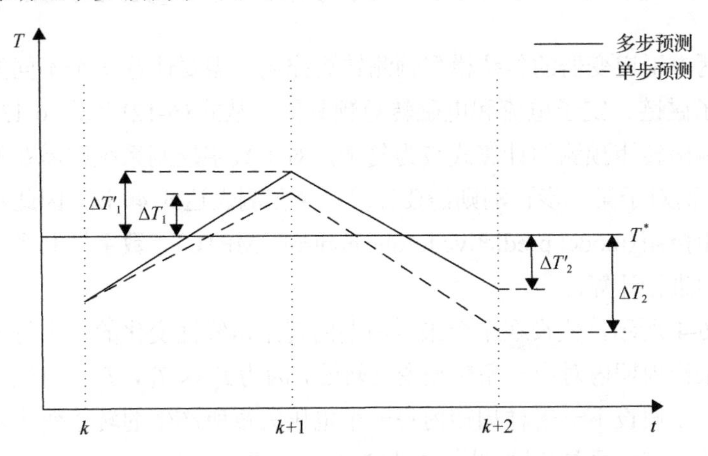

图 6-3　多步预测与单步预测的转矩脉动结果比较

同理，对定子磁链幅值的多步预测同电磁转矩的多步预测原理相同。考虑到实际权重系数的选取往往大于额定转矩与额定定子磁链幅值的比值，并且磁链的偏差值范围要远小于电磁转矩。因此，多步预测对定子磁链偏差的改善效果一般要弱于电磁转矩。

因此，对于两电平逆变器，感应电机多步模型预测转矩控制为了得到定子磁链、定子电流和电磁转矩预测值至少需要 $7^2=49$ 次，预测部分的计算量是传统单步预测的 7 倍。现有的较为常用的 32 位浮点数 DSP 芯片 TMS320F28335，实现传统的感应电机的模型预测转矩控制可达到 20kHz 的采样频率，而当执行改进的减小转矩脉动的预测转矩控制策略时，其最大采样频率只有 10kHz[17]。当采用计算速度较快的 Real-Time 控制系统实现单步模型预测时，其预测部分的计算时间为 20μs，因此若要实现多步模型预测，则实际 Real-Time 控制系统预测部分的计算时间将近 140μs，加上 A/D 转换和 D/A 转换等部分的时间 18μs[18]，多步模型预测转矩控制在 Real-Time 控制系统上实现的最大采样频率要低于 7kHz。为了降低多步模型预测控制算法的计算时间，文献[19]通过将下一时刻应用的开关状态的选择范围限制为 4 种，将本需计算 49 个循环的两步预测简化为只需计算 16 个循环，但这种情况下 Real-Time 控制系统的计算时间仍需 50.9μs，并且在该种情况下，感应电机三相电流的 THD 值反而要差于传统的模型预测转矩控制。因此，需要一种既能保持传统多步模型预测优良的控制性能，但又能极大地减少多步模型预测计算量的新型多步模型预测的控制策略[20]。

6.2 基于改进的多步模型预测的感应电机模型预测转矩控制

对于两电平逆变器的传统模型预测转矩控制，需要计算 7 个不同的电压矢量对应的定子磁链、定子电流和电磁转矩预测值。从式(6-12)和式(6-13)可看出定子电流、电磁转矩预测的计算式较为复杂，对于数字控制系统则需要耗费较多的计算时间。而对于第二步预测则需要计算三个预测表达式 49 次，因此对于多步模型预测转矩控制(model predictive torque control，MPTC)，数字控制系统需要花费大量的时间进行计算。

如图 6-4 所示，假设在单个采样周期内转矩是线性变化的，则每一个电压矢量在一个采样周期内对应一条转矩变化轨迹，因为 $T_s << T_1$，T_1 为电机定子电流周期，因此可以假设下一采样周期内每一个电压矢量所产生的转矩变化量与当前采样周期的转矩变化量是相同的[21]，即$\Delta T_i(k) = \Delta T_i(k+1)$。

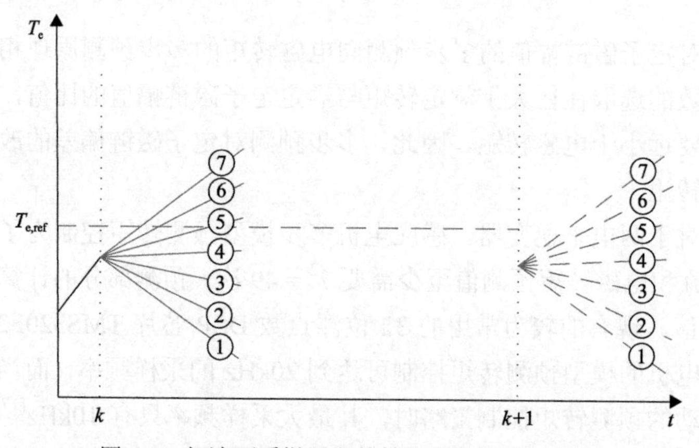

图 6-4　相连两采样周期的转矩变化轨迹示意图

根据上述理论，可将转矩的第二步预测做如下简化。首先在 t_k 时刻根据采样获得的定子电流和磁链观测器获得的定子磁链计算当前时刻电磁转矩，再通过第一步预测获得的转矩预测值计算出各电压矢量对应的转矩变化量，最后通过第一步的转矩预测值和转矩变化量计算第二步预测值。计算过程可由式(6-15)和式(6-16)表示为

$$\Delta T_i(k) = T_{p,i}(k+1) - T(k) \tag{6-15}$$

$$T_{p,j}(k+2)=T_{p,i}(k+1)+\Delta T_j(k) \tag{6-16}$$

式中，$T_{p,i}(k+1)$ 为第一步预测的电压矢量 v_i 对应的预测转矩值；$\Delta T_j(k)$ 为第二步预测的电压矢量 v_j 对应的转矩改变量。

综上所述，本章所提方法免除了第二步预测中复杂的电流预测，直接通过转矩变化量就实现对转矩的预测，即第二步预测只需要计算式(6-15)和式(6-16)即可。由于数字控制系统进行加减运算所需占用的资源以及所消耗的时间小于乘除运算，因此即使多步预测相较于单步预测的转矩和磁链预测值计算循环次数增多了，但因每次循环所需计算的时间被大幅度缩短，最终总的计算时间相较于单步预测的增长量并不大。

考虑到延时补偿，需要将式(6-14)的代价函数更改为

$$\begin{aligned} g_{i,j} = &\left\{\left|T_n - T_{p,i}(k+2)\right| + \left|T_n - T_{p,j}(k+3)\right|\right\} \\ &+ \lambda\left\{\left\|\psi_{sn}\right| - \left|\psi_{sp,i}(k+2)\right\| + \left\|\psi_{sn}\right| - \left|\psi_{sp,j}(k+3)\right\|\right\} \end{aligned} \tag{6-17}$$

即根据代价函数获得最优的电压矢量 v_i，再根据最优电压矢量所对应的开关状态输出最优的开关状态。同时为了减小逆变器的开关频率，当优选获得结果为零电压矢量时，需根据当前的开关状态决定下一采样时刻所要输出的开关状态。即若当前开关状态 S_a、S_b、S_c 中存在两个为 0，则下一采样时刻输出(000)的开关状态；若当前开关状态 S_a、S_b、S_c 中存在两个为 1，则下一采样时刻输出(111)的开关状态。

综上所述，可给出本章所提出的改进的多步模型预测转矩控制算法流程图，如图 6-5 所示。首先在每个采样周期的初始时刻获取所需的定子电流、转子转速和磁链观测结果等状态变量，并将上一采样周期内计算获得的最优开关状态输出。之后计算采样初始时刻的定子磁链幅值和电磁转矩值并开始改进的多步模型预测转矩控制算法部分的计算。由于计算获得的最优的开关状态延迟了一个采样周期应用，因此需先通过延时补偿对下一采样时刻的定子电流和定子磁链进行预测。在延时补偿的基础上对 7 种电压矢量对应的定子磁链和电磁转矩进行预测，并根据之前采样时刻电磁转矩结果和各电压矢量的电磁转矩预测值计算获得各电压矢量对应的转矩变化量。最后通过简化的多步预测算法在之前一步预测结果的基础上再次进行预测，并以两次的预测结果对电压矢量进行优选获得下一采样时刻应用的最优开关状态。

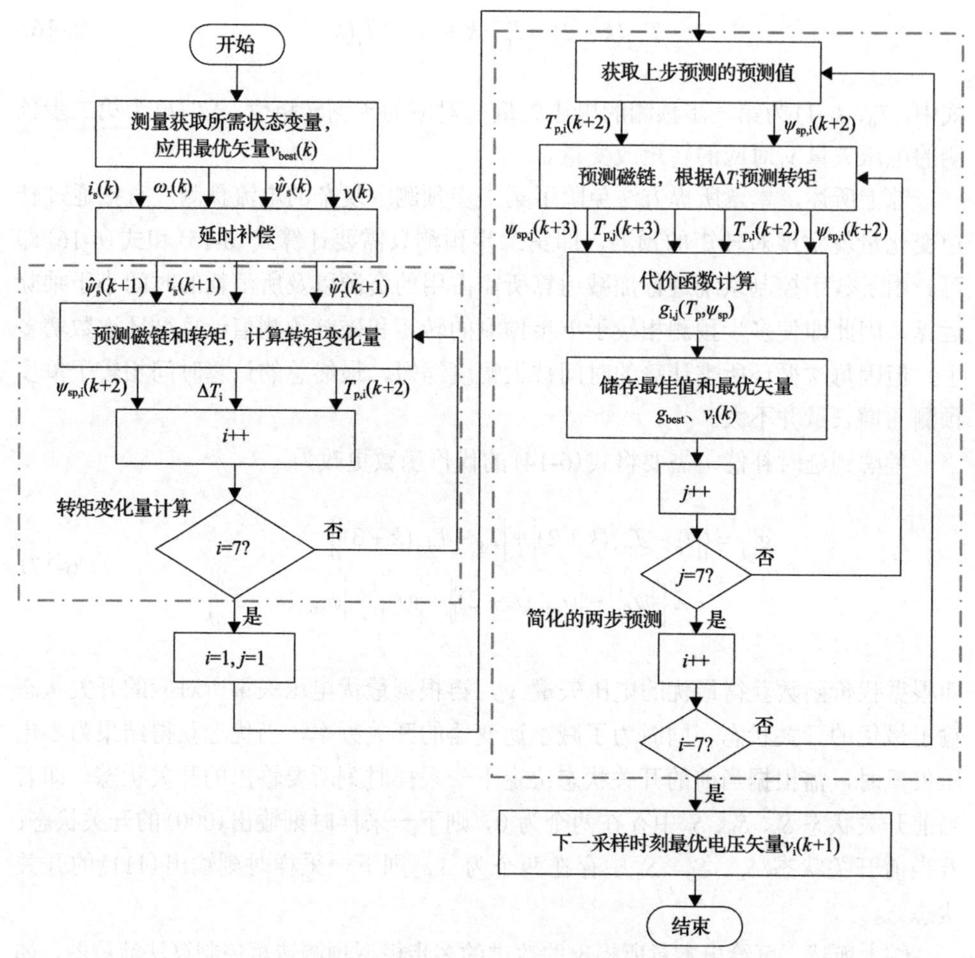

图 6-5 改进的多步模型预测转矩控制算法流程图

6.3 仿真结果及分析

为了验证本章所提出的多步模型预测转矩控制策略的可行性，首先通过Simulink 仿真软件进行仿真验证。感应电机的参数如表 6-2 所示，额定转速为1430r/min。预测转矩控制部分的采样频率设为 20kHz。

为了便于比较，传统单步模型预测转矩控制和改进的多步模型预测转矩控制的各部分采样频率、PI 控制器的 K_P、K_I 及权重系数 λ 都采用相同的值。电机的给定转速设定为 750r/min，并在 0.5s 的仿真时间从空载状态变为带载状态，负载转矩为 12N·m。仿真获得的电机转子机械转速、定子 A 相电流波形如图 6-6 所示。

表 6-2　感应电机的参数

参数	符号	数值
直流电压	V_{dc}	520V
定子电阻	R_s	3.15Ω
转子电阻	R_r	1.1Ω
励磁电感	L_m	250mH
定子电感	L_s	255.2mH
转子电感	L_r	257.8mH
转动惯量	J	0.0135kg/m²
极对数	P	2
电机额定电压	V_n	380V

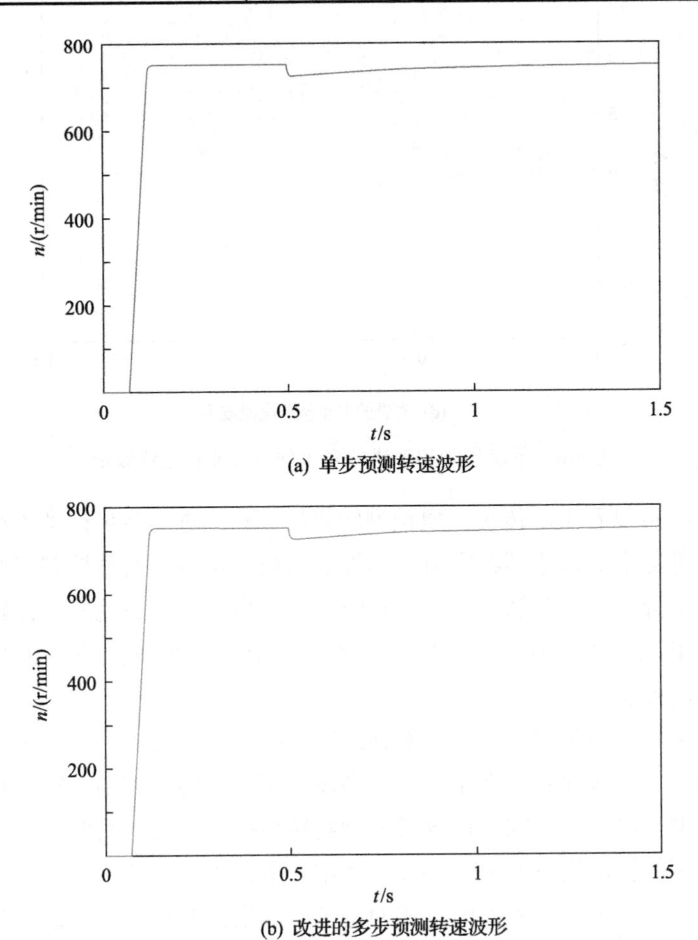

(a) 单步预测转速波形

(b) 改进的多步预测转速波形

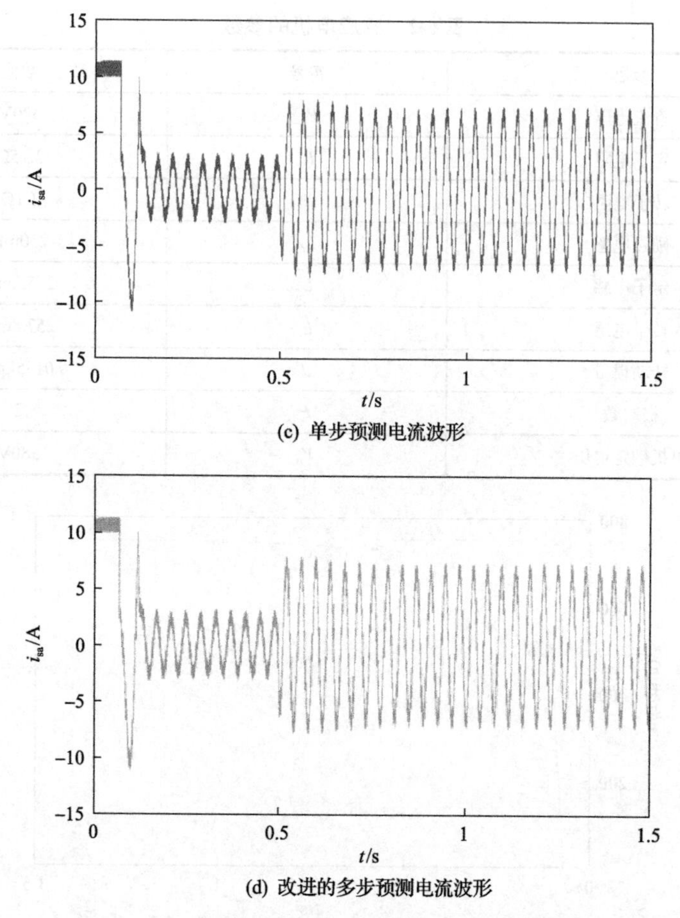

(c) 单步预测电流波形

(d) 改进的多步预测电流波形

图 6-6　单步预测和改进的多步预测转速和电流波形

从图 6-6 可以看出，传统模型预测转矩控制和改进的多步模型预测转矩控制的电机转速都能很好地达到给定值。当增加负载转矩时，两种控制策略的转速都有小幅度的下降，但迅速恢复到给定转速，具有良好的动态性能。比较两种控制策略下的 A 相定子电流波形，无明显差异。在电机启动阶段，两者的启动电流也得到了有效的抑制。

当感应电机施加负载，转速恢复到给定值时的电磁转矩、定子磁链幅值波形如图 6-7 所示。通过比较可看出改进的多步模型预测转矩控制的转矩脉动范围要小于传统模型预测转矩控制。传统模型预测转矩控制存在一些偏差较大的转矩脉动，有些时刻的转矩值小于 10.5N·m，而本章所提出的方法转矩脉动偏差值则较为稳定。同样，采用本章所提出方法的定子磁链幅值的仿真结果也要略优于传统方法。

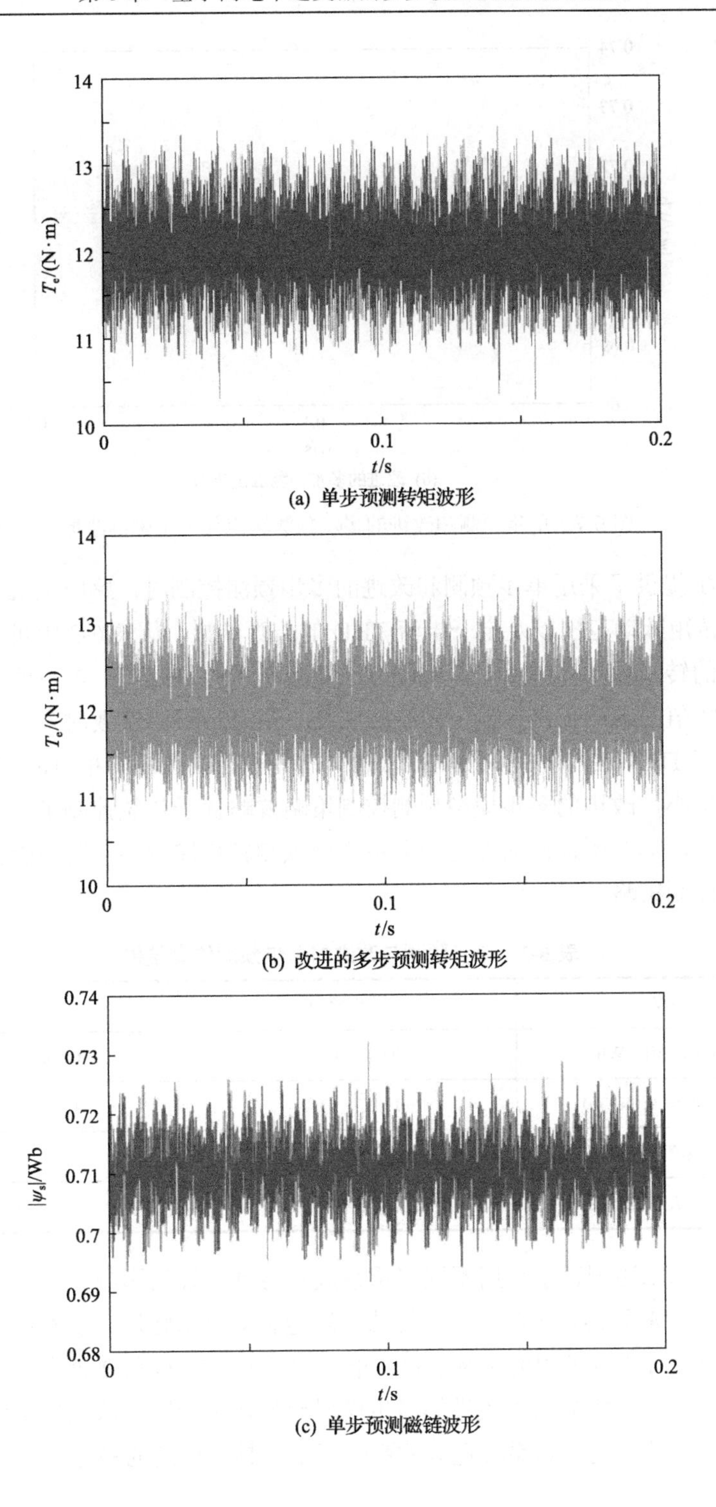

(a) 单步预测转矩波形

(b) 改进的多步预测转矩波形

(c) 单步预测磁链波形

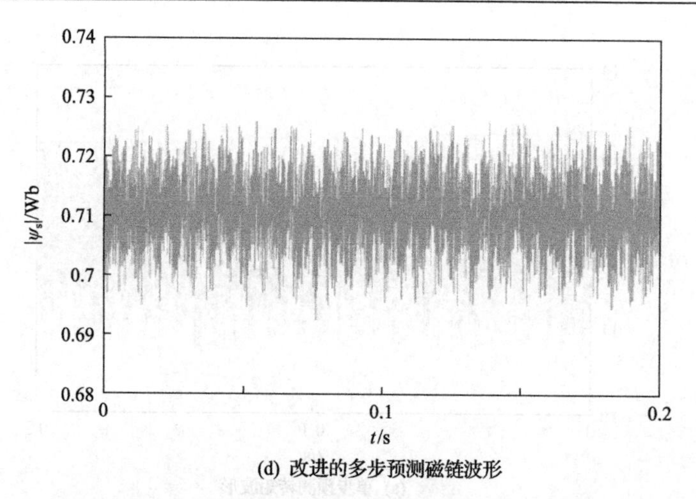

(d) 改进的多步预测磁链波形

图 6-7　单步预测和改进的多步预测转矩与定子磁链波形

表 6-3 提供了采用单步预测和改进的多步预测控制时，感应电机定子磁链脉动范围、转矩脉动范围以及定子电流 THD 的仿真结果。从表 6-3 中可得本章所提出的方法的转矩脉动范围相较于传统方法要减小了约 19.2%；本章所提出的方法定子磁链幅值的脉动范围相较于传统方法减小了 17.5%；空载时多步模型预测的定子相电流 THD 略差于单步预测；带载时，两种控制策略的相电流 THD 值差异较空载时更小，改进的多步模型预测控制策略要略优于传统控制策略。综合仿真结果可得出，本章所提出的改进的多步模型预测转矩控制的控制性能在整体上要优于传统控制策略。

表 6-3　单步预测与改进的多步预测仿真结果

参数	单步预测	多步预测
磁链脉动范围/Wb	0.692～0.732	0.693～0.726
转矩脉动范围/(N · m)	10.27～13.44	10.79～13.35
空载电流 THD/%	17.23	17.53
带载电流 THD/%	5.98	5.89

同时，本章还测试了采用不同权重系数对仿真结果的影响。当两种控制策略的权重系数 λ 都取得较小时，传统方法的磁链脉动范围将远大于本章所提出的方法，并且空载时的定子相电流波形存在很大的跃变，THD 值要远大于本章提出的方法。因此，本章所提出的改进的多步模型预测转矩控制方法相较于传统模型预测转矩控制方法，受权重系数选取的影响要小，具有更高的稳定性。

6.4　本 章 小 结

本章内容主要介绍了一种可用于两电平逆变器的改进的多步模型预测转矩控制策略。通过多步模型预测的方法实现对多周期内转矩和磁链的全局评估，从而获得更好的控制性能。同时考虑到多步模型预测计算量过大的问题，通过免去了第二步的定子电流预测，简化了转矩预测，极大地降低了第二次预测部分的计算量。从而降低了多步模型预测转矩控制策略的所需的计算时间，进一步提高了算法的控制性能。并且本章所提出的方法，不仅适用于感应电机的多步模型预测转矩控制，也可应用于其他电平数的逆变器或不同类型的电机的多步模型预测转矩控制，具有良好的通用性。

参 考 文 献

[1] Rodriguez J, Kazmierkowski M P, Espinoza J R, et al. State of the art of finite control set model predictive control in power electronics[J]. IEEE Transactions on Industrial Informatics, 2013, 9(2): 1003-1016.

[2] Vukosavic S N. Digital Control of Electrical Drives[M]. New York: Springer US, 2007.

[3] 高丽媛. 永磁同步电机的模型预测控制研究[D]. 杭州: 浙江大学, 2013.

[4] 樊小利. 永磁同步电机模型预测控制的研究与实现[D]. 成都: 西南交通大学, 2015.

[5] 王从刚. 感应电机双 PWM 变流器模型预测控制研究[D]. 徐州: 中国矿业大学, 2014.

[6] 王东文, 李崇坚, 吴尧, 等. 永磁同步电机的模型预测电流控制器研究[J]. 电工技术学报, 2014(S1): 73-79.

[7] Kouro S, Rodriguez J, Wu B, et al. Powering the future of industry: High-power adjustable speed drive topologies[J]. Industry Applications Magazine IEEE, 2012, 18(4): 26-39.

[8] Geyer T. A comparison of control and modulation schemes for medium-voltage drives: Emerging predictive control concepts versus field oriented control[J]. IEEE Transactions on Industry Applications, 2011, 47(3): 1380-1389.

[9] 夏长亮, 张天一, 周湛清, 等. 结合开关表的三电平逆变器永磁同步电机模型预测转矩控制[J]. 电工技术学报, 2016, 31(20): 83-92.

[10] 柳志飞, 杜贵平, 杜发达. 有限集模型预测控制在电力电子系统中的研究现状和发展趋势[J]. 电工技术学报, 2017(22): 64-75.

[11] 段向军, 王宏华, 王钧铭. 预测控制在电力电子变流器中的应用综述[J]. 测控技术, 2015, 34(10): 1-5.

[12] Habibullah M, Lu D C, Xiao D, et al. Selected prediction vectors based FS-PTC for 3L-NPC inverter fed motor drives[J]. IEEE Transactions on Industry Applications, 2017, 53(4): 3588-3597.

[13] 姚骏, 刘瑞阔, 尹潇. 永磁同步电机三矢量低开关频率模型预测控制研究[J]. 电工技术学报, 2018, 33(13): 2935-2945.

[14] 李永东, 侯轩, 谭卓辉. 三电平逆变器异步电动机直接转矩控制系统(I)——单一矢量法[J]. 电工技术学报, 2004, 19(4): 34-39.

[15] Habibullah M, Lu D C, Xiao D, et al. Finite-state predictive torque control of induction motor supplied from a three-level NPC voltage source inverter[J]. IEEE Transactions on Power Electronics, 2017, 32(1): 479-489.

[16] Riar B S, Geyer T, Madawala U K. Model predictive direct current control of modular multilevel converters: Modeling, analysis, and experimental evaluation[J]. IEEE Transactions on Power Electronics, 2015, 30(1): 431-439.

[17] Zhang Y, Yang H, Xia B. Model predictive torque control of induction motor drives with reduced torque ripple[J]. IET Electric Power Applications, 2015, 9 (9): 595-604.

[18] Wang F, Zhang Z, Davari A, et al. An experimental assessment of finite-state predictive torque control for electrical drives by considering different online-optimization methods[J]. Control Engineering Practice, 2014, 31 (7): 1-8.

[19] Wang F, Zhang Z, Kennel R, et al. Model predictive torque control with an extended prediction horizon for electrical drive systems[J]. International Journal of Control, 2015, 88 (7): 1379-1388.

[20] Geyer T, Papafotiou G, Morari M. Model predictive direct torque control—Part I: Concept, algorithm, and analysis[J]. IEEE Transactions on Industrial Electronics, 2009, 56 (6): 1894-1905.

[21] Karamanakos P, Stolze P, Kennel R M, et al. Variable switching point predictive torque control of induction machines[J]. IEEE Journal of Emerging and Selected Topics in Power Electronics, 2014, 2 (2): 285-295.

第7章　基于NPC逆变器的模型预测转矩控制

随着工业领域对高压大功率设备的需求不断增大以及电力电子技术的不断发展，有关多电平逆变器的谐波抑制、拓扑结构和控制策略等方面的研究近年来受到了国内外研究人员的关注。NPC逆变器作为大功率传动系统中应用最为广泛的多电平逆变器，有关其拓扑结构和控制策略等方面的研究一直是研究热点。虽然三电平NPC逆变器的输出电压的谐波含量低于传统的两电平逆变器，并且对开关器件的耐压要求低、能够拥有更好的控制性能，但其仍然存在中点电压平衡和控制策略更为复杂等问题[1-3]。

对于模型预测转矩控制，三电平NPC逆变器拥有数倍于两电平逆变器的输出电压矢量数，因此其模型预测控制算法在数字控制系统上所需的计算时间也更多。如第6章提到的，预测控制在数字控制系统上的计算时间直接影响预测控制的采样时间和控制性能。虽然NPC逆变器因为其较多的电压矢量能够获得更好的控制性能，但过大的计算时间也将限制了控制策略的性能[4,5]。针对上述问题，本章提出一种简化的模型预测转矩控制方法，在保持控制性能基本不变的情况下，极大地减少了控制算法的计算时间。最后通过对MATLAB/Simulink仿真结果，验证本章所提出的基于NPC逆变器的简化的模型预测转矩控制策略的可行性与有效性。

7.1　NPC逆变器的模型预测转矩控制

三电平 NPC 逆变器的模型预测转矩控制的算法流程与两电平的模型预测转矩控制流程基本相同。相较于两电平逆变器，NPC逆变器的模型预测转矩控制需要预测更多的电压矢量，并且由于NPC逆变器拓扑结构的原因，会存在中点电压不平衡问题。因此，本节将对NPC逆变器的中点电压不平衡问题以及多电平的电压矢量进行相关分析。

7.1.1　NPC逆变器模型

对于三相三电平NPC逆变器，其拓扑结构如图7-1所示[6]。图7-1中逆变器共有12个开关管，每一相桥臂的4个开关管用S_{xi}表示，其中$x = a, b, c$表示各相桥臂，$i = 1, 2, 3, 4$为每一相的4个开关管号；V_{dc}为直流侧电源电压；v_a、v_b、v_c为逆变器输出的三相电压。

由于单相桥臂上的S_{x1}和S_{x3}以及S_{x2}和S_{x4}开关管的开关状态是互补的，并且单相桥臂上的S_{x1}和S_{x4}不允许在同一时刻导通。因此可以得到单相桥臂不同开关状态对应的输出电压值，如表7-1所示。

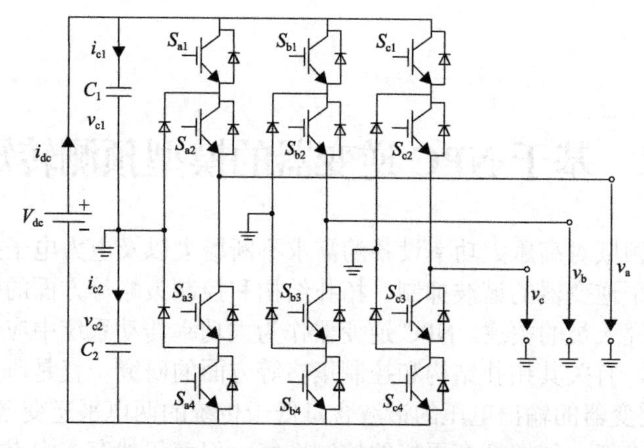

图 7-1　NPC 逆变器拓扑结构

表 7-1　三电平 NPC 逆变器单相桥臂的开关状态与输出电压

S_x	S_{x1}	S_{x2}	输出电压
0	0	0	$-0.5V_{dc}$
1	0	1	0
2	1	1	$0.5V_{dc}$

三种开关状态分别用 2、1、0 表示。当采用三相输出时，三电平 NPC 逆变器则可以输出 $3^3 = 27$ 种不同的开关状态，对应 19 种不同的电压矢量[7]。根据表 7-1 可得如图 7-2 所示的在两相静止 αβ 坐标系下的逆变器输出的电压矢量图。根据

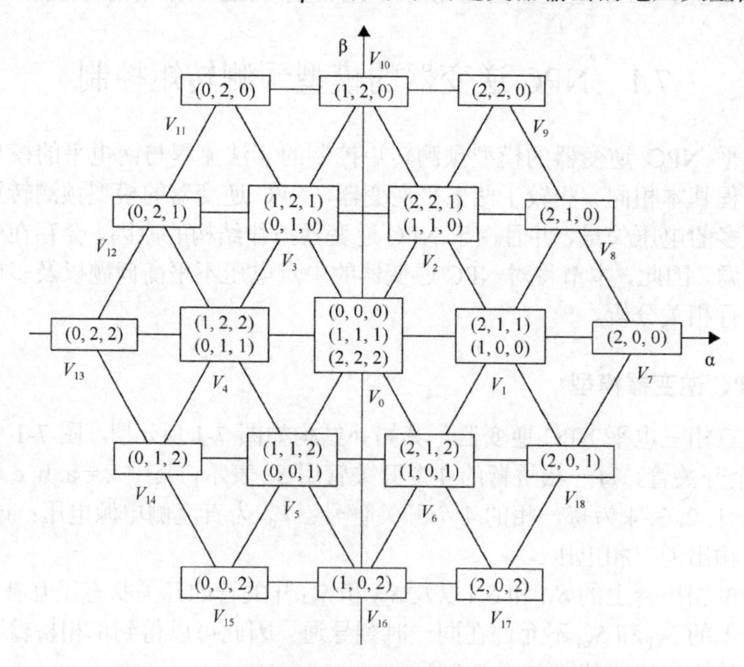

图 7-2　NPC 逆变器输出电压矢量及对应开关状态

图 7-2，可将 19 个电压矢量根据电压矢量的长度分为四类：长矢量、中矢量、短矢量和零矢量，如表 7-2 所示。结合图 7-2 和表 7-2 可得，零矢量 V_0 和短矢量 V_1～V_6 存在冗余的开关状态，V_0 有两个冗余开状态，V_1～V_6 各有 1 个冗余开关状态。

表 7-2　三电平逆变器电压矢量分类表

矢量类型	电压矢量对应的开关状态
零矢量	222，000，111
短矢量	211，100，221，110，121，010 122，011，122，011，212，100
中矢量	210，120，021，012，102，201
长矢量	200，220，020，022，002，202

7.1.2　NPC 逆变器中点电压平衡

目前，国内外用于解决中点电压不平衡问题的方法可分为两类[8-10]：①通过添加硬件电路，从硬件上实现中点电压平衡；②通过改进控制策略，从软件上实现中点电压平衡。

硬件实现中点电压平衡可采用两个独立的整流电路或直流电源代替直流母线钳位电容，以保证逆变器上下两直流源电压相等。而从软件上实现中点电压平衡，则需要更改控制策略。对于模型预测控制，由于其可实现多变量控制的特点，可通过添加对中点电压的预测，并将中点电压引入代价函数从而优选出中点电压不平衡较低的开关状态。

在理想状况下，直流侧上下两电容的电压参考值 v_{c1}^*、v_{c2}^* 应为直流电压的一半，即

$$v_{c1}^* = v_{c2}^* = 0.5V_{dc} \tag{7-1}$$

因此，根据式(7-1)可得，两个电容电压的差值应为

$$\Delta v_c^* = v_{c1}^* - v_{c2}^* = 0\text{V} \tag{7-2}$$

根据电容电流的微分公式，可得流过各电容的电流表达式为

$$i_{cj} = C\frac{\mathrm{d}v_{cj}}{\mathrm{d}t} \tag{7-3}$$

式中，i_{cj} 为逆电容电流；C 为上下两个电容的电容值，$j = 1, 2$。

因此，可根据式(7-2)和式(7-3)推导获得两电容电压差的微分方程为

$$\frac{\mathrm{d}}{\mathrm{d}t}(\Delta v_{\mathrm{c}})=\frac{\mathrm{d}}{\mathrm{d}t}(v_{\mathrm{c1}}-v_{\mathrm{c2}})=\frac{\mathrm{d}v_{\mathrm{c1}}}{\mathrm{d}t}-\frac{\mathrm{d}v_{\mathrm{c2}}}{\mathrm{d}t}=\frac{1}{C}(i_{\mathrm{c1}}-i_{\mathrm{c2}}) \tag{7-4}$$

根据基尔霍夫电流定律，中性点电流 i_{n} 为

$$i_{\mathrm{n}}=i_{\mathrm{c1}}-i_{\mathrm{c2}} \tag{7-5}$$

而 i_{n} 是三个中性点电流 $i_{\mathrm{n}j}\,(j=1,2,3)$ 之和，则式(7-4)可表示为

$$\frac{\mathrm{d}}{\mathrm{d}t}(\Delta v_{\mathrm{c}})=\frac{1}{C}\left(\sum_{j=1}^{3}i_{\mathrm{n}j}\right) \tag{7-6}$$

将式(7-6)通过前向欧拉公式进行离散化，可得直流侧上下两电容的电压差预测表达式为

$$\Delta v_{\mathrm{c}}(k+1)=\Delta v_{\mathrm{c}}(k)+\frac{T_{\mathrm{s}}}{C}\left[\sum_{j=1}^{3}i_{\mathrm{n}j}(k)\right] \tag{7-7}$$

式中，T_{s} 为采样时间；$\Delta v_{\mathrm{c}}(k+1)$ 为直流侧上下两电容端电压差的预测值。$i_{\mathrm{n}j}(k)$ 的值与各桥臂的开关状态有关。当开关状态为 1 时，$i_{\mathrm{n}j}(k)$ 不为零，当开关状态为 2 或 0 时，$i_{\mathrm{n}j}(k)$ 为零。

为了简化平衡电压的计算，可将感应电机视作一个电流源，并且由于采样频率远大于电机电流变化频率，可以假设相邻两个采样周期内的定子电流值不变，及 $i_{\mathrm{s}}(k+1)\approx i_{\mathrm{s}}(k)$。则可通过模型预测转矩控制策略获得的各个电压矢量对应的电流预测值预测出中性点电流 i_{n}。即将在 αβ 轴坐标系上的定子电流预测值转换为 abc 三相坐标系下的电流值，之后根据式(7-7)计算获得上下两电容的电压差预测值，最后通过代价函数优选获得最优的开关状态输出。

代价函数则需引入平衡电压，修改后的代价函数如下：

$$g=\left|T_{\mathrm{n}}-T_{\mathrm{p}}(k+1)\right|+\lambda\left\|\psi_{\mathrm{sn}}\right|-\left|\psi_{\mathrm{sp}}(k+1)\right\|+\omega_{\mathrm{npc}}\left|\Delta v_{\mathrm{c}}(k+1)\right| \tag{7-8}$$

式中，ω_{npc} 为平衡电压的权重系数。

7.2 简化的感应电机模型预测转矩控制

根据 7.1 节可知，NPC 逆变器拥有 27 个开关状态和 19 种不同的电压矢量，而两电平逆变器则存在 8 个开关状态和 7 个不同的电压矢量。当采用传统模型预

测转矩控制对感应电机进行控制时，即使忽略了冗余的电压矢量，三电平 NPC 逆变器预测部分的计算量仍接近两电平逆变器的三倍。而当采用多步模型预测时，三电平逆变器预测部分则至少需计算 19^2 =361 次。对于采用如 TMS320F28335 的 DSP 芯片、dSPACE 或 Real-Time 的数字控制系统，仅仅是运行单步预测就需要花费大量的计算时间，而对于多步预测则因计算量过大完全无法运行[11-13]。

当计算量较大时，三电平逆变器的模型预测转矩控制在数字控制系统上所能运行的最大采样频率将被限制。而过低的采样频率则会直接影响控制策略的控制性能。上述的问题将极大地限制模型预测控制在多电平逆变器上的应用。

为了简化三电平逆变器模型预测转矩控制的计算，将采用一种简化的模型预测转矩控制算法。该方法根据当前采样周期内应用的电压矢量来选择所需预测计算的电压矢量，电压矢量以及选择关系如图 7-3 和表 7-3 所示。从图 7-3 和表 7-3 可看出，当前控制周期内所需预测的电压矢量是根据上一控制周期内计算应用的电压矢量所决定的，并且下次应用的电压矢量与当前输出的电压矢量的相电压的幅值跳变不超过 $V_{dc}/2$。本章对每次预测计算部分所需计算的电压矢量数进行了限制，使得单个控制周期内的所需计算的最小电压矢量数为 4 个，最大电压矢量数为 7 个，并且由于该方法相连两个电压矢量的开关状态只需切换一相的开关状态，因此该控制策略拥有更低的开关频率，输出电压的跳变也得到了有效抑制[14-20]。

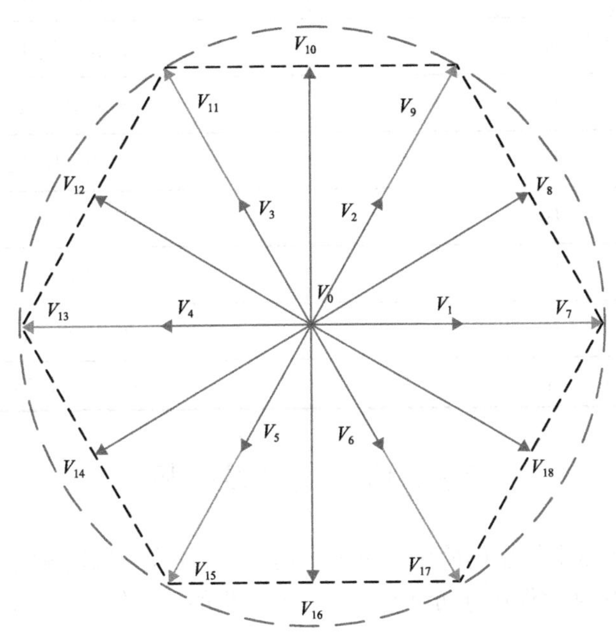

图 7-3　三电平逆变器空间电压矢量

表 7-3　三电平逆变器电压矢量分类表

上一控制周期计算并应用的电压矢量	所需预测的电压矢量 V
V_0	$V_0,V_1,V_2,V_3,V_4,V_5,V_6$
V_1	$V_0,V_1,V_2,V_6,V_7,V_8,V_{18}$
V_2	$V_0,V_1,V_2,V_3,V_8,V_9,V_{10}$
V_3	$V_0,V_1,V_2,V_8,V_9,V_{10},V_{11}$
V_4	$V_0,V_3,V_4,V_5,V_{12},V_{13},V_{14}$
V_5	$V_0,V_4,V_5,V_6,V_{14},V_{15},V_{16}$
V_6	$V_0,V_1,V_5,V_6,V_{16},V_{17},V_{18}$
V_7	V_1,V_7,V_8,V_{18}
V_8	V_1,V_2,V_7,V_8,V_9
V_9	V_2,V_8,V_9,V_{10}
V_{10}	$V_2,V_3,V_9,V_{10},V_{11}$
V_{11}	V_3,V_{10},V_{11},V_{12}
V_{12}	$V_3,V_4,V_{11},V_{12},V_{13}$
V_{13}	V_4,V_{12},V_{13},V_{14}
V_{14}	$V_4,V_5,V_{13},V_{14},V_{15}$
V_{15}	V_5,V_{14},V_{15},V_{16}
V_{16}	$V_5,V_6,V_{15},V_{16},V_{17}$
V_{17}	V_6,V_{16},V_{17},V_{18}
V_{18}	$V_1,V_6,V_7,V_{17},V_{18}$

7.3　仿真结果及分析

为了验证本章所提出的简化的三电平模型预测转矩控制策略的可行性，首先通过 Simulink 仿真软件进行仿真验证。感应电机的参数如表 7-4 所示，额定转速为 1430r/min。

表 7-4　感应电机参数

参数	符号	数值
直流电压	V_{dc}	520V
定子电阻	R_s	3.15Ω
转子电阻	R_r	1.1Ω
励磁电感	L_m	250mH
定子电感	L_s	255.2mH
转子电感	L_r	257.8mH
转动惯量	J	0.0135kg/m^2
极对数	p	2
电机额定电压	V_n	380V

为了便于比较，传统模型预测转矩控制和简化的模型预测转矩控制的各部分采样频率，PI 控制器的 K_P、K_I 及权重系数 λ 都采用相同的值，预测控制部分采样频率设为 20kHz。电机的给定转速设定为 750r/min，并在 1.0s 时从空载状态变为带载状态，负载转矩为 12N·m。仿真获得的电机转子机械转速、定子 A 相电流波形如图 7-4 所示。从图 7-4 可以看出，传统模型预测转矩控制和简化的多步模型预测转矩控制的电机转速都能很好地达到给定值，转速曲线接近。当增加负载转矩时，两种控制策略的转速都有小幅度的下降，但都迅速地恢复到给定转速，具有良好的动态性能。比较两种控制策略在仿真 1.5s 后的 A 相定子电流波形，即带载后稳态下的定子电流。从图 7-4 中可看出，定子电流波形都为较好的正弦波，但波形上有略微差别。

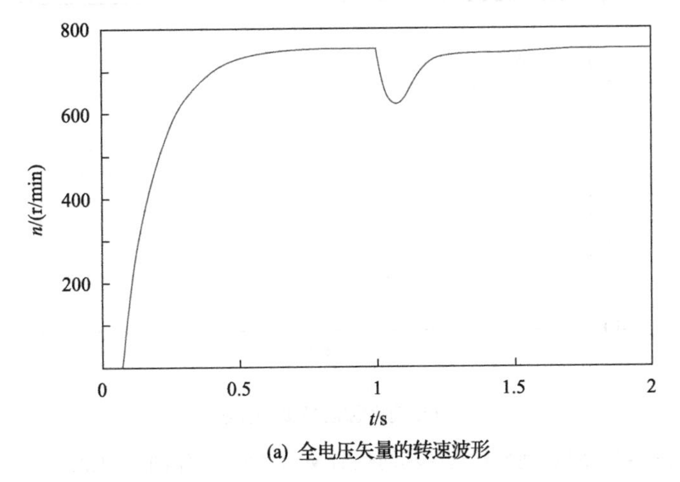

(a) 全电压矢量的转速波形

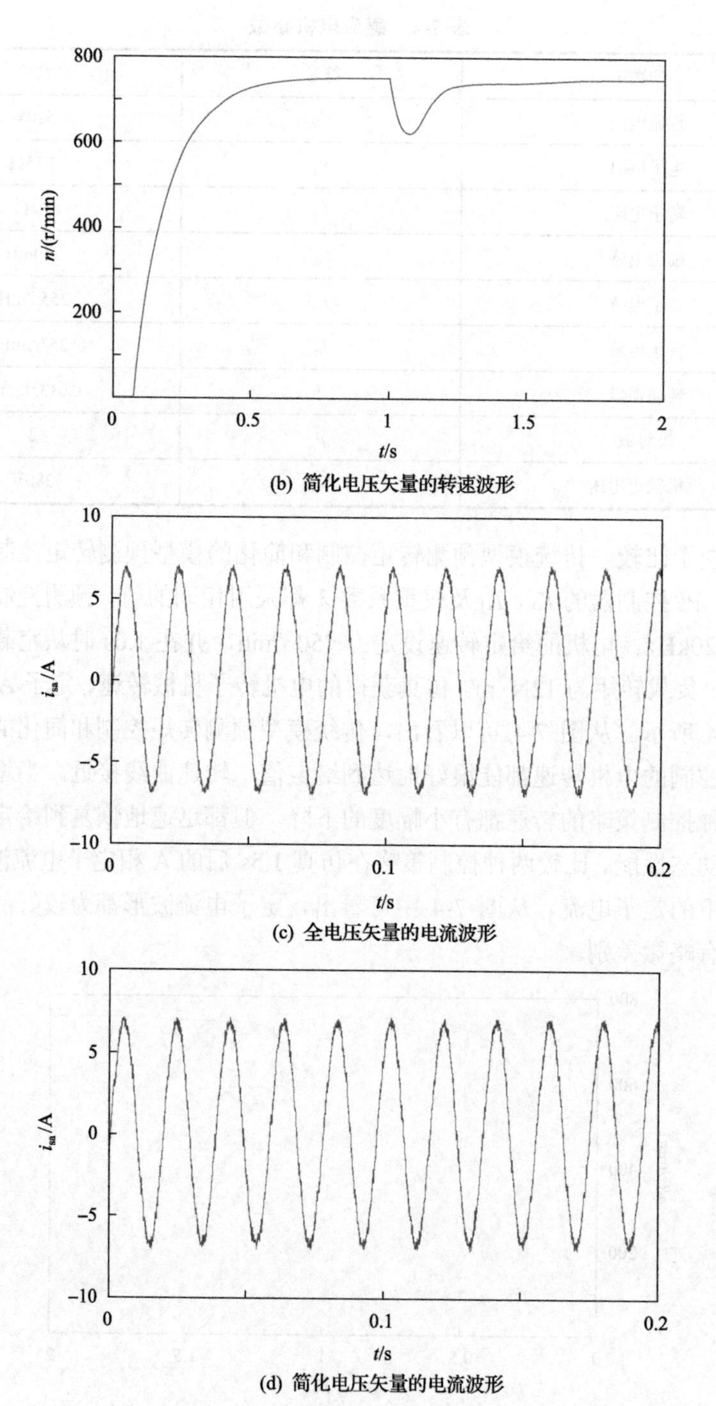

(b) 简化电压矢量的转速波形

(c) 全电压矢量的电流波形

(d) 简化电压矢量的电流波形

图 7-4　NPC 逆变器传统和简化的 MPTC 的转速波形和电流波形

当感应电机施加负载，转速恢复到给定值时的电磁转矩波形、定子磁链幅值波形如图 7-5 所示。通过比较可看出，在三电平 NPC 逆变器上，简化的模型预测

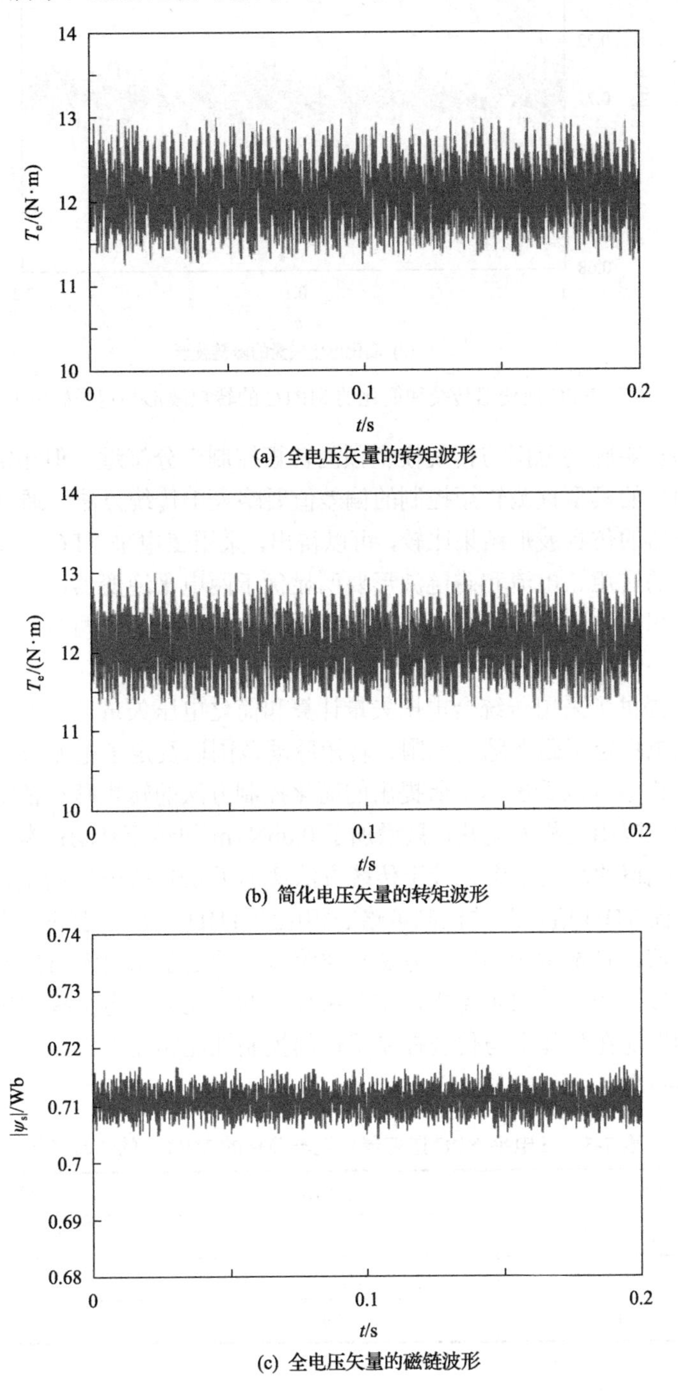

(a) 全电压矢量的转矩波形

(b) 简化电压矢量的转矩波形

(c) 全电压矢量的磁链波形

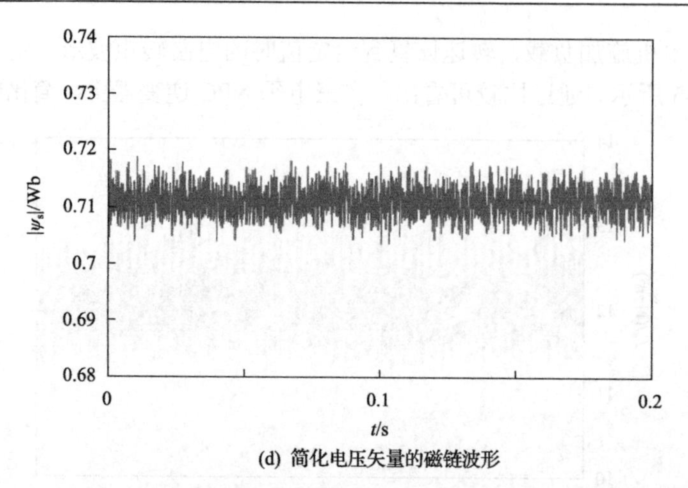

(d) 简化电压矢量的磁链波形

图 7-5 NPC 逆变器传统和简化的 MPTC 的转矩波形和定子磁链波形

转矩控制的转矩脉动范围与传统模型预测转矩控制十分接近，但在定子磁链幅值偏差上，简化的模型预测转矩控制的偏差值要略大于传统方法。通过与第 6 章的两电平逆变器的仿真波形结果比较，可以得出，采用三电平 NPC 逆变器的模型预测转矩控制的转矩、电流和磁链波形要明显优于两电平逆变器，定子电流波形要更为接近理想正弦波，定子磁链幅值和电磁转矩的脉动都较两电平逆变器有了较大幅度的减小。

表 7-5 提供了采用传统全电压矢量计算和简化电压矢量计算的模型预测转矩控制的感应电机定子磁链脉动范围、转矩脉动范围以及定子电流 THD 的仿真结果。从表 7-5 中可以看出本章所提出的简化控制方法的转矩脉动范围与传统方法的转矩脉动范围相比相差无几，只增加了 0.06N·m 的转矩脉动；本章所提出的方法定子磁链幅值的脉动范围相较于传统方法增加了 0.003Wb 的磁链偏差；带载时的定子相电流 THD 值，两种控制策略的相电流 THD 值都小于两电平逆变器时的电流 THD 值，且本章所提出的方法与传统方法的定子相电流 THD 值相差仅有 0.2%。综合以上仿真结果可得出，本章所提出的简化的三电平模型预测转矩控制策略的控制性能在整体上与传统控制策略的控制性能相差不大，但在计算量上有了大幅度的减少。

表 7-5 三电平 NPC 逆变器传统与简化的 MPTC 的仿真结果

参数	传统的 MPTC	简化的 MPTC
磁链脉动范围/Wb	0.704～0.717	0.703～0.719
转矩脉动范围/(N · m)	11.25～13.01	11.24～13.06
带载电流 THD/%	3.94	4.14

为了验证计算量对模型预测转矩控制的采样周期和控制性能的影响。对采用频率为 12.5kHz 的传统全矢量计算的预测转矩控制进行了仿真。其他参数与之前保持一致。仿真结果如图 7-6 和表 7-6 所示。

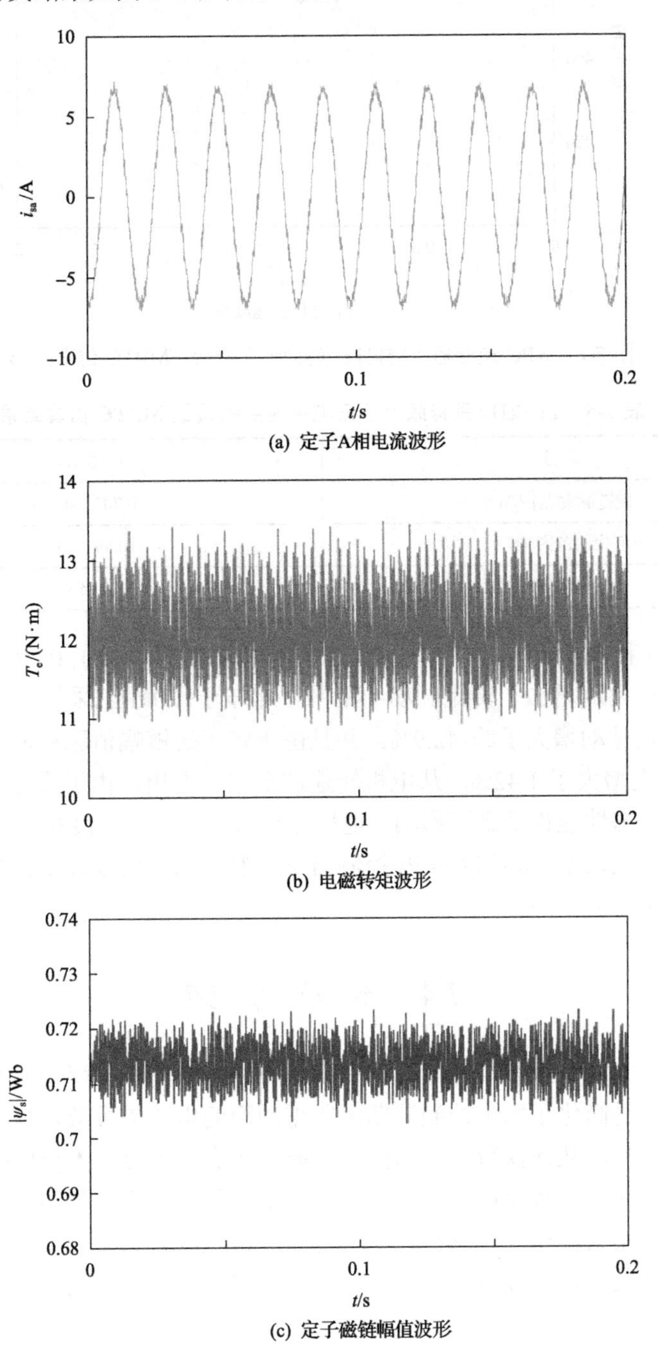

(a) 定子A相电流波形

(b) 电磁转矩波形

(c) 定子磁链幅值波形

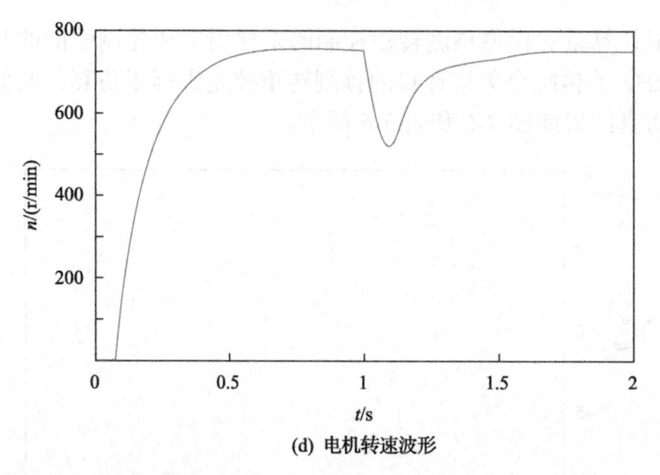

(d) 电机转速波形

图 7-6　NPC 逆变器 12.5kHz 采样频率下传统 MPTC 仿真波形

表 7-6　12.5kHz 采样频率下三电平逆变器传统 MPTC 仿真结果

参数	数值
磁链脉动范围/Wb	0.702～0.723
转矩脉动范围/(N · m)	10.89～13.49
带载电流 THD/%	5.56

从图 7-6 和表 7-6 中可看出，降低采样频率虽然只增加了 0.005Wb 的磁链脉动范围，但极大地增加了转矩脉动的范围。相较于 20kHz 采样频率下的简化的 MPTC 的转矩脉动增大了约 42.9%。并且由于定子磁链幅值脉动增大，定子电流 THD 值也随之增大了 1.42%。从电机转速波形中可看出，由于采样频率的改变，控制系统的动态性能也受到了影响，电机加载时转速下降幅度相较于 20kHz 采样频率时明显增大，这主要原因是 PI 控制器整定参数的取值以及采样频率的下降导致开关动作频率的下降。

7.4　本 章 小 结

本章内容主要介绍了一种可用于三电平 NPC 逆变器的简化的模型预测转矩控制策略。通过简化了每个控制周期内所需预测的电压矢量数，极大地降低了控制算法的计算量，从而获得更好的控制性能。仿真结果显示本节所提出的方法的控制性能与传统方法较为接近。同时对不同采样频率下模型预测转矩的控制性能进行了比较，结果显示采样频率的大小对控制性能有较大的影响。不仅如此，本章所提出的方法，还可以适用于更高电平数的多电平逆变器的控制，具有较强的通用性。

参 考 文 献

[1] 林磊, 邹云屏, 王展, 等. 一种具有中点平衡功能的三电平异步电机直接转矩控制方法[J]. 中国电机工程学报, 2007, 27(3): 46-50.

[2] 宁博文, 刘莹, 程善美, 等. 基于参考磁链矢量计算的 PMSM 直接转矩控制[J]. 电机与控制学报, 2017, 21(9): 1-7.

[3] Geyer T, Papafotiou G, Morari M. Model predictive direct torque control—Part I: Concept, algorithm, and analysis[J]. IEEE Transactions on Industrial Electronics, 2009, 56(6): 1894-1905.

[4] Habibullah M, Lu D C, Xiao D, et al. Finite-state predictive torque control of induction motor supplied from a three-level NPC voltage source inverter[J]. IEEE Transactions on Power Electronics, 2017, 32(1): 479-489.

[5] Reza C M F S, Islam M D, Mekhilef S. A review of reliable and energy efficient direct torque controlled induction motor drives[J]. Renewable and Sustainable Energy Reviews, 2014, 37(3): 919-932.

[6] 郑泽东, 王奎, 李永东, 等. 采用模型预测控制的交流电机电流控制器[J]. 电工技术学报, 2013, 28(11): 118-123.

[7] 耿乙文, 鲍宇, 王昊, 等. 六相感应电机直接转矩及容错控制[J]. 中国电机工程学报, 2016, 36(21): 5947-5956.

[8] 王伟胜, 陈阿莲, 柴锦, 等. 基于简化 SVPWM 的 Z 源三电平逆变器中点电位控制方法[J]. 电工技术学报, 2018, 33(8): 1835-1843.

[9] 吴晓新, 宋文祥, 乐胜康, 等. 异步电机模型预测三电平直接电流控制[J]. 电工技术学报, 2017, 32(18): 113-123.

[10] Falck J, Buticchi G, Liserre M. Thermal stress based model predictive control of electric drives[J]. IEEE Transactions on Industry Applications, 2018, 54(2): 1513-1522.

[11] 孙伟, 于泳, 王高林, 等. 基于矢量控制的异步电机预测电流控制算法[J]. 中国电机工程学报, 2014, 34(21): 3448-3455.

[12] Rodriguez J, Cortes P. Predictive Control of Power Converters and Electrical Drives[M]. New Jersey: Wiley, 2012.

[13] Rodriguez J, Kennel R M, Espinoza J R, et al. High-performance control strategies for electrical drives: An experimental assessment[J]. IEEE Transactions on Industrial Electronics, 2011, 59(2): 812-820.

[14] 王毅, 于明, 李永刚. 基于模型预测控制方法的风电直流微网集散控制[J]. 电工技术学报, 2016, 31(21): 57-66.

[15] Cortes P, Ortiz G, Yuz J I, et al. Model predictive control of an inverter with output, LC filter for UPS applications[J]. IEEE Transactions on Industrial Electronics, 2009, 56(6): 1875-1883.

[16] 魏海斌, 金涛, Mon Nzongo D L. 一种减小有限控制集模型预测控制开关状态计算时间的方法[J]. 中国测试, 2017, 43(3): 91-96.

[17] 王萌, 施艳艳, 沈明辉. 三相电压型 PWM 整流器定频模型预测控制[J]. 电机与控制学报, 2014, 18(3): 46-53.

[18] 杨兴武, 牛梦娇, 李豪, 等. 基于开关状态函数计算的改进模型预测控制[J]. 电工技术学报, 2018, 33(20): 192-202.

[19] 张艳东. 七相感应电机模型预测控制技术研究[D]. 成都: 西南交通大学, 2016.

[20] 高道男, 陈希有. 一种改进的永磁同步电机模型预测控制[J]. 电力自动化设备, 2017, 37(4): 197-202.

第 8 章　基于 FPGA 的感应电机模型预测转矩控制

当模型预测控制应用于多电平逆变器或采用多步预测控制时，随着预测步数和所控制的逆变器电平数的增长，模型预测控制的计算量将以指数式增长[1]。过大的计算量会限制模型预测控制在数字控制系统上的最大采样频率，而过低的采样频率则意味着较低的开关频率以及较差的控制性能，因此这一问题极大地限制了模型预测控制的性能和适用性。

目前，对于 NPC 逆变器的传统多步模型预测 MPTC，采用应用较为广泛的浮点数 DSP 芯片如 TMS320F28335，所能实现的最大采样频率为 10kHz[2]，并且考虑到 DSP 芯片输出接口数较少，因此无论是在计算速度还是在接口数量上，DSP 芯片都很难满足 5 电平甚至更高电平数逆变器下模型预测控制的要求[3,4]。针对上述问题，本章采用 FPGA 作为数字控制器，利用 FPGA 高速并行计算、流水线技术、可灵活配置以及充足的输入输出(input/output，I/O)接口等优点，采用图形化建模的开发方法实现了基于 FPGA 的感应电机模型预测转矩控制，极大地降低了 MPTC 的计算时间以及硬件编程的开发难度，进一步提高了模型预测转矩控制方法的适用性。

8.1　基于 Xilinx System Generator for DSP 的 FPGA 开发

传统的 FPGA 开发采用的为如 Verilog 和 VHDL 的硬件描述语言。其开发流程如图 8-1 所示。首先通过 Verilog 或 VHDL 编写实现系统功能的代码，在编写完成后通过行为级仿真对代码的系统设计进行验证。通过行为级仿真的验证之后，使用综合工具将硬件描述语言代码进行综合，将代码转化为网表文件。常用的综合工具有 XST(Xilinx synthesis technology)、Synplify Pro 和 Synopsys Express 等[5,6]。综合完成后生成的网表文件通过功能仿真进行验证。在通过功能仿真的验证之后，需通过优化代码和时序约束对 FPGA 芯片的硬件资源进行布局布线，直至通过时序仿真的验证并满足设计要求。最后，将通过时序仿真验证后的编译生成的比特流文件下载到 FPGA 芯片进行板级验证。

由于传统的 FPGA 开发方法采用的为硬件编程，因此只能实现定点数运算。并且由于 FPGA 芯片上的硬件资源有限，需要开发人员自行配置各变量位数，以实现有限资源的合理分配与利用。在电力电子领域，现有的 FPGA 知识产权(intellectual property，IP)难以满足复杂控制方法的需求，仍需要开发人员根据所需实现的功能自行设计、编写、测试代码。因此传统的 FPGA 开发方式对开发者的硬件设计水平和硬件描述语言的编程能力有较高的要求，其开发难度比可采用浮点数运算和软件编程的 DSP 芯片高出许多[7]。

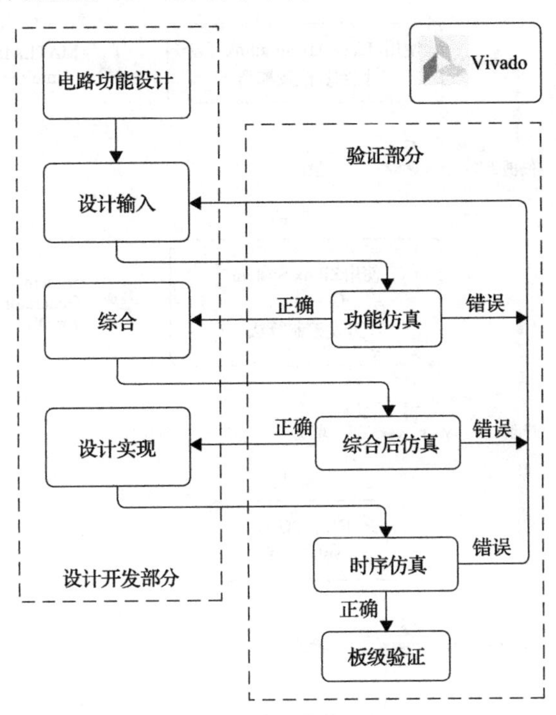

图 8-1 传统 FPGA 开发流程图

近年来，随着 FPGA 技术的飞速发展，System Generator for DSP、DSP Builder 和 HDL Coder 等基于 MATLAB/Simulink 软件的 FPGA 数字信号处理开发软件应运而生[8-10]。XSG(Xilinx system generator for DSP)作为 Xilinx 公司开发的 FPGA 图形化建模开发软件，其可在 MATLAB/Simulink 软件上搭建系统级的模型，并将仿真模型直接转换生成为硬件描述语言编写的代码和用于下载到 FPGA 芯片的比特流文件，同时其可在 MATLAB/Simulink 软件平台上通过硬件在环(hardware-in loop，HIL)的半实物仿真对系统设计进行板级验证，其开发流程如图 8-2 所示。首先，在 MATLAB/Simulink 软件平台上，通过 Simulink 的仿真模块搭建所需实现的整个控制系统，通过仿真分析验证所设计的控制算法的正确性。之后，使用 XSG 提供的 Xilinx Blockset 库的模块搭建控制算法模型以代替前一步 Simulink 仿真的控制算法部分。Xilinx Blockset 库包含数学运算、通信和数字信号处理等模块，可以加速算法模型的搭建，并且其所提供的 System Generator 模块可用于设计的时序收敛分析、资源消耗分析以及硬件协同仿真验证。在进行设计的板级验证时，可通过 System Generator 模块选择所使用的 FPGA 芯片型号，生成可进行硬件协同仿真的模块，并通过 FPGA 与 PC 间的数据交换在 MATLAB/Simulink 软件平台上实现对控制算法在 FPGA 开发板上的板级验证。最后，将调试验证完成的 FPGA 应用于实际控制系统进行实验测试。

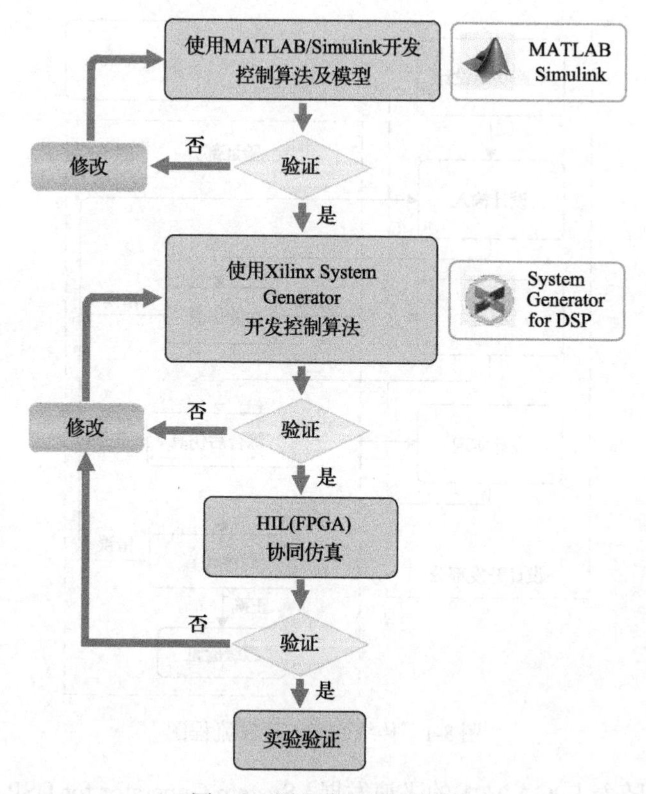

图 8-2　图形化开发流程图

采用图形化建模的 FPGA 开发方法，在建模时可根据需求配置任意精度的定点数，当数据饱和或溢出时，仿真软件也会给予告警和指示。Xilinx Blockset 库提供了丰富的模块，如坐标旋转数字计算机(coordinate rotation digital computer, CORDIC)算法模块、计数器模块和定浮点数转换模块等，使得开发的流程大大缩短。因此以图形化建模的开发方式代替传统的采用硬件描述语言的开发方式，可免去编写代码的需要，提高了设计调试和验证的效率，极大地降低了开发人员的工作量。

8.2　基于图形化建模的模型预测转矩控制开发

为了在 FPGA 上实现 MPTC，需要将预测模型和磁链观测模型离散化。预测模型和磁链观测模型可通过如下的状态方程表达式表示：

$$\dot{x} = A(t) \cdot x + b(t) \cdot u \tag{8-1}$$

式中，$\dot{x} = \left[\frac{\mathrm{d}x_1}{\mathrm{d}t}, \frac{\mathrm{d}x_2}{\mathrm{d}t}, \cdots, \frac{\mathrm{d}x_n}{\mathrm{d}t}\right]$ 为状态变量导数的矢量形式；$A(t)$ 为状态矩阵；$b(t)$ 为输入矩阵；u 为输入矢量。

根据前向欧拉公式，状态变量的导数可表示为

$$\dot{x} = [x(k+1) - x(k)] / T_{\mathrm{s}} \tag{8-2}$$

将式(8-2)代入式(8-1)可得如下的状态方程的离散化表达式：

$$x(k+1) = x(k) + T_{\mathrm{s}} \cdot A(k) \cdot x + T_{\mathrm{s}} \cdot b(k) \cdot u \tag{8-3}$$

通过简化式(8-3)可得

$$x(k+1) = x(k) + \tilde{A}(k) \cdot x + \tilde{b} \tag{8-4}$$

式中，$\tilde{A}(k) = T_{\mathrm{s}} \cdot A(k)$；$\tilde{b} = T_{\mathrm{s}} \cdot b(k)$ 为状态矩阵；式(8-4)可由图 8-3 的状态方程的离散化模型框图表示，图中 z^{-1} 表示延时一个采样周期。

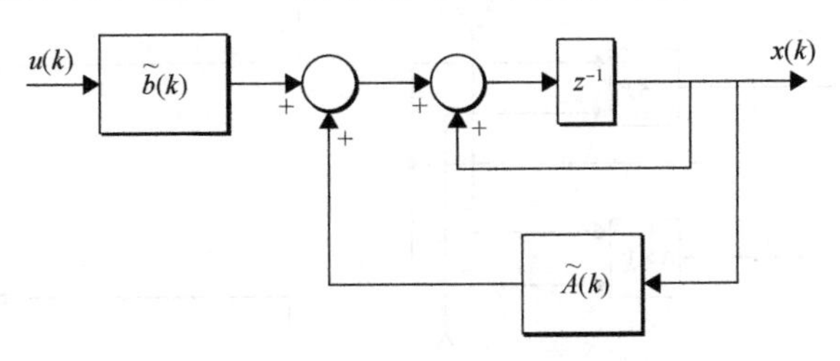

图 8-3　状态方程的离散化模型框图

由第 2 章可知 MPTC 由三部分组成，分别为磁链观测器、PI 控制器和预测转矩控制部分。

在本书中，磁链观测器采用转子磁链观测器。根据文献[11]，鼠笼式感应电机定转子动态等效方程为

$$\psi_{\mathrm{r}} + \tau_{\mathrm{r}} \frac{\mathrm{d}\psi_{\mathrm{r}}}{\mathrm{d}t} = -\mathrm{j}(\omega_{\mathrm{k}} - \omega)\tau_{\mathrm{r}}\psi_{\mathrm{r}} + L_{\mathrm{m}} i_{\mathrm{s}} \tag{8-5}$$

$$\psi_{\mathrm{s}} = k_{\mathrm{r}}\psi_{\mathrm{r}} + \sigma L_{\mathrm{s}} i_{\mathrm{s}} \tag{8-6}$$

将定转子动态等效方程的磁链矢量转化为在 αβ 坐标轴下的表达式，再通过前向欧拉公式离散化可得

$$\begin{cases}\psi_{r\alpha}(k+1)=\left(1-\dfrac{T_s}{\tau_r}\right)\psi_{r\alpha}(k)-\omega\tau_r\psi_{r\beta}+L_m i_{s\alpha}\\ \psi_{r\beta}(k+1)=\left(1-\dfrac{T_s}{\tau_r}\right)\psi_{r\beta}(k)+\omega\tau_r\psi_{r\alpha}+L_m i_{s\beta}\end{cases}\tag{8-7}$$

$$\begin{cases}\psi_{s\alpha}(k+1)=k_r\psi_{r\alpha}(k)+\sigma L_s i_{s\alpha}\\ \psi_{s\beta}(k+1)=k_r\psi_{r\beta}(k)+\sigma L_s i_{s\beta}\end{cases}\tag{8-8}$$

根据图 8-3，可将式(8-7)、式(8-8)通过 Xilinx Blockset 提供的图形化运算模块搭建出所需的转子磁链观测器模型，如图 8-4 所示。

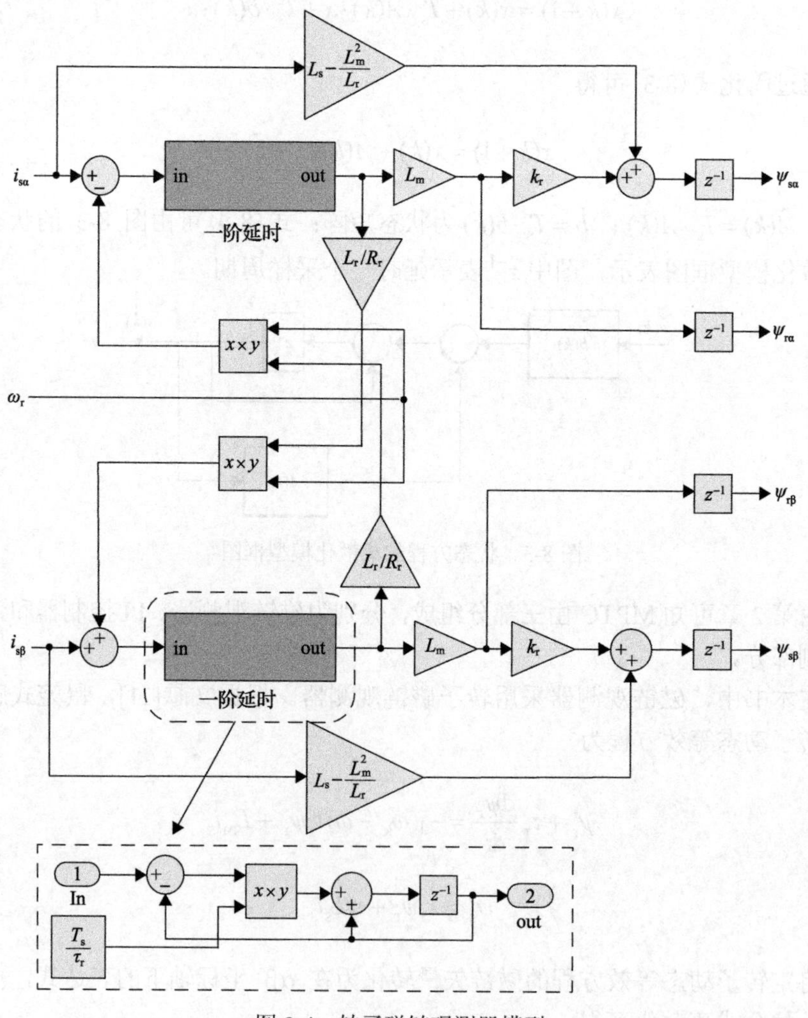

图 8-4　转子磁链观测器模型

同理可搭建 PTC 的模型，其模块组成如图 8-5 所示。基于 XSG 的 PTC 模型由循环控制模块、定子磁链预测模块、定子电流预测模块、Cordic 运算模块、转矩预测模块、代价函数模块、锁存模块和优选输出模块构成。

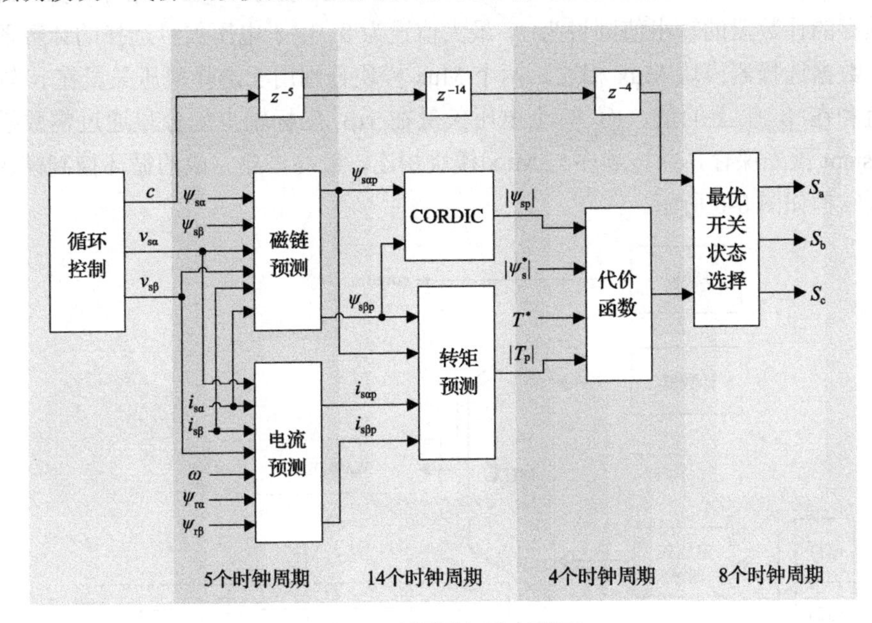

图 8-5　预测转矩控制模型

为了实现对 PTC 部分的计算加速，在设计上使用并行计算和流水线技术[12,13]。将部分可同时进行运算的模块(如磁链预测模块和电流预测模块)设计为并行运算，并通过流水线技术使两者的结果同时输出，这样计算第一个电压矢量的计算时间只需消耗 24 个时钟周期。同时，因为使用了流水线技术，使得计算下一个电压矢量的代价函数值只需要再经过 1 个时钟周期。因此，计算两电平逆变器的 8 个电压矢量最少需要 31 个时钟周期。当 FPGA 芯片的系统时钟频率为 100MHz 时，计算两电平逆变器只需 310ns。

对于传统的硬件编程语言如 Verilog，当使用 for 循环语句时，算法为并行结构，即将单次循环的电路复制循环次数个，会耗费大量的硬件资源[14]。而本章所提出的设计方法能在保证高速运算的基础上，极大地减少了 FPGA 芯片硬件资源的使用量，提高了硬件资源利用率。同时，因为采用了流水线的设计方法，降低了硬件电路间的传播延时，并且使系统可运行在较高的工作频率，又进一步地提高了计算速度。

为了减少 for 循环消耗的硬件资源，需要通过循环控制模块每隔一个时钟周期输出 αβ 坐标轴下的电压矢量值。首先构建两个计数器模块，一个用于选择所需输出的电压矢量值，另一个计数器直接输出用于之后的代价函数计算结果的锁存。通过配置计数器模块参数，将用于输出电压矢量值的计数器的初始值设为 0，每隔一个时钟周期计数器增加量为 1，计数器最大值设为 7，实现循环计数，而用于锁存的计数器的输出值则设为 1，最大值设为 8。用于电压矢量选择的计数器与两个数据选择器模块 Mux 相连，两个 Mux 模块分别用于选择电压矢量在 α 轴上的值和在 β 轴上的值，而 8 个电压矢量在 αβ 坐标轴上的分量通过常数模块 Constant 预先保存，并按顺序与 Mux 模块相连。最终搭建完成的循环控制模块的模型结构如图 8-6 所示。

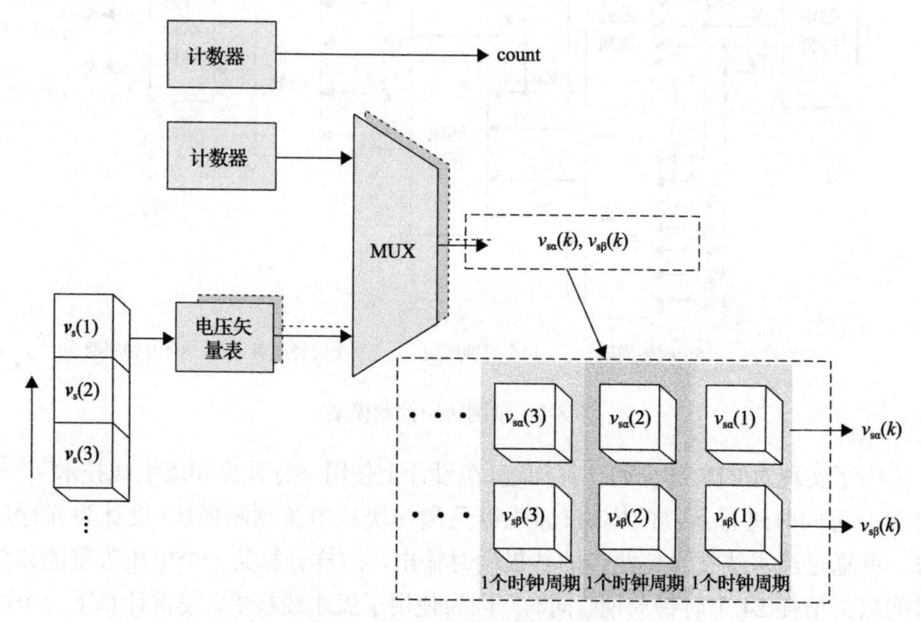

图 8-6　循环控制模块的模型结构

由第 2 章可得定子磁链的预测表达式为

$$\psi_{\mathrm{sp}}(k+1)=\psi_{\mathrm{s}}(k)+T_{\mathrm{s}}v_{\mathrm{s}}(k)-R_{\mathrm{s}}T_{\mathrm{s}}i_{\mathrm{s}}(k) \tag{8-9}$$

通过将式(8-9)转化为在 αβ 坐标轴下的表达式可得

$$\begin{cases}\psi_{\mathrm{sp\_\alpha}}(k+1)=\psi_{\mathrm{s\alpha}}(k)+T_{\mathrm{s}}v_{\mathrm{s\alpha}}(k)-R_{\mathrm{s}}T_{\mathrm{s}}i_{\mathrm{s\alpha}}(k)\\ \psi_{\mathrm{sp\_\beta}}(k+1)=\psi_{\mathrm{s\beta}}(k)+T_{\mathrm{s}}v_{\mathrm{s\beta}}(k)-R_{\mathrm{s}}T_{\mathrm{s}}i_{\mathrm{s\beta}}(k)\end{cases} \tag{8-10}$$

由于 PTC 的数据处理过程是单向的，没有迭代和反馈运算，磁链和电流预测模块的输出结果即可作为定子磁链幅值计算模块和电磁转矩预测值计算模块的输入。同时，由式(8-10)可知定子磁链在 α 轴和 β 轴上分量的计算是可同时进行的。因此可以采用流水线设计来提高系统的时钟频率，通过并行计算实现计算加速。

为了实现流水线设计，需要在各运算路径间插入寄存器模块。根据式(8-10)搭建的定子磁链预测模型，如图 8-7 所示。图 8-7 中的 z^{-1} 为寄存器模块，通过在各个运算模块间插入寄存器用于存储运算过程中的中间数据，将一整个大的逻辑电路分割成多个小块的逻辑电路，从而降低了时钟信号通过各逻辑电路的延时，提高了系统的最大运行时钟频率。

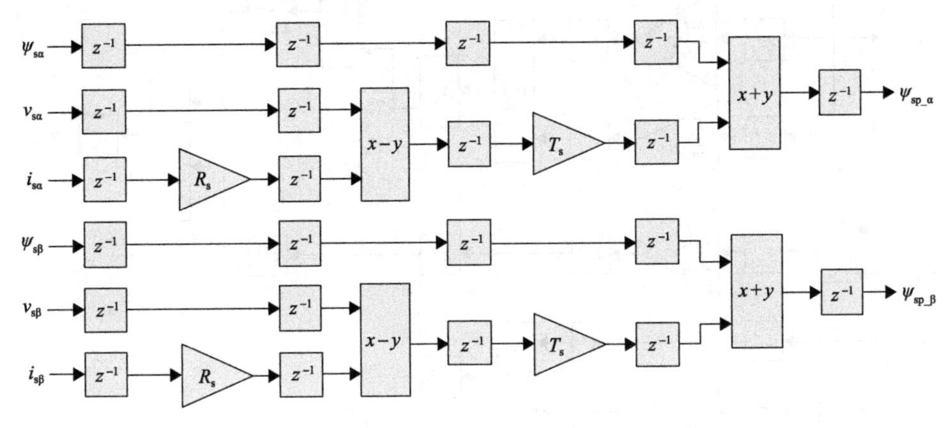

图 8-7　定子磁链预测模型

同理，由第 2 章可得定子电流的预测表达式为

$$i_{\mathrm{sp}}(k+1)=\left(1-\frac{T_{\mathrm{s}}}{\tau_{\sigma}}\right)i_{\mathrm{s}}(k)+\frac{T_{\mathrm{s}}}{\tau_{\sigma}}\frac{1}{R_{\sigma}}\times\left[k_{\mathrm{r}}\left(\frac{1}{\tau_{\mathrm{r}}}-\mathrm{j}\omega(k)\right)\psi_{\mathrm{r}}(k)+v_{\mathrm{s}}(k)\right] \tag{8-11}$$

通过将式(8-11)转化为在 αβ 坐标轴下的表达式可得

$$\begin{cases} i_{\mathrm{sp\_\alpha}}(k+1)=\left(1-\dfrac{T_{\mathrm{s}}}{\tau_{\sigma}}\right)i_{\mathrm{s\alpha}}(k)+\dfrac{k_{\mathrm{r}}T_{\mathrm{s}}}{R_{\sigma}\tau_{\sigma}\tau_{\mathrm{r}}}\psi_{\mathrm{r\alpha}}(k) \\ \qquad +\dfrac{k_{\mathrm{r}}T_{\mathrm{s}}}{R_{\sigma}\tau_{\sigma}}\omega(k)\psi_{\mathrm{s\beta}}(k)+\dfrac{T_{\mathrm{s}}}{R_{\sigma}\tau_{\sigma}}v_{\mathrm{s\alpha}}(k) \\ i_{\mathrm{sp\_\beta}}(k+1)=\left(1-\dfrac{T_{\mathrm{s}}}{\tau_{\sigma}}\right)i_{\mathrm{s\beta}}(k)+\dfrac{k_{\mathrm{r}}T_{\mathrm{s}}}{R_{\sigma}\tau_{\sigma}\tau_{\mathrm{r}}}\times\psi_{\mathrm{r\beta}}(k) \\ \qquad -\dfrac{k_{\mathrm{r}}T_{\mathrm{s}}}{R_{\sigma}\tau_{\sigma}}\omega(k)\psi_{\mathrm{s\alpha}}(k)+\dfrac{T_{\mathrm{s}}}{R_{\sigma}\tau_{\sigma}}v_{\mathrm{s\beta}}(k) \end{cases} \tag{8-12}$$

因此，可以根据式(8-12)搭建出定子电流的预测模型，如图 8-8 所示。从图 8-7

和图 8-8 中可看出各模块关键路径的寄存器模块使用量都为 5 个，一个寄存器模块等同于一个时钟周期的延时，则计算定子磁链预测值和定子电流预测值共耗时 5 个时钟周期。

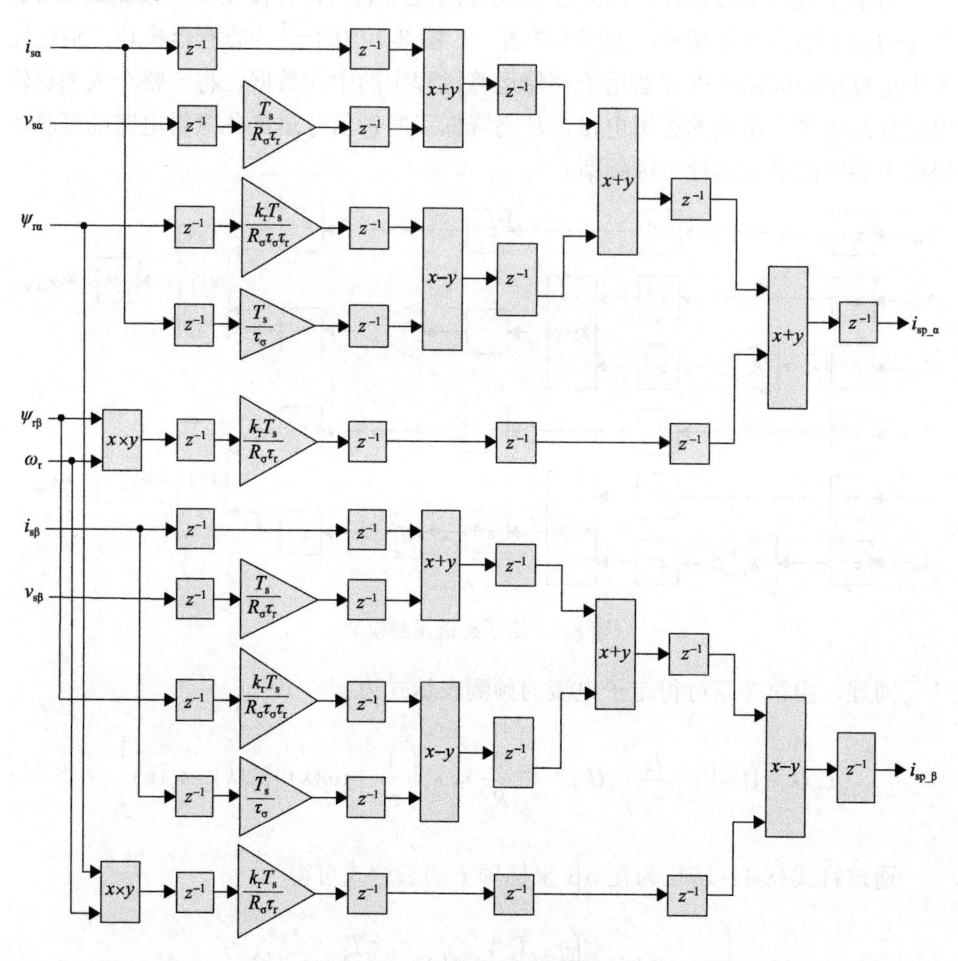

图 8-8　定子电流预测模型

由于 FPGA 采取的为硬件编程，在计算反三角函数时相较于软件编程的难度较大。同时为了节约硬件资源和优化时序，FPGA 的设计一般只使用逻辑运算和加减运算。因此，本书采用 CORDIC 算法实现定子磁链的幅值的计算。

CORDIC 算法是由 Volder 于 1957 年所提出的，用以解决当时大型计算机因硬件资源不足难以实现移位相加的问题。相对于查表法，该算法耗时较长但极大地节约了硬件资源，其只需通过简单的移位和加法运算就能实现计算三角函数、反三角函数和开方等[15,16]。在本书中，为了提高系统最大时钟频率，CORDIC 算法也采用流水线结构，计算的总耗时为 14 个时钟周期。

直接根据电磁转矩表达式和代价函数表达式则可搭建出电磁转矩预测模型和代价函数计算模型，其模型如图 8-9 和图 8-10 所示。为了让电磁转矩预测模型与 CORDIC 算法模块的计算时间相同从而实现并行运算，通过增加延时模块使预测转矩模块的计算时间增加大到 14 个时钟周期。同样，为了使算法计算消耗的总时钟周期数与采样周期匹配，需要在代价函数模块输出侧添加延时模块，延时时间需根据采样周期进行调整。

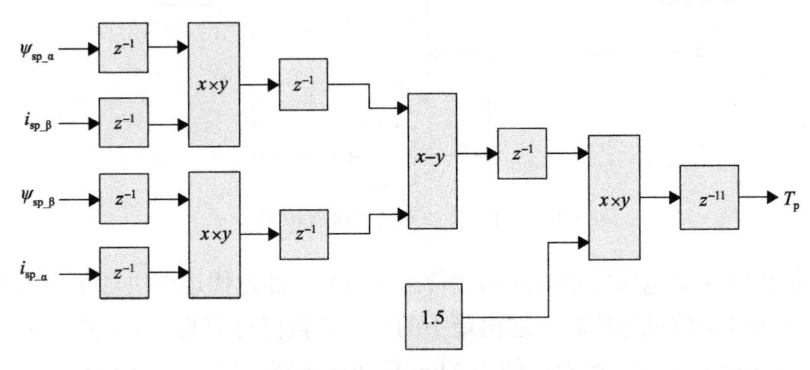

图 8-9　电磁转矩预测模型

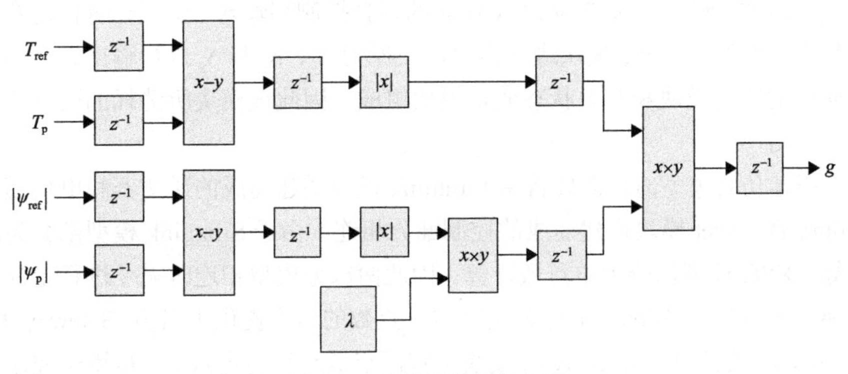

图 8-10　代价函数计算模型

在完成代价函数结果的计算后，通过锁存模块将 8 个电压矢量计算获得的代价函数值计算结果锁存并输出。由于 8 个电压矢量的计算时间存在延时，第一个电压矢量与最后一个电压矢量之间相差 7 个时钟周期，因此为了实现 8 个电压矢量对应的代价函数计算结果同时输出，需要在前 7 个锁存结果输出部分添加延时模块。

图 8-11 为第一个电压矢量的代价函数计算结果锁存模型，其通过 Relational 比较模块将循环控制模块输出的电压矢量编号与 Constant 常数模块进行比较，当编号相同时，用当前输入的代价函数值更新对应的代价函数输出值。对于其他电压矢量的锁存模型，只需根据时序差减小延时模块延时和更改用于判定是否需要

锁存更新结果的常数模块即可。最后通过将锁存模块输出的由 8 个电压矢量计算获得的代价函数结果作为优选和开关状态输出模块的输入。

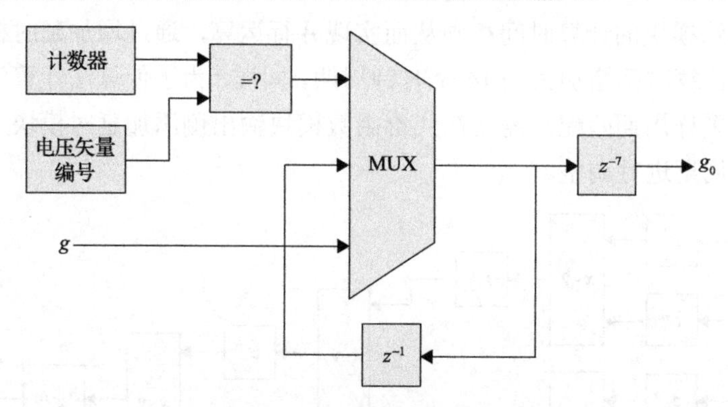

图 8-11　代价函数值锁存模型

在计算完 8 个电压矢量对应的代价函数值后，通过优选模块对 8 个电压矢量对应的代价函数值进行比较，选出最小的代价函数值对应的开关状态。S_a、S_b 和 S_c 通过 Concat 模块组成数组，作为 Mux 模块的选择项输入。Relational 模块用于比较代价函数，输出结果作为 Mux 模块的选择控制端输入。最后，将优选获得的开关状态数组通过 Slice 模块进行拆解，还原为 S_a、S_b 和 S_c 进行输出。这部分模块由简单的比较模块和开关状态变量模块组成，因此该模块所消耗的硬件资源极少，可忽略不计。

在搭建仿真模型时，需要将由 Simulink 模块搭建而成的逆变器和电机模型与由 Xilinx Blockset 模块搭建而成的控制部分相连。由于 Simulink 模型部分为浮点数计算，XSG 模型部分为定点数计算。因此两部分模型相连时需要进行定浮点数的转换，而 Xilinx Blockset 库为实现定浮点数的转换提供了名为 Gateway In 和 Gateway Out 的模块。Gateway In 模块可将浮点数转换为定点数，被用于控制部分的转速给定值输入、定子磁链幅值给定值输入、电机定子电流采样和电机转速采样的数据类型转换。Gateway In 模块的采样时间对应的为 FPGA 的系统时钟周期，并且可设置输入的浮点数变量转化为定点数后的定点数总位数和小数位位数。Gateway Out 模块可将定点数转换为浮点数，被用于控制模型部分输出 S_a、S_b 和 S_c 开关状态的数据类型转换。

同时，由于磁链观测器模型输出的定转子磁链估计值作为模型预测控制模型的输入。而为了提高磁链观测器输出的磁链估计精度，磁链观测器模型将不采用流水线设计，因此磁链观测器模型的最大系统时钟频率要低于模型预测控制模块的最大系统时钟频率，但仍要远高于模型预测控制的采样频率。为了模型预测设置获取磁链观测器模型输出的定转子磁链值的采样频率，并提高系统的时钟频率以匹配其他输入端口的系统的时钟频率，需要使用 Xilinx Blockset 库的增大和减小采样频率模块。首先将磁链观测器输出端口与 Down Sample 模块相连，使输出信号频率降低到所需的采样频率，再与 Up Sample 模块相连将输入的信号频率提高到模型预测控制模块的系统时钟频率。

8.3 仿真结果比较分析与基于 FPGA 的硬件协同仿真

为了验证本章所设计的基于 FPGA 的控制算法的正确性，首先需要将由 XSG 模块搭建而成的仿真模型的仿真结果与由 Simulink 模块搭建而成的理想仿真模型仿真结果进行比较分析，之后再通过硬件协同仿真实现对控制算法设计的板级验证。

感应电机的仿真参数如表 8-1 所示。电机转子给定角速度为 150rad/s，在 0.7s 时施加 10N·m 的负载转矩，仿真时间为 1.2s。

表 8-1 感应电机的仿真参数

参数	符号	数值
直流电压	V_{dc}	520V
定子电阻	R_s	1.2Ω
转子电阻	R_r	1.0Ω
励磁电感	L_m	170mH
定子电感	L_s	175mH
转子电感	L_r	175mH
转动惯量	J	$0.062kg/m^2$
极对数	p	1
电机额定电压	V_n	380V

表 8-2 为由 XSG 模块搭建控制算法部分的仿真模型各部分的采样周期与仿真步长。考虑到计算机 CPU 主频和内存大小的限制，如将仿真模型的仿真系统步长和 FPGA 系统时钟对应的仿真系统步长都设置为 10ns（对应本设计最大可运行的系统时钟频率），则每次仿真将消耗十几小时。因此为了减少仿真时间，仿真模型的仿真步长和 FPGA 系统时钟对应的仿真系统步长都设置为 100ns。在这种情况下，PTC 在 FPGA 上的计算耗时为 4μs，PTC 的采样周期为 40μs，开关状态输出相较采样周期存在 10%的延迟。对于由纯 Simulink 模块搭建而成的仿真模型，

其仿真系统步长为 10μs，磁链观测器的采样周期为 40μs，其他与 XSG 仿真模型相同。

表 8-2 XSG 仿真模型各部分步长

参数	数值/s
电机模型仿真步长	10^{-5}
PI 控制采样周期	0.002
PTC 采样周期	4×10^{-5}
磁链观测器采样周期	2×10^{-5}
FPGA 系统时钟步长	10^{-7}
仿真系统步长	10^{-7}

8.3.1 仿真结果比较分析

由第 5 章可知，Simulink 仿真使基于感应电机的 MPTC 仿真的开关状态输出是无计算延时的，即当前时刻采样，当前时刻就计算完毕并应用计算获得的开关状态，是最为理想的情况。在实际数字控制系统中，当采用 DSP 或 Real-Time 控制系统实现的 PTC 时，一般将计算获得的开关状态结果在下一个采样周期应用。而当采用 FPGA 实现 PTC 时，由于每次的计算耗时可设计为固定的。因此，计算获得的开关状态可在计算完成后直接应用，并且由于采用并行计算 FPGA 可大大降低控制算法的计算时间，当计算时间远小于采样周期时，其控制效果可接近理想仿真结果。

图 8-12 为理想仿真模型与 XSG 仿真模型的感应电机三相电流仿真波形结果。从图 8-12 中可看出，有计算延迟的 XSG 仿真模型与理想仿真模型在整个仿真时间内的电流波形无明显区别。当放大电机启动电流部分的波形进行比较时，可发现电流纹波存在细微的差别。

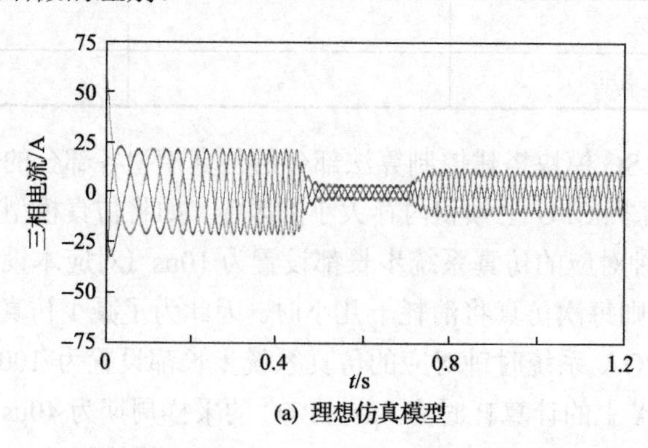

(a) 理想仿真模型

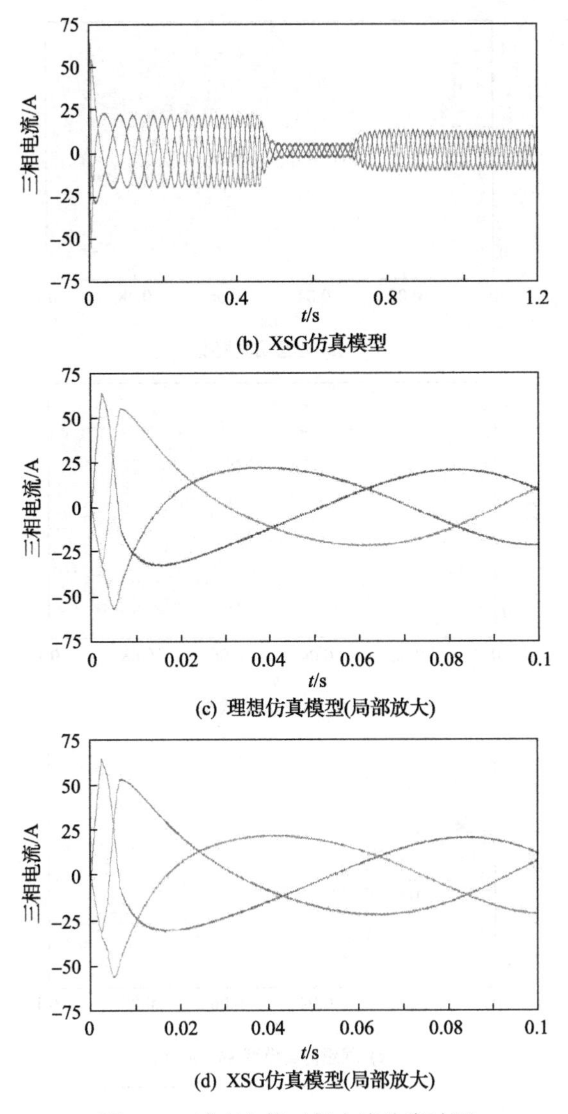

图 8-12　感应电机三相电流仿真波形

图 8-13 为理想仿真模型与 XSG 仿真模型的逆变器开关状态 Sa 的仿真波形结果。相较于电流波形，从图 8-13(a)、(b) 中可明显看出，两者输出的开关状态波形存在差异。当放大开关状态波形时，可清晰地看出开关状态波形的不同，并且相较于理想模型的开关状态起始时刻直接输出为 1，XSG 仿真模型输出波形存在一个延迟，延迟时间为 4μs，与 FPGA 的理论计算时间相同。

图 8-14 为理想仿真模型与 XSG 仿真模型的电磁转矩与定子磁链幅值仿真波形结果。比较电磁转矩波形，可看出两者的波形轨迹无明显差别，但带有延迟的

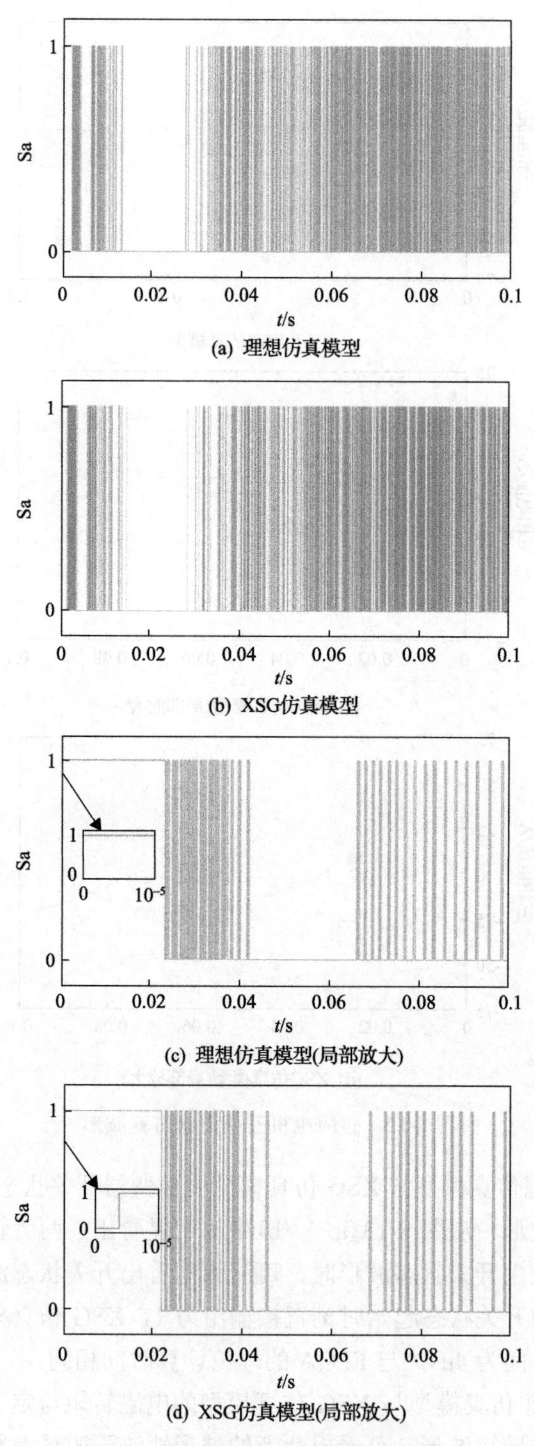

图 8-13　开关状态 Sa 的仿真波形结果

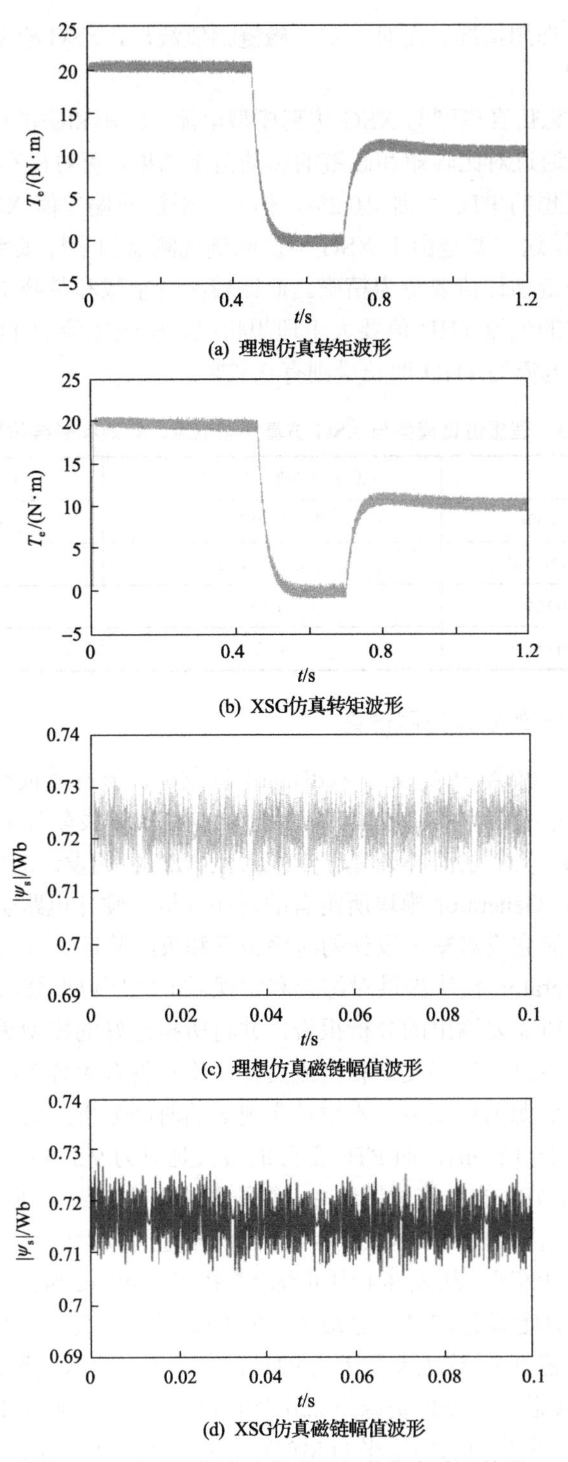

图 8-14　电磁转矩和定子磁链幅值仿真波形结果

转矩脉动要大于理想情况。而对于定子磁链幅值波形，XSG 模型的仿真结果要明显优于理想模型。

表 8-3 为理想仿真模型与 XSG 仿真模型电流、转矩和磁链仿真结果。在 10%的延迟比率下，通过对比转矩和磁链的脉动范围结果，可看出存在延时的 PTC 的转矩脉动要比理想的 PTC 增加 10.2%，但定子磁链的偏差值 XSG 仿真模型要好于理想仿真模型，这主要是由于 XSG 模型磁链观测器的采样频率要高于理想仿真模型，因此其磁链估计值要更为精确。而比较两者空载和带载电流的 THD 值时，可看出引入延迟的电流 THD 值要大于理想状况，空载电流的 THD 增长量很小只有 0.03%，带载电流的 THD 增长量则有 0.52%。

表 8-3　理想仿真模型与 XSG 仿真模型电流、转矩和磁链仿真结果

参数	无延迟的理想仿真模型	有延迟的仿真模型
磁链脉动范围/Wb	0.712～0.733	0.706～0725
转矩脉动范围/(N·m)	9.336～10.86	9.27～11.07
空载电流 THD/%	11.34	11.37
带载电流 THD/%	4.13	4.65

8.3.2　基于 FPGA 的硬件协同仿真

本章采用的 FPGA 开发板为 ZedBoard 开发板，该开发板是一款基于 Xilinx 公司 Zynq-7000 系列芯片的低成本开发板[17]。使用的开发软件为 MATLAB 2016b 和 Vivado 2017.4。为了验证本章基于 FPGA 的 MPTC 的设计的可行性和正确性，需要采用 System Generator 模块所附有的时序分析、硬件电路资源消耗分析和硬件协同仿真等功能完成对整个设计的时序仿真和板级验证。

System Generator 模块提供对综合和实现后的时序以及资源消耗进行分析的功能。当设置好所需要输出的分析报告，并将所搭建好的模型编译生成为可用于 FPGA 的硬件描述语言代码文件和位流文件，将获得有关各个模块的时序分析报告或 FPGA 硬件资源消耗报告。本设计实现后的时序分析结果显示最大的延时为磁链观测器，为 18.1279ns，而 PTC 部分的最大延时为 9.324ns。因此，磁链观测器的可运行在 50MHz 的系统时钟频率，而预测转矩控制部分则可运行在 100MHz 的系统时钟频率，符合设计要求。表 8-4 为将所搭建的模型的在 Xilinx Zynq FPGA 上的硬件资源使用情况。从表 8-4 中可看出查找表(lookuptable，LUT)、DSP 模块和寄存器资源的消耗都是 PTC 部分最多，但 PTC 部分消耗的寄存器要远大于磁链观测器和 PI 控制器部分，这主要是因为 PTC 部分采用了流水线设计。对于 ZedBoard 开发板，其 FPGA 芯片总硬件资源为 220 个 DSP 资源、53200 个 LUT 和 106400 个寄存器。因此本章所提出的两电平的 MPTC 设计只消耗了其 9.2%的 LUT、8.6%的

DSP 和 2.3%的寄存器资源，而当将本设计方案扩展到三电平、五电平、七电平甚至更高电平时，由于其只需修改循环控制模块、锁存模块和优选模块即可，因此总消耗硬件资源的增加量很少，并且相较于其他文献所消耗资源接近[18-20]。

表 8-4　Xilinx Zynq FPGA 硬件资源使用情况表

控制器	硬件		
	LUT	DSP	寄存器
磁链观测器	781	6	56
PI 控制器	1648	1	65
PTC	2468	12	2414

在时序分析通过后，需要通过硬件协同仿真对设计进行板级验证。硬件协同仿真的原理示意图如图 8-15 所示，通过将采用 Xilinx Blockset 库提供的模块所搭建的模型预测转矩控制算法转换生成可在 FPGA 上执行的流文件，而逆变器以及感应电机仍采用的是 MATLAB/Simulink 软件搭建的仿真模型，即控制算法部分在 FPGA 上进行执行，负载模型在 PC 上运行。通过硬件在环的半实物仿真对控制算法部分的设计进行验证。为了实现 PC 与 FPGA 间的通信，需要通过 micro-USB 线连接 FPGA 的 JTAG 接口以及 PC 的 USB 接口，并要在 System Generator 模块中选择对应的开发板型号，本章选择的为 ZedBoard Zynq Evaluation and Development Kit，同时还要将编译生成的文件类型设置为 Hardware Co-simulation 和 JTAG 接口通信，这样将可生成具备通信模块的硬件协同仿真模块。生成的协同仿真模块如图 8-16 所示。图 8-17 为转速波形比较。

图 8-18 为 XSG 仿真与硬件在环仿真的电机三相定子电流波形比较结果。从图 8-18 中可看出，电机定子三相电流波形都符合预期，在电机启动瞬间，启动电流较大，之后减小到正常运行电流范围内。考虑到在实际运行中需要对电机启动

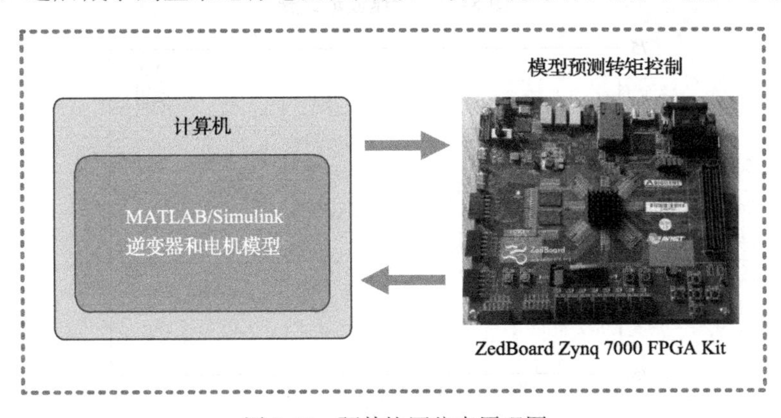

图 8-15　硬件协同仿真原理图

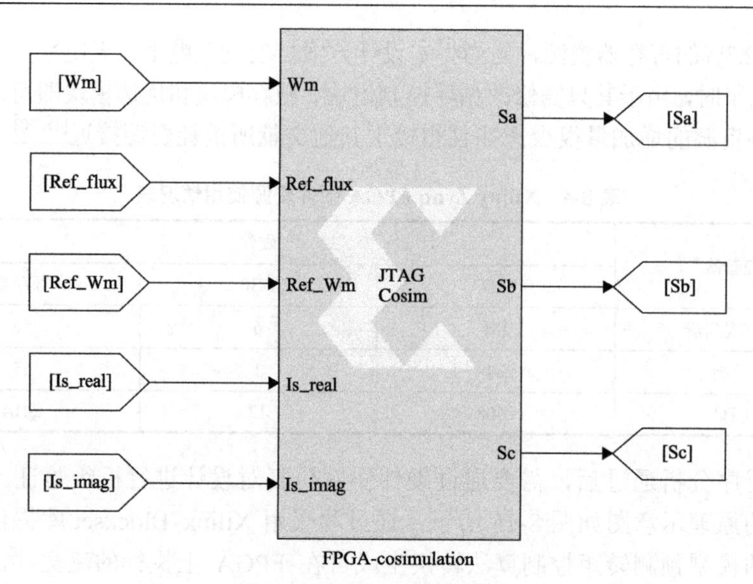

图 8-16　硬件协同仿真模块

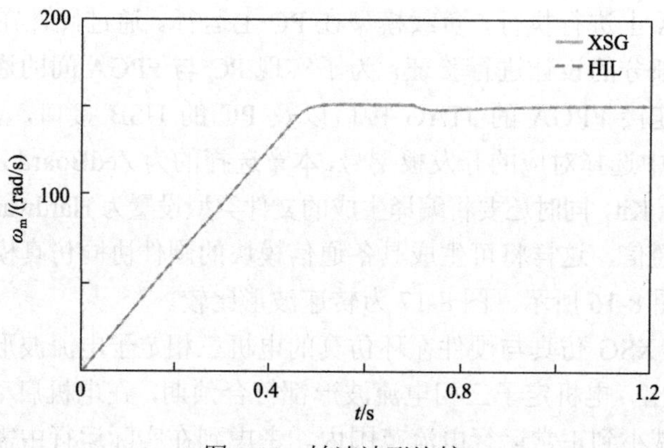

图 8-17　转速波形比较

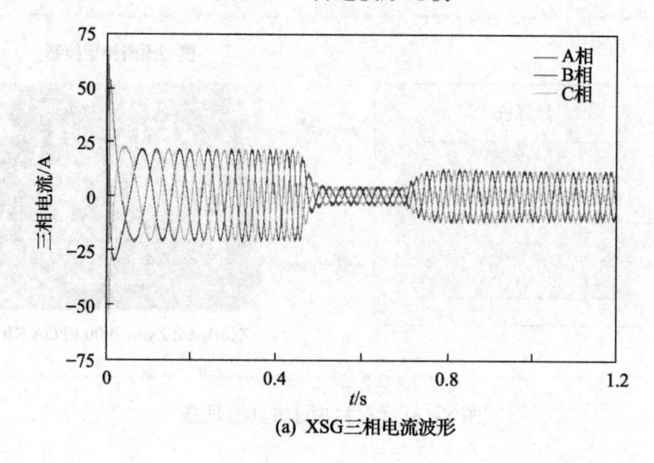

(a) XSG三相电流波形

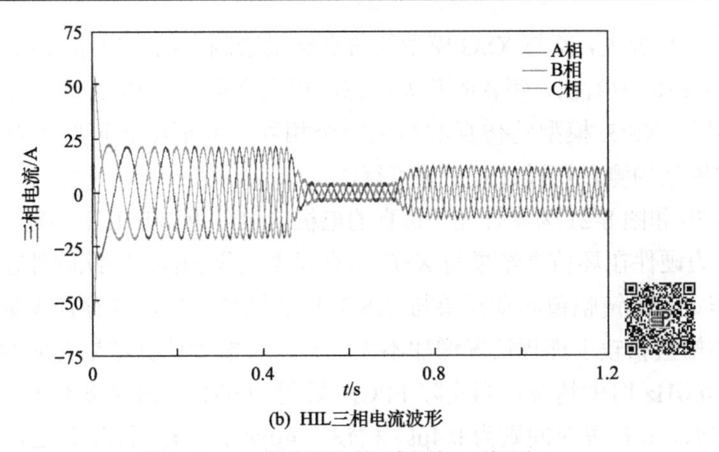

(b) HIL三相电流波形

图 8-18　电流波形比较(彩图扫二维码)

电流进行抑制，可通过在代价函数部分增加启动电流限制函数予以解决，即当预测电流值大于设定的最大运行电流时，代价函数在原来的基础上增加一个较大的数值，从而避免在电机启动时，输出使定子电流过大的开关状态。

图 8-19(a)为硬件在环仿真的逆变器开关 Sa 开关状态波形输出结果。将 Sa

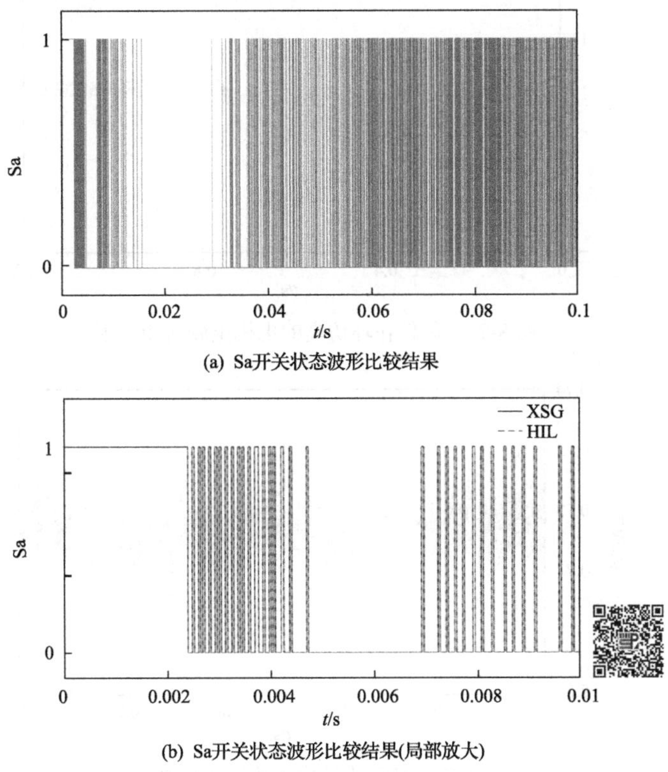

(a) Sa开关状态波形比较结果

(b) Sa开关状态波形比较结果(局部放大)

图 8-19　Sa 开关状态波形(彩图扫二维码)

开关状态波形放大，并与 XSG 模型的仿真结果绘制在同一坐标系下进行比较，可以从图 5-19(b) 中看出，两者的开关状态波形完全重合。因此，可得出硬件协同仿真的结果与 XSG 模型的仿真的结果完全相同，验证结果证明本章所提出基于 FPGA 的模型预测转矩设计是正确可行的。

图 8-20 和图 8-21 为硬件在环仿真的电机电磁转矩和 HIL 下的定子磁链幅值波形图。因为硬件在环仿真结果与 XSG 仿真模型结果相同，因此硬件在环仿真的电磁转矩和定子磁链幅值脉动结果与 XSG 仿真模型相同，在存在少量延时的状况下，脉动幅值相较于理想情况增加不大。并且考虑到仿真结果对应的为系统时钟频率为 10MHz 时的情况，当实际 FPGA 采用 100MHz 时钟频率进行预测转矩控制的计算时，其计算时间则为 0.4μs，相较于 40μs 的采样周期，延迟比率仅为 1%。其转矩脉动和定子磁链偏差相较于 10MHz 的时钟频率将进一步减小，因而其控制性能将更为优异，延迟的影响几乎可以忽略，因此在两电平的情况下的结果几乎可视为理想情况。

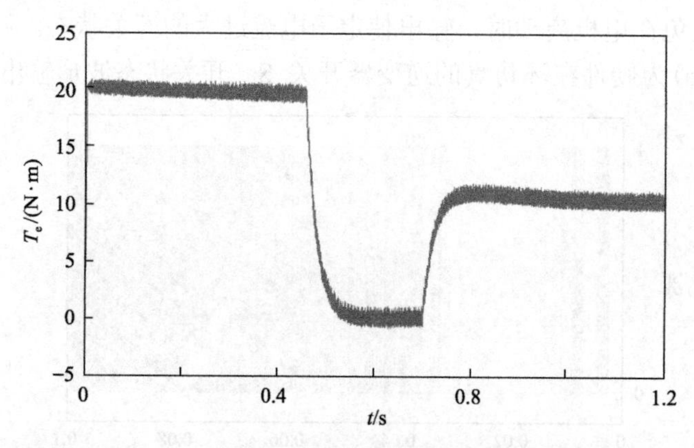

图 8-20　硬件在环仿真的电机电磁转矩波形

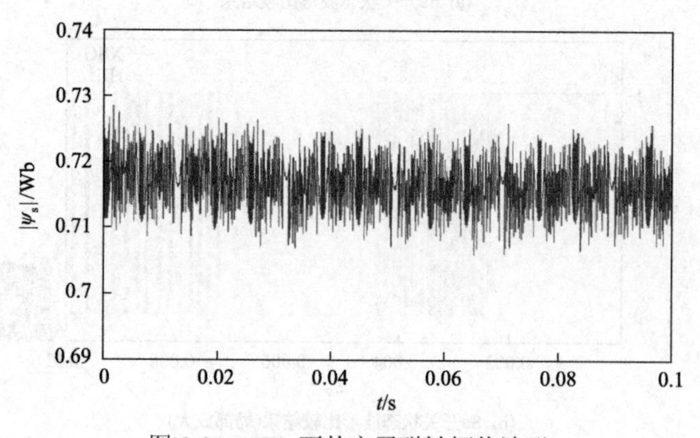

图 8-21　HIL 下的定子磁链幅值波形

8.4　本 章 小 结

本章通过图形化建模的开发方法实现了基于 FPGA 的感应电机模型预测转矩控制。通过利用 FPGA 的并行计算和流水线技术解决了传统顺序执行的数字控制器计算速度较慢的问题。同时，本章通过 XSG 实现了 FPGA 控制算法的快速开发，并通过硬件协同仿真对设计的控制算法进行了验证。结果显示，本章所设计的 FPGA 控制器符合需求，从时序分析结果和仿真结果可看出 FPGA 控制器的计算时间远小于常用的 DSP 芯片。资源消耗分析结果显示本设计方案能高效地利用硬件资源，占用资源少。如需对 MPTC 进行改进或应用于不同电平的逆变器，只需要在原有设计上进行更改即可，并且所需的硬件资源量不大。

参 考 文 献

[1] Habibullah M, Lu D C, Xiao D, et al. Predictive torque control of induction motor sensorless drive fed by a 3L-NPC inverter[J]. IEEE Transactions on Industrial Informatics, 2017, 13(1): 60-70.

[2] 刘健, 张号, 曾华, 等. 基于 FPGA 技术的三电平自然采样 SPWM 全数字化理论研究与实现[J]. 中国电机工程学报, 2017(5): 1498-1506.

[3] 吴瑕杰, 方辉, 宋文胜, 等. 一种基于 DSP-FPGA 的辅助逆变器核心控制系统[J]. 电机与控制学报, 2015, 19(5): 58-66.

[4] 刘东, 黄进, 陈高, 等. FPGA 在大功率多相变频调速系统中的应用[J]. 电机与控制学报, 2010, 14(6): 51-55.

[5] 吴瑕杰, 宋文胜, 冯晓云. 一种在线计算多模式空间矢量调制算法及其 FPGA 实现[J]. 电工技术学报, 2016, 31(18): 124-133.

[6] 纪志成, 高春能, 吴定会. FPGA 数字信号处理设计教程：System Generator 入门与提高[M]. 西安: 西安电子科技大学出版社, 2008.

[7] Hartley E N, Maciejowski J M. Field programmable gate array based predictive control system for spacecraft rendezvous in elliptical orbits[J]. Optimal Control Applications and Methods, 2015, 36(5): 585-607.

[8] Hartley E N, Maciejowski J M. Field programmable gate array based predictive control system for spacecraft rendezvous in elliptical orbits[J]. Optimal Control Applications and Methods, 2015, 36(5): 585-607.

[9] 郭亮, 黄宏新, 成永红, 等. 嵌入式局部放电检测系统的数字滤波器设计[J]. 高电压技术, 2007, 33(8): 44-47.

[10] Mohammed A, Rachid E, Laamari H. High level FPGA modeling for image processing algorithms using xilinx system generator[J]. Wireless Networks, 2014, 5(6): 1-8.

[11] Jansen P L, Lorenz R D. A physically insightful approach to the design and accuracy assessment of flux observers for field oriented induction machine drives[J]. IEEE Transactions on Industry Applications, 2002, 30(1): 101-110.

[12] 王潇, 张炳达, 乔平. 一种面向微电网实时仿真的分块分层并行算法[J]. 电工技术学报, 2017, 32(7): 104-111.

[13] Sun W, Wirthlin M J, Neuendorffer S. FPGA pipeline synthesis design exploration using module selection and resource sharing[J]. IEEE Transactions on Computer-Aided Design of Integrated Circuits and Systems, 2007, 26(2): 254-265.

[14] Bhasker J. Verilog HDL 入门[M]. 北京: 北京航空航天大学出版社, 2008.

[15] Volder J E. The CORDIC trigonometric computing technique[J]. IEEE Transactions on Electronic Computers, 1959, EC-8(3): 330-334.

[16] Meher P K, Valls J, Juang T B, et al. 50 years of CORDIC: Algorithms, architectures, and applications[J]. IEEE Transactions on Circuits and Systems I Regular Papers, 2009, 56(9): 1893-1907.

[17] 符晓, 张国斌, 朱洪顺. Xilinx ZYNQ-7000 AP SoC 开发实战指南[M]. 北京: 清华大学出版社, 2016.

[18] Stellato B, Geyer T, Goulart P. High-speed finite control set model predictive control for power electronics[J]. IEEE Transactions on Power Electronics, 2015, 32(5): 4007-4020.

[19] Ma Z, Saeidi S, Kennel R. FPGA implementation of model predictive control with constant switching frequency for PMSM drives[J]. IEEE Transactions on Industrial Informatics, 2014, 10(4): 2055-2063.

[20] Geyer T, Quevedo D E. Multistep finite control set model predictive control for power electronics[J]. IEEE Transactions on Power Electronics, 2014, 29(12): 6836-6846.

第 9 章　实验结果与分析

实时控制系统是指对于被控对象的反馈或者输入的变化能够在可以接受的短时间内进行相应的调整和处理的系统。在很多领域尤其是工业领域，对于控制器的实时性即处理和作用的时间有着较高的要求，也就是要求控制系统是实时控制系统[1-3]。

Simulink Real-Time 是用标准 PC 来实现控制系统或 DSP 系统的快速原型开发、硬件在环测试和搭建实时控制系统的一体化解决方案[4-6]。用户只需安装相关软件、一个编译器和目标机即可。本章介绍了基于 Simulink Real-Time 的实时控制系统的搭建过程，并在该平台上完成模型预测控制策略的实验验证。

9.1　基于 Simulink Real-Time 的实时控制系统

本书实验基于美国 Mathworks 公司提供的一个 MATLAB Simulink Real-Time 实时开发环境工具箱进行控制系统的搭建，实现硬件在环实时控制[7-13]。采用 Simulink Real-Time 搭建的控制平台可以直接在已经建好的 Simulink 模型中进行开发，避免自主编写复杂的程序代码，系统开发方便，组建周期短[14-17]。

图 9-1 给出了基于 Simulink Real-Time 工具箱的实时控制系统结构示意图。该系统以三电平 NPC 逆变器为被控对象，以宿主机和目标机为控制平台。装有网络适配卡的宿主机和目标机之间通过 TCP/IP 协议进行网络通信，与串口通信相比，TCP/IP 通信的传输速率可达10Mbit/s，而串口通信仅有115200bit/s，其传输速度和稳定性大大提高了。宿主机可以采用安装有 Windows 7 系统的笔记本电脑或其他普通计算机，用于运行 MATLAB 软件、Simulink 仿真模型并生成可执行文件。目标机则通过启动盘加载和运行高度优化的 Simulink Real-Time 内核程序，然后在内核环境中执行宿主机运行 Simulink 时生成的代码。因此，目标机需要具有较好的运算能力，对处理器也有一定要求。常见的目标机有工控机或普通台式计算机。前者抗外界干扰能力较强、处理器性能好，但价格较为昂贵。由于实验条件的限制，本书实验控制系统中的宿主机和目标机均采用配有英特尔处理器的普通台式计算机。目标机利用 PCI 接口与 NI 公司的数据采集卡 PCI-6229 进行连接，再通过采集卡的输出和输入信号对被控对象进行硬件在环实时控制。作为控制系统的输入和输出设备，PCI-6229 采集卡拥有 250kHz 的采样频率、16 位高分辨率的 A/D 转换器、32 路模拟量的输入、4 路模拟量的输出以及 48 路数

字 I/O 口，是一种功能强大的数据采集卡。而且，在 Simulink 模块库中有提供 PCI-6229 的驱动程序，不需要用户自制编写 S-Fuction 来创建所需的驱动模块。对于目标机如何搭载 Simulink Real-Time 实时内核程序(即目标机启动方式)，主要有三种：采用 U 盘启动；采用硬盘启动以及通过网络启动目标机。这几种方法的优缺点在文献[18]～[20]中具体给出，此处不再赘述，本书采用 U 盘启动。下面将具体给出整个系统的搭建过程及注意点。

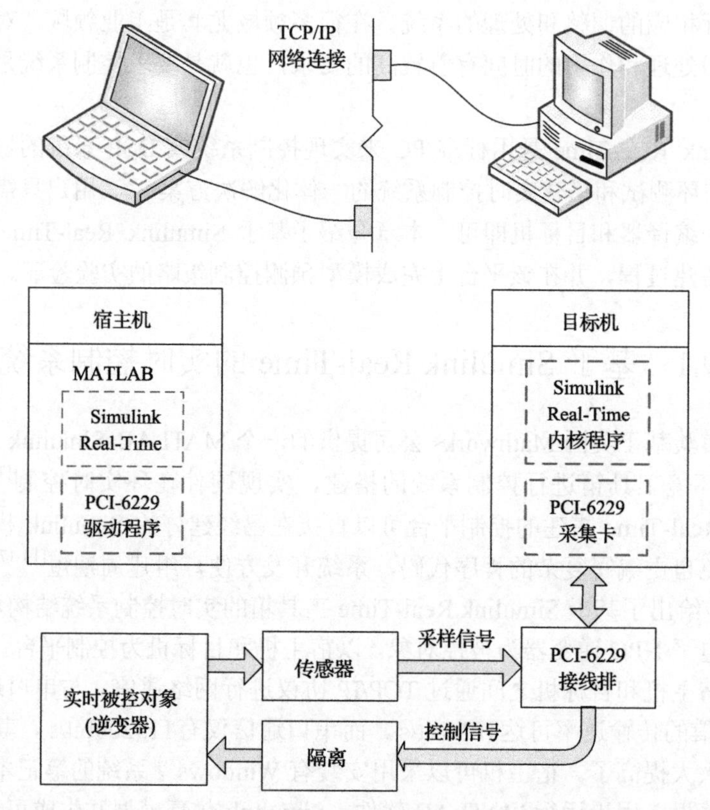

图 9-1　基于 Simulink Real-Time 工具箱的实时控制系统结构示意图

9.1.1　目标机启动

采用 U 盘启动是一种比较方便快捷的启动方式，本书利用此方法进行启动目标机。采用 U 盘启动需要以下两个步骤：第一步将 U 盘制作成启动盘；第二步生成 DOS 载入器的目标启动盘。下面对这两个步骤进行详细介绍。

1. 将 U 盘制作成启动盘

本书采用 USBoot 1.70 软件将 U 盘制作成启动盘，具体方法为选择一个容量大于 125MB 的 U 盘——将 U 盘插入计算机——打开软件 USBoot 1.70 软件——

选中所插入的 U 盘——在软件下方选择工作模式“ZIP 模式”——单击“开始”按钮，根据软件上提示进行拔插 U 盘一次，则完成启动盘的制作，如图 9-2 所示。

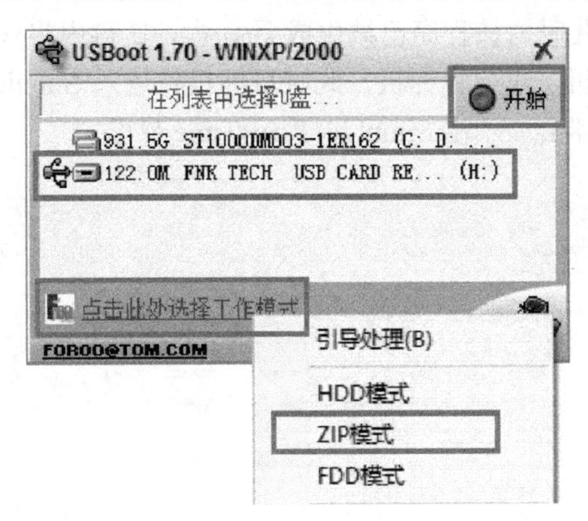

图 9-2　利用软件 USBoot 1.70 对 U 盘进行引导制作启动盘

将引导好的 U 盘插入目标机，重启目标机，在目标机进入 Windows 之前进入 BIOS 系统设置 Advanced BIOS Features 选项，将目标机的启动位置设置为所插入的 U 盘。不同计算机因为 BIOS 主板不同，所以设置方法也不同，可以根据计算机的主板信息在网络上查找相关设置方法完成设置后重启目标机，如果目标机不再进入 Windows 系统而是进入 U 盘，则表明目标机已经正确设置。此时由于 U 盘里还没有 Simulink-Real-Time 内核程序，所以计算机为黑屏状态。

2. 生成 DOS 载入器的目标启动盘

此步骤是将 Simulink Real-Time 内核程序由 MATLAB 生成并存至上一步骤所制作的U盘中。具体方法为将上一步骤制作好的U盘插入主机——打开 MATLAB/Simulink 工具——在 MATLAB 的命令框中输入 xpcexplr 命令来打开 Simulink Real-Time Explorer，如图 9-3 所示，双击 Properties 进入目标机设置，完成其中三部分设置并将生成的内核程序存至 U 盘，具体如下所示。

(1) Host-to-Traget communication 设置。

IP address：192.168.1.130　　Subnet mask：255.255.255.0

Port:：22222　　Gateway：192.168.1.1

其中的 Ethernet Device Settings 部分要根据目标机的网卡来设置，本书所用目标机网卡驱动为 R8168。

(2) Target Setting 设置。

此部分需要对目标机进行设置，一般为默认设置即可，本书此处选择 USB Support、Multicore CPU、Graphics mode 这三个选项。

(3) Boost configuration 设置。

Boot mode 选择 DOS Loader——单击 Create boot disk——选择所插入的 U 盘，完成启动盘制作，此时内核程序已被生成至 U 盘，U 盘内将含有 4 个文件。再将 U 盘插入目标计算机，重启目标机，此时目标机将进入 Simulink Real-Time 内核程序，目标机显示器会显示出 Simulink Real-Time 界面。

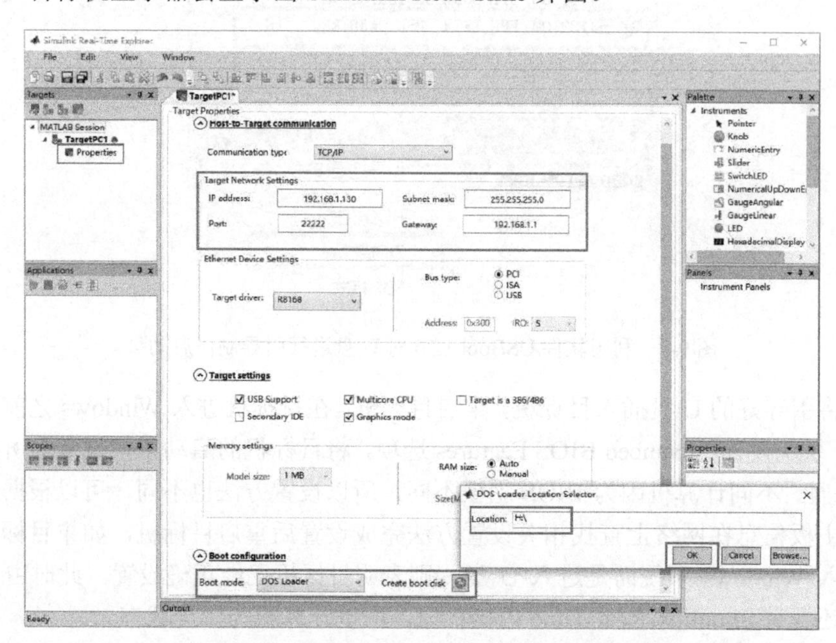

图 9-3　Simulink Real-Time Explorer 设置过程

9.1.2　主机设置

9.1.1 节中完成了启动 U 盘的制作以及目标机的设置，对目标机的设置实际上都是对启动 U 盘进行的。本节内容将介绍主机的设置。前面给目标机设置了 IP 地址、子网掩码及网关，在主机中也应当对这几项进行相应的设置。具体方法为打开主机电脑的网络和共享中心对本地连接进行设置，参数如下：

IP 地址：192.168.1.2　　　　子网掩码：255.255.255.0

默认网关：192.168.1.1

以上就完成 TCP/IP 通信协议的设置内容，保证两机之间能够进行正常通信。完成以上操作后还需要给 MATLAB 装载编译器，保证 Simulink 中的 model 能够被成功编译成 C/C++语言以供目标机进行处理。即要给主机 Windows 系统安装 Microsoft Windows SDK 编译器，并在 MATLAB 软件中进行相关使用设置。具体步骤如下：

(1) 在安装 SDK 之前，需要先安装 Microsoft.NET framewok 4.0 文件。

(2) 由于 64 位 Windows 系统存在 bug 问题，在安装 Microsoft Windows SDK 之前需要先卸载 Visual C++ 2010 x86 redistributable、Visual C++ 2010 x64 redistributable 以及 Microsoft Visual C++ Compilers 2010 x86 和 x64 这几个文件，可在安装完 SDK 后重新安装它们。对于 32 位计算机，不存在该问题。

(3) 安装 Microsoft Windows SDK 文件，在安装过程中不选择 studio C++ complie 选项，在下一步中将进行安装，因为这里面的 studio C++ complie 文件包含很多搭建本平台无关的编译器。

(4) 安装编译器 VC-Compiler-KB2519277。

(5) 打开 MATLAB 2015a，在命令窗口中输入 slrtsetCC setup 命令，根据命令框中出现的提示，选择在第 (2)、(3) 步骤中安装的编译器。

(6) 完成第 (5) 步后，在命令窗口中输入 mex-setup 命令，观察 MATLAB 返回的提示，确定编译器是否被选中。

(7) 至此完成主机的设置。

在完成目标机和主机设置后，通过 Simulink 自带例子程序来验证两机之间是否能够正常通信并完成 Simulink 中 model 的编译，具体方法如下：

(1) 将启动 U 盘插入目标机并启动目标机，等待目标机进入 Simulink Real-Time 待机界面。

(2) 打开 MATLAB 2015a，在命令窗口中输入 xpcexplr 命令来打开 Simulink Real-Time Explore 窗口，在此窗口中单击 connect 选项进行两机间的连接。

(3) 在 MATLAB 命令窗口中输入 xpctest 命令来打开 Simulink 自带的测试 model。在测试的过程中观察 MATLAB 命令窗口，当测试模型运行到第三步 test 3 时，MATLAB 会重启一次目标机。在目标机完成重启后要重新在 Simulink Real-Time Explore 窗口单击 connect 选项，否则会因为连接没建立而导致用于测试的 model 无法下载到目标机。该测试 model 名称为 slrttestmdl，在 MATLAB 命令窗口中输入该命令即可打开该模型。

用户在自己建立模型时，可以直接复制出 Simulink 自带的测试 model 并在上面进行更改。如果不采用此方法，则需要在 Simulink 中进入 model configuration parameters 对自己的 model 进行设置，具体如下：

(1) Solver 中，将仿真步长改为固定步长，步长为主电路实物系统的采样时间。

(2) Optimization 中，选中选项 Data initialization。

(3) Hardware Implementation 中，Device type 选择 32-bit x86 compatible，并选中 Test hardware 选项。

(4) Code Generation 中，System target file 选择 slrt.tlc 选项，其他参数也会随之改变并保持默认值。在改目录下的 Comments 选项卡下，选中 Show eliminated blocks。

至此，关于 Simulink Real-Time 实时控制系统已经全部设置完毕。

图 9-4 给出了系统控制信号的流程图。可以看出，目标机在执行目标应用程序后产生控制信号，该控制信号通过 PCI-6229 首先传给数字信号隔离板，然后经过光耦隔离后送入 SKHI 61(R) IGBT 驱动模块，SKHI 61(R)驱动器提供控制信号使三电平 NPC 逆变器的开关动作。最后，通过霍尔电压和电流传感器采集相应的模型预测控制程序所需要的电压和电流信号，再通过 PCI-6229 传回目标机，形成闭环结构，并反复进行。

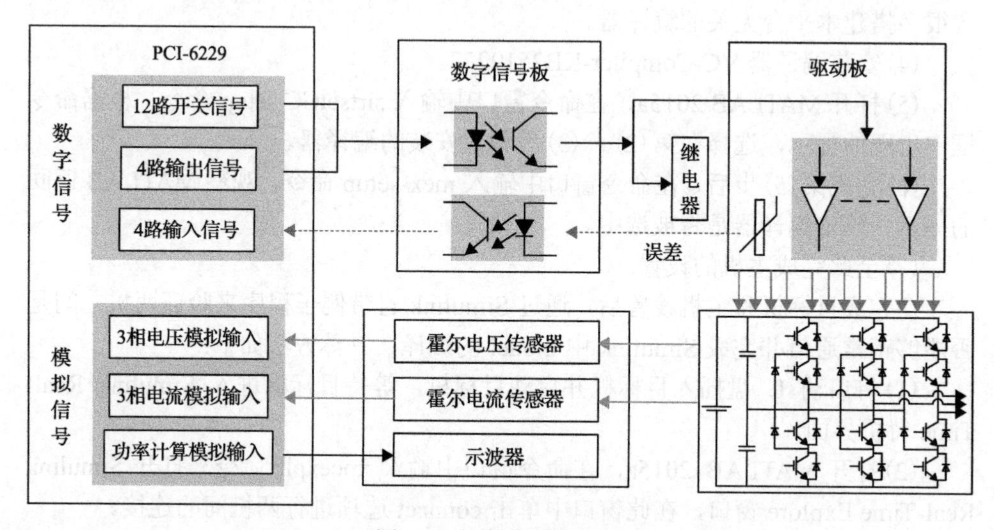

图 9-4　控制信号流程图

9.2　新能源发电逆变器的并网和离网实验

9.2.1　实验平台

为验证所提算法的正确性，本书搭建了一套 3kV·A 的并网/离网实验控制平台，实验平台的结构原理框图如图 9-5 所示。该实验平台采用计算机与 Simulink Real-Time System 作为控制器部分进行运算处理，避免如 DSP 在应用时复杂的程序编写过程。主电路部分的新能源发电逆变器采用的是三相三电平 NPC 逆变拓扑结构，然后经过输出滤波器，再通过三相调压器接到电网。控制电路部分主要包括电压和电流传感器、驱动电路和接触器等。

实验平台实物连接图如图 9-6 所示。直流侧采用两个三相不控整流桥 MSD 30A/1600V 将 220V 的交流市电整流成为 375V 的直流电压提供给 NPC 逆变器，以此来模拟新能源发电系统发电侧设备输出的直流电。为了安全起见，采用一台容量为 10kV·A、0～430V 调压范围的调压器得到 110V 并网点电压。在调压器输

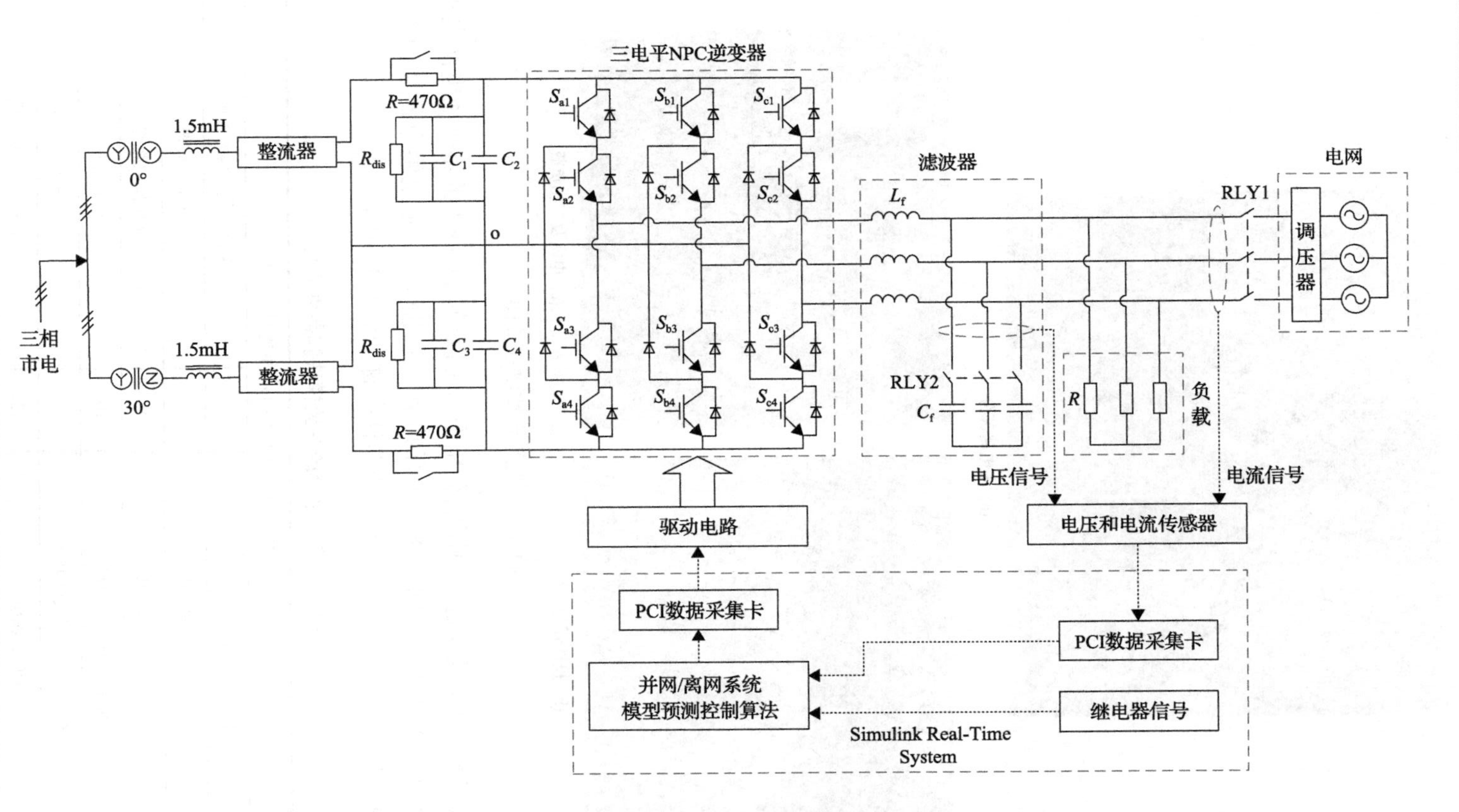

图 9-5　三电平NPC逆变器并网/离网系统实验平台总体结构设计

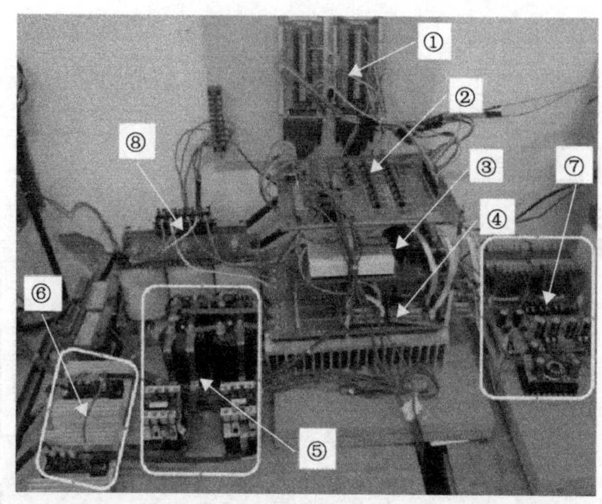

(a) 主电路部分

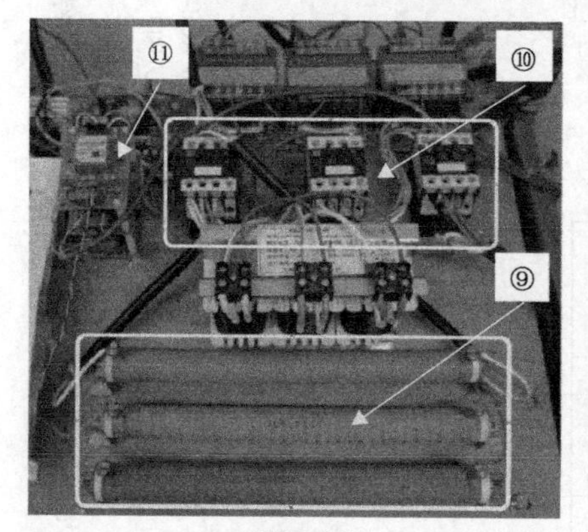

(b) 投切开关

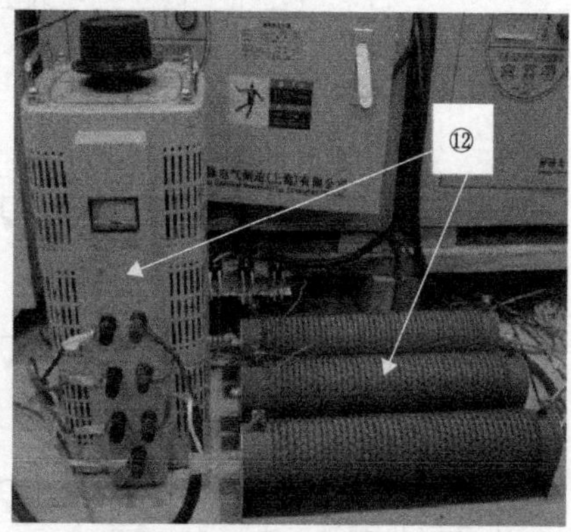

(c) 电网及三相负载

图 9-6 实验平台实物连接图

出端串入三个可调电阻，通过电阻的分压作用可以模拟并网点的不平衡电网电压。实验平台中，逆变器的并网和离网运行共用一个电路，并通过继电器 RLY1 和 RLY2 来控制。实验平台的主要模块和器件名称如表 9-1 所示。

表 9-1 实验平台的主要模块和器件名称

基于三相三电平 NPC 逆变器的并网/离网实验平台			
1	PCI-6229 接线端子排	7	驱动及数字信号板电源
2	数字信号光耦隔离板	8	输出滤波器
3	开关信号驱动板	9	用于产生不平衡电压电路的三相不平衡电阻
4	NPC 逆变器主电路	10	继电器开关
5	DC 电容及其充放电电路	11	霍尔电压传感器
6	DC 整流桥	12	调压器及三相负载

9.2.2　硬件电路设计

(1) 功率开关管的选取。本实验系统设计的容量为 3kV·A，逆变器直流侧输入电压为 380V 左右，考虑到开关管的安全稳定运行，选取时应当加上一定的安全电压和电流裕量。因此，按照选取原则，逆变器的功率开关管集射极间电压应当满足：$V_{\mathrm{CES}} \geqslant (1.5 \sim 2) \cdot V_{\mathrm{dc}} / 2 = (285\sim380)\mathrm{V}$。实验平台中逆变器的最大输出电流为 6.06A，再考虑 2 倍的安全裕量，所选功率开关管的集射极电流应当满足：$I_{\mathrm{C}} \geqslant 12.12\mathrm{A}$。另外一个需要考虑的重要因素是开关频率。由前面的理论知识可知，MPC 技术在应用于逆变器的控制中，其开关频率是可变的。但事实上，MPC 的开关频率会被限定在采样频率 f_{s} 的一半，基本上集中在 $f_{\mathrm{s}}/5$ 和 $f_{\mathrm{s}}/4$ 之间。本书在实验的过程中，系统的采样频率设为 10kHz，因此，开关管的开关频率总是小于 5kHz。

最终，本书实验电路选取英飞凌公司产品：FS3L30R07W2H3F_B11。该功率模块开关管所允许的最大集射极间电压 V_{CES} 为 600V，最大集电极电流 I_{C} 为 30A，最大开关频率 f_{sw} 为 15kHz，满足上述要求。

(2) DC 侧电容的设计。为了获得稳定的直流电压，减少降低输入电压的波动，应当在直流侧并联电容。考虑 DC 侧电容两端的电压波动范围为输入直流电压的 5%，可以获得计算值电容 $C = P / \omega V_{\mathrm{dc}} v_{\mathrm{w}} = 3000 / (314 \times 380 \times 19) = 827\mu\mathrm{F}$。考虑到应当留有裕量，实验电路选取 4 个 $450\mathrm{V} / 19.6\mathrm{A} / 2200\mu\mathrm{F}$ 电解电容 C1、C2、C3 和 C4。实验电路采用 C1 和 C2 并联，C3 和 C4 并联，然后再将两组电容串联连接，以此来提高电容阻值和电压等级，并且能够把逆变器输入直流电压的纹波限制在允许的范围内。为了使电容进行放电，起到均压作用，本书采用 $10\mathrm{k}\Omega / 10\mathrm{kW}$ 电阻与电容并联，接法如图 9-7 所示。

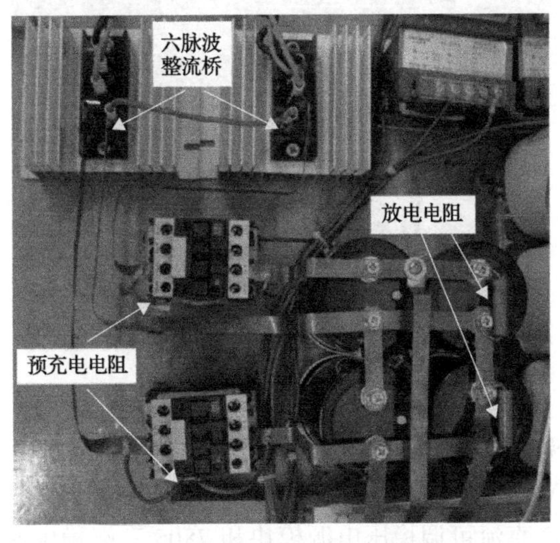

图 9-7　DC 侧电容实物接线图

(3)驱动模块的选取。本书实验电路采用德国赛米控公司(Semikon)SKHI 61(R) IGBT 驱动器，如图 9-8 所示。它将来自 PCI-6229 数据采集卡的数字信号进行放大以驱动功率模块 FS3L30R07W2H3F_B11 的 IGBT 功率开关管。该驱动器除了具有良好的保护功能，一个显著的优势还在于用户可以方便地根据 TDT1、TDT2 和 SEL 三个引脚对死区时间进行设置。

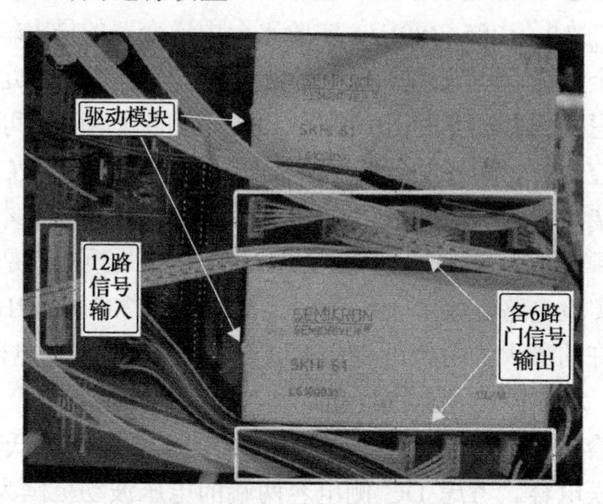

图 9-8　SKHI 61(R)实物模块

(4)数字信号隔离模块的设计。图 9-9 给出了数字信号隔离电路板的实物图，电路板中采用的是 SFH6700 光耦隔离芯片。SFH6700 芯片的供电电源应当使用 6.5V 左右的直流电压，才能使芯片的输出引脚获得 5V 的逻辑高电平。

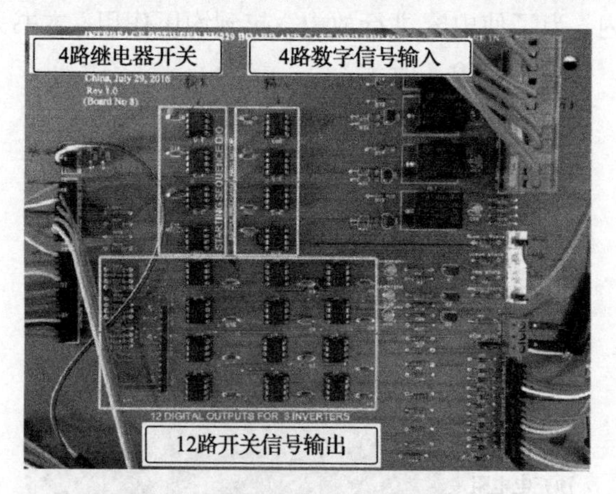

图 9-9　光耦隔离电路板

(5)辅助电源模块的设计。如图 9-10 所示，实验电路首先采用两个单相隔离控制变压器将 220V 交流电转成 6.3V 交流电，再经不控整流桥获得 14.5V 左右的直流电送入 DC-DC 直流可调稳压电源模块和 7805 三端稳压器，以此来获得+5V

和+15V 直流电源供给其他电路模块使用。

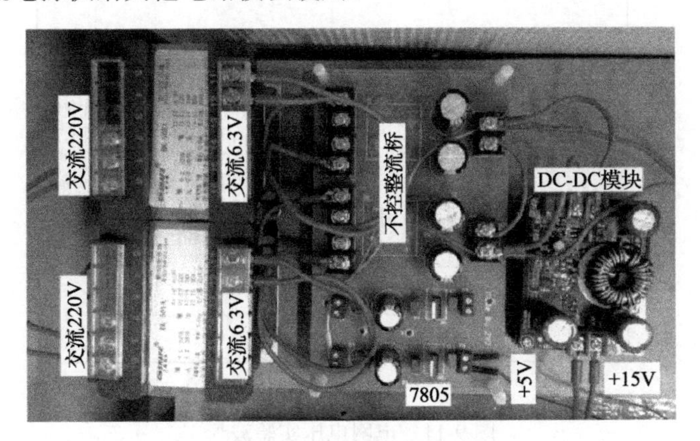

图 9-10　辅助电源模块

9.2.3　并网实验

在主机中根据 3.3.3 节中所提的不平衡电网下并网逆变器的电流限幅模型预测控制框图，编写相应的 MATLAB 模型预测控制程序，在预先配置好的 Simulink Real-Time 运行环境下搭建 Simulink 模型，并设置相应的离散型模块参数。主机将搭建好的 Simulink 模型进行编译并生成可执行文件下载到目标机，然后输出控制信号对硬件电路部分进行测试，验证算法的正确性和可行性。

为验证第 3 章所提的模型预测电流控制算法，实验时通过继电器的切换将逆变器设为并网运行模型。设定逆变器输出有功功率 P_0 为 1kW，无功功率 Q_0 为 0kvar，直流输入电压 V_{dc} 为 380V，最大峰值电流 I_{max} 为 6A，功率调节系数 k 为 1，电网电压的幅值 e_{abc} 为 $110\sqrt{2}$V，滤波电感为 25mH，系统采样频率 f_s 为 10kHz。

实验中，电网电压实验波形如图 9-11 所示。图 9-12～图 9-14 为传统控制方案实验结果。可以看出，电网电压不平衡过程中，在平衡电流模式(BCM)、恒定有功模式(CAPM)及恒定无功模式(CRPM)下，并网逆变器均可以实现输出平衡电流、抑制有功功率二倍频振荡和无功功率二倍频振荡的控制目标，然而并网电流的峰值均远高于逆变器所允许的最大运行电流 6A。

图 9-15～图 9-17 为本书所提控制方案的实验波形。可以看出，有功功率、无功功率连续可调，并且振幅更小，并网电流的谐波含量均小于规定的 5%，符合并网要求。同时，无论在何种运行方式下，并网电流峰值始终能够维持在安全阈值范围内，提高了系统运行的可靠性，由此验证了不平衡电网下本书所提模型预测电流限幅灵活控制算法的正确性和可行性。

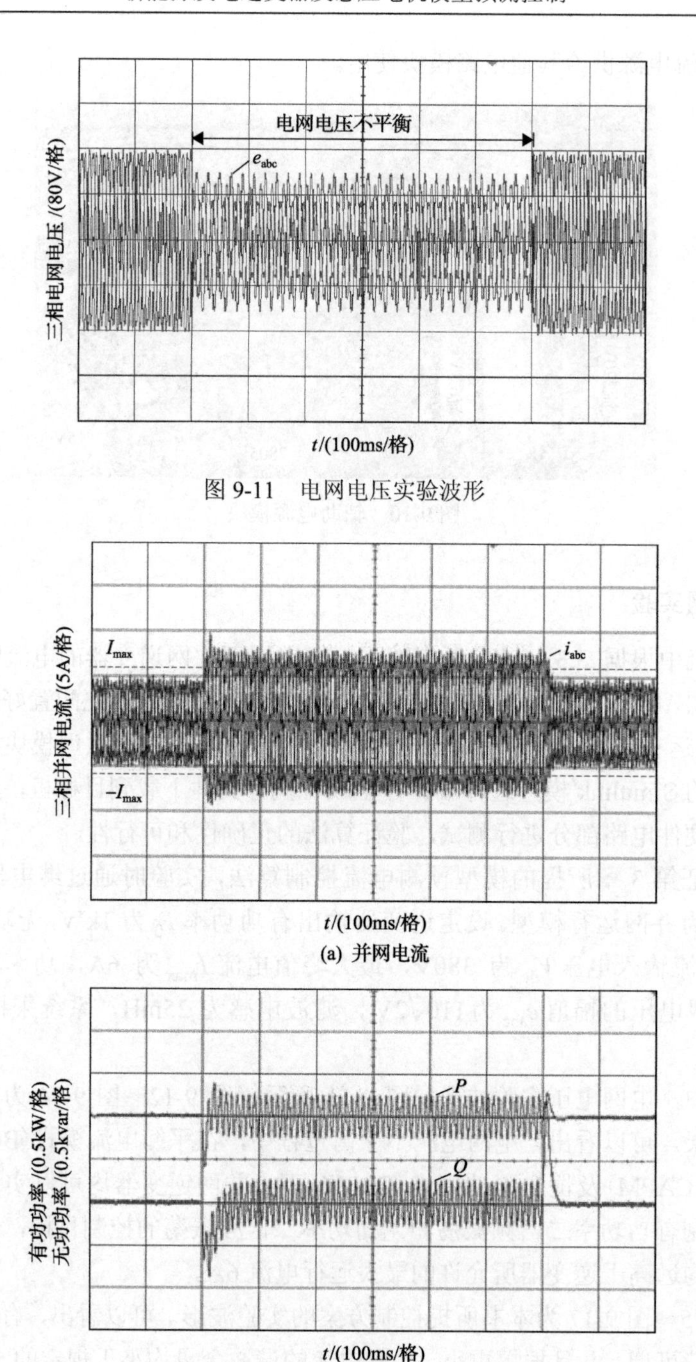

图 9-11 电网电压实验波形

(a) 并网电流

(b) 输出功率

图 9-12 BCM 模式下采用传统控制方案的实验波形

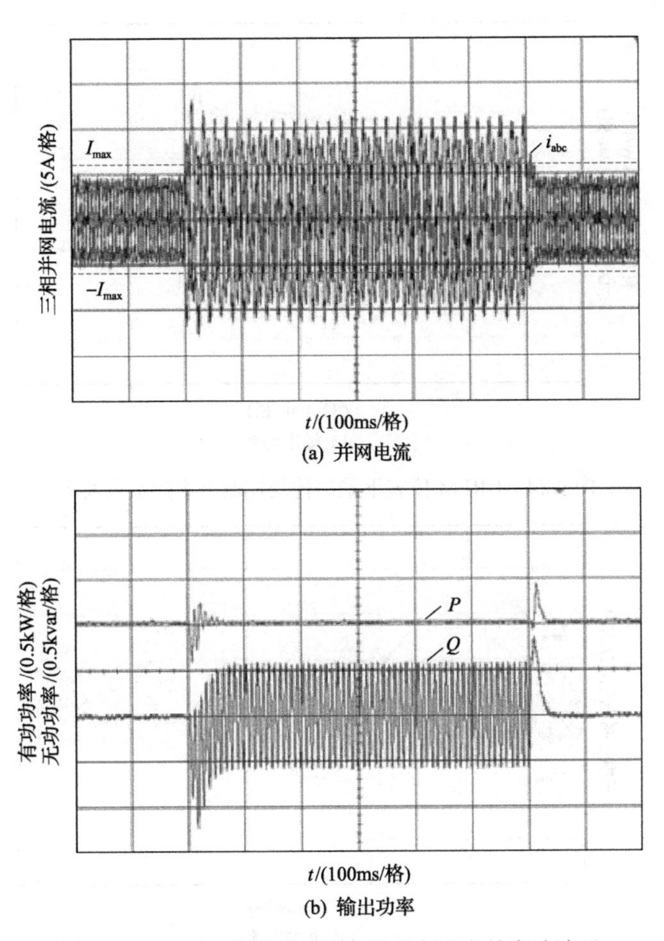

(a) 并网电流

(b) 输出功率

图 9-13　CAPM 模式下采用传统控制方案的实验波形

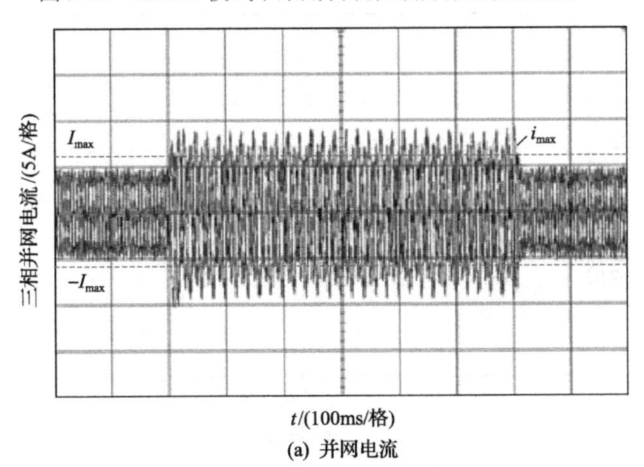

(a) 并网电流

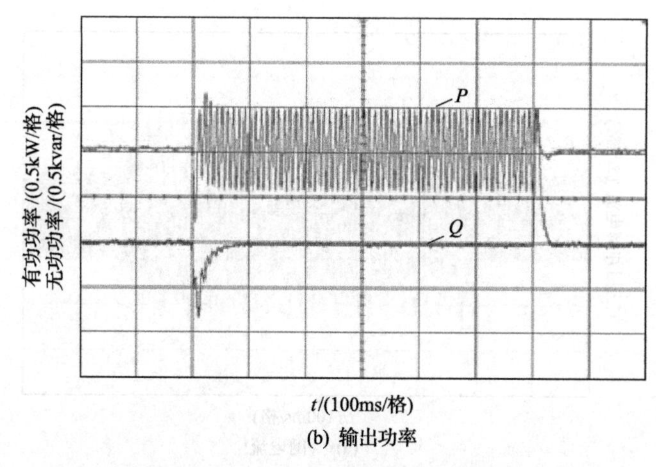

(b) 输出功率

图 9-14　CRPM 模式下采用传统控制方案的实验波形

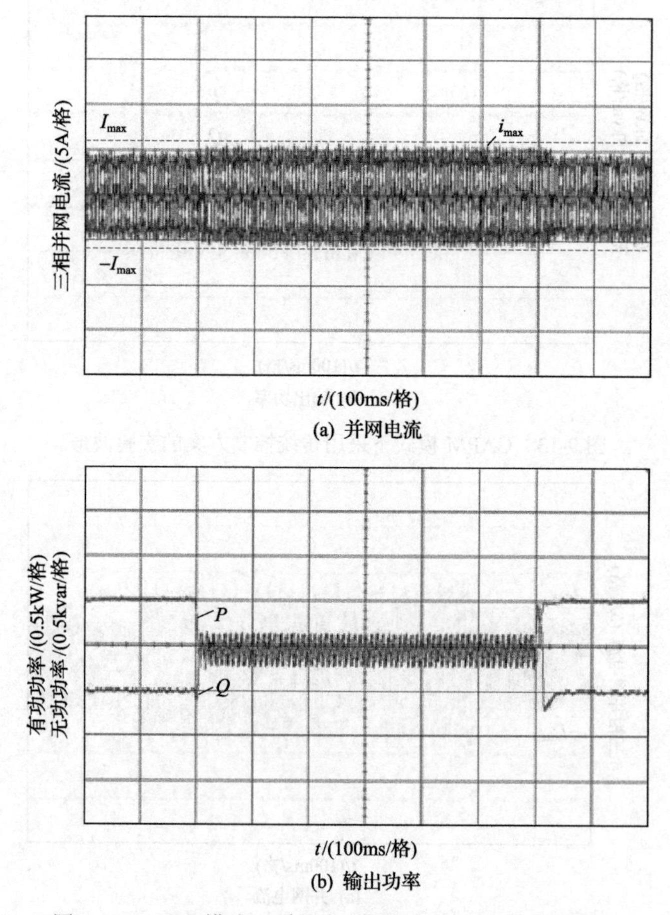

(b) 输出功率

图 9-15　BCM 模式下采用本书所提控制方案的实验波形

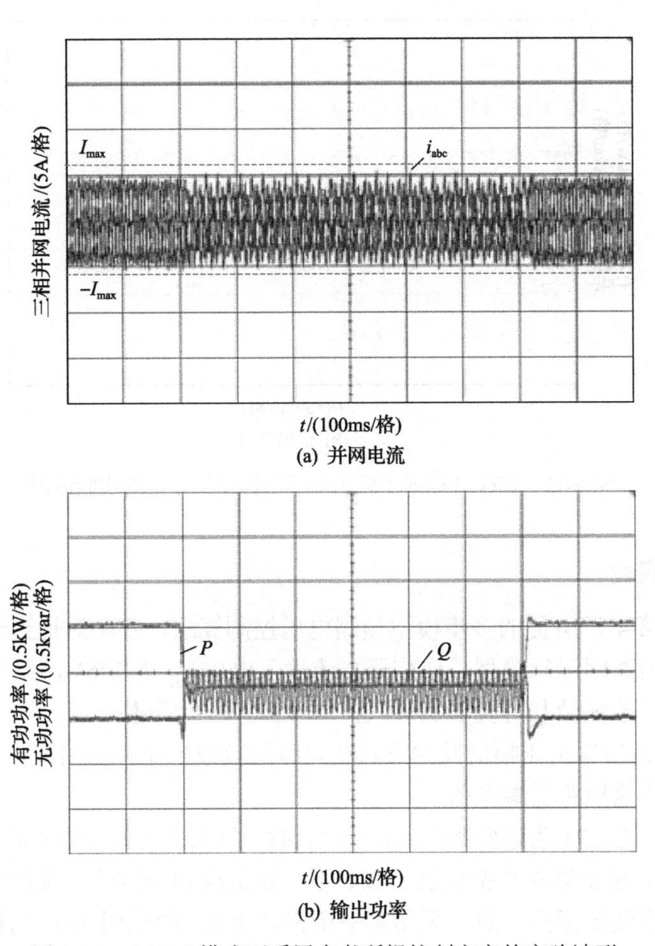

(a) 并网电流

(b) 输出功率

图 9-16　CAPM 模式下采用本书所提控制方案的实验波形

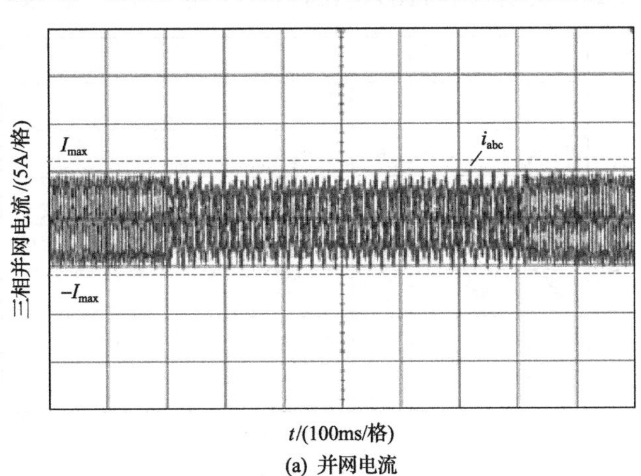

(a) 并网电流

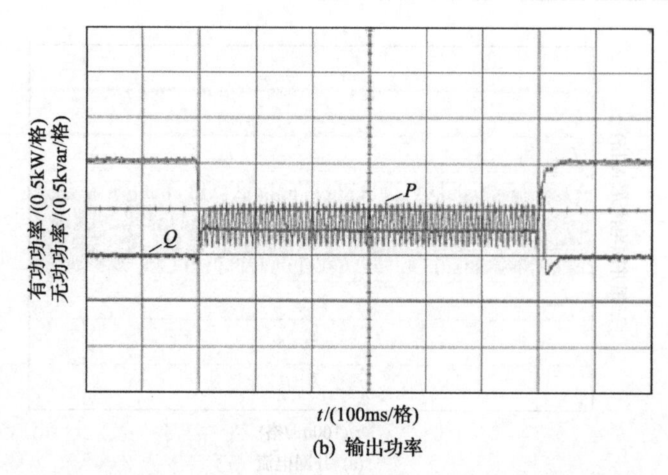

(b) 输出功率

图 9-17　CRPM 模式下采用本书所提控制方案的实验波形

9.2.4　离网实验

为验证第 4 章所提的多步模型预测电压控制算法，实验时通过继电器的切换将逆变器设为离网运行模型。逆变器直流输入电压 V_{dc} 为 375V，系统采样频率 f_s 为 20kHz，其他参数与仿真参数一致，如 4.3 节内容所述。

图 9-18 为参考电压幅值发生阶跃变化时的负载电压输出情况，可以看出，负载电压可以快速地跟随参考值。

图 9-19～图 9-21 为逆变器在多种不同负载运行条件下的实验波形。由图 9-19～图 9-21 可知，逆变器在平衡线性负载、不平衡负载和非线性负载情况下的实验波形基本和仿真波形保持一致。采用本书所提多步模型预测电压控制算法时，无论逆变器带何种负载，负载电压 THD 均维持在较小值，电压质量好。这个结果可以

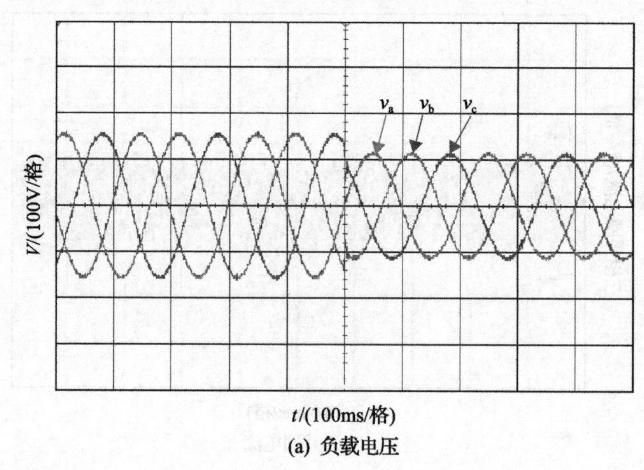

(a) 负载电压

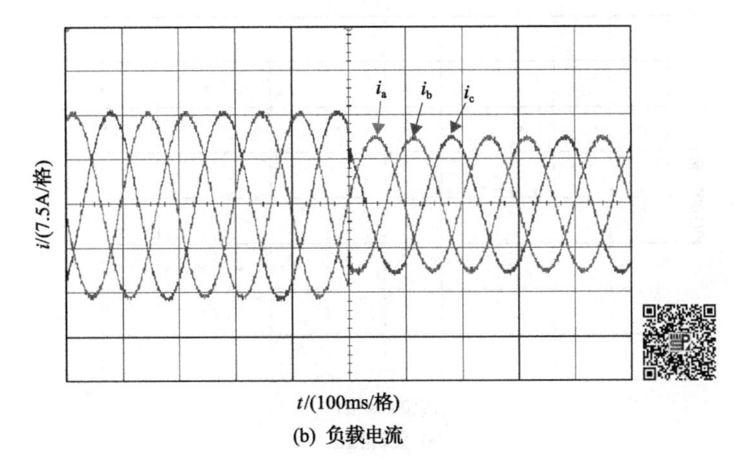

(b) 负载电流

图 9-18　参考电压突变时负载侧的输出电压和电流实验波形(彩图扫二维码)

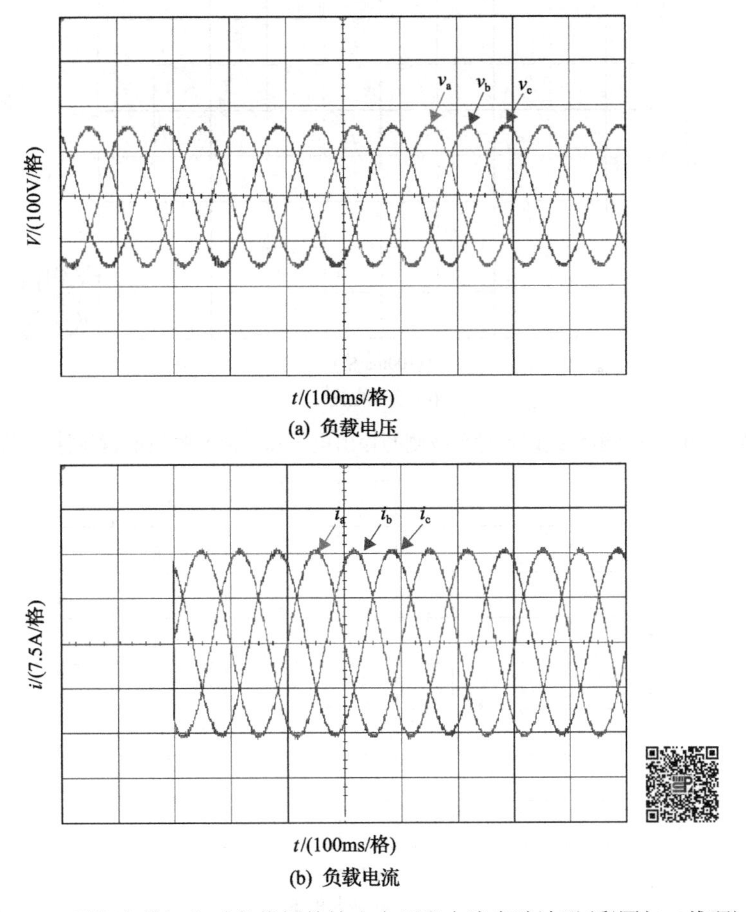

(b) 负载电流

图 9-19　平衡负载切入时负载侧的输出电压和电流实验波形(彩图扫二维码)

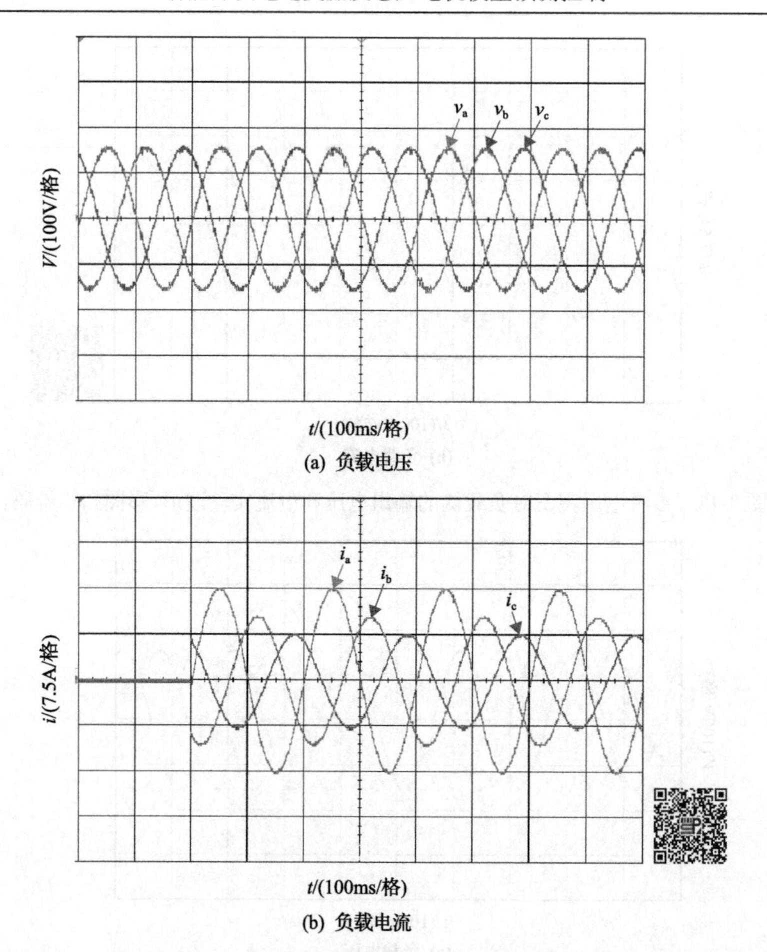

(a) 负载电压

(b) 负载电流

图 9-20 不平衡负载切入时负载侧的输出电压和电流实验波形(彩图扫二维码)

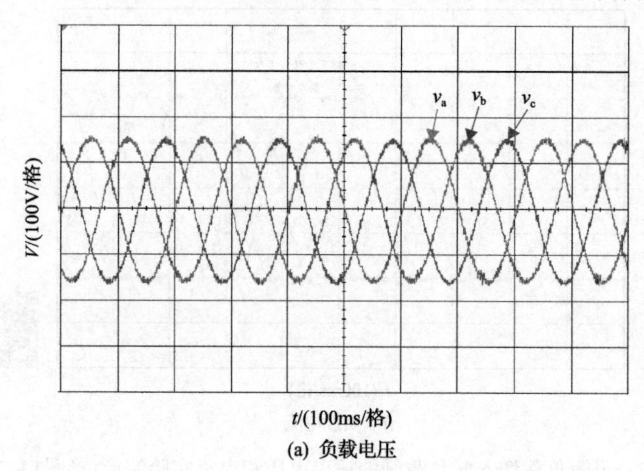

(a) 负载电压

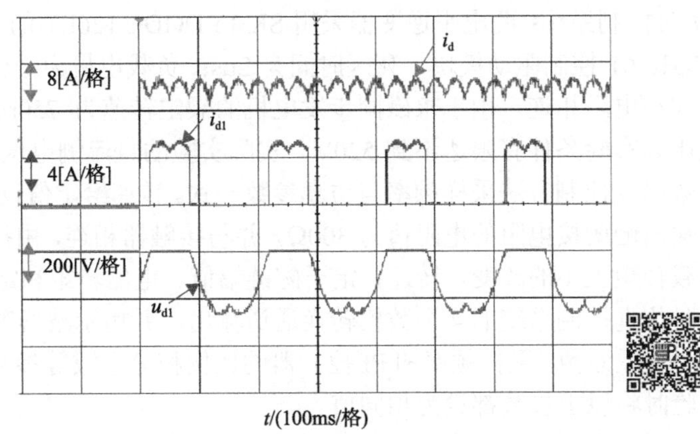

(b) 二极管的电压、电流以及负载电流波形

图 9-21　非线性负载切入时负载侧的输出电压和电流实验波形(彩图扫二维码)

说明本书所提的逆变器离网运行时的模型预测电压算法的正确性和可实现性，同时表明本书基于 Simulink Real-Time 所搭建的硬件在环实时控制平台符合设计要求。

9.3　感应电机的模型预测转矩控制实验

9.3.1　基于两电平逆变器的多步模型预测控制实验

为了验证 6.2 节提出的改进多步模型预测转矩控制策略，本书搭建了基于两电平逆变器的感应电机控制系统实验平台，如图 9-22 所示。控制部分采用 Simulink

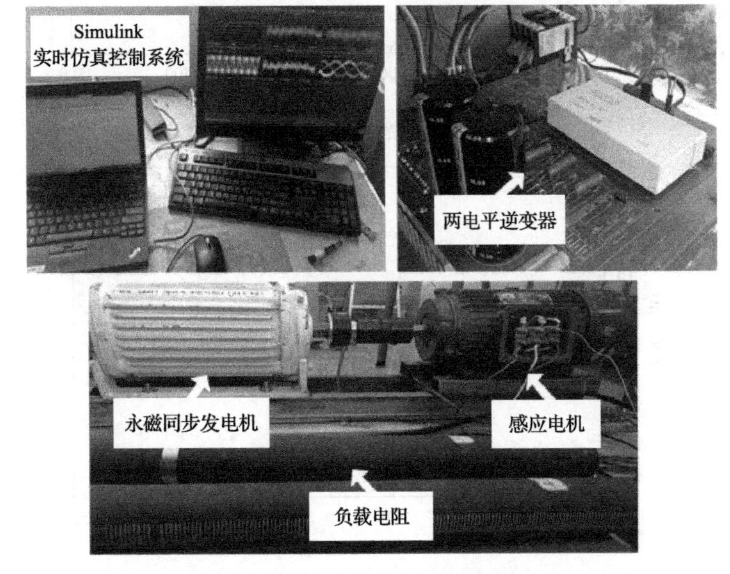

图 9-22　感应电机控制系统实验平台

Real-Time 实时控制系统；两电平逆变器采用 SK 15 DGDL 126ET 的 IGBT 模块和西门康的 SKHI 61 控制驱动模块，死区时间为 2μs；负载电机为一台三相永磁同步发电机，并与电阻相连。由于永磁同步发电机的额定转速为 750r/min，逆变器板直流侧电压因实验条件有限达不到 520V。实际实验的直流侧电压为 300V，感应电机各参数以及控制方法采样频率与仿真参数一致。转速给定值设为 500r/min；发电机发电输出侧所接电阻的电阻值为 300Ω，并与接触器相连，由控制系统控制实现电机负载转矩大小的改变。转速、定子磁链幅值、电磁转矩和定子 A 相电流波形通过实时仿真控制系统的 4 个数模转换通道输出，并用示波器观察。

为了减少权重系数、采样频率和 PI 控制器的比例积分系数等参数对实验结果的影响，实验时将以上参数都设为相同值。

图 9-23 为永磁同步发电机接入电阻负载时，感应电机转速稳定后获得的实验波形。由图 9-23 可得，多步预测转矩控制的转矩脉动范围明显小于传统单步预测转矩控制；两种控制策略的定子磁链幅值脉动范围较为接近；定子相电流波形也较为接近。

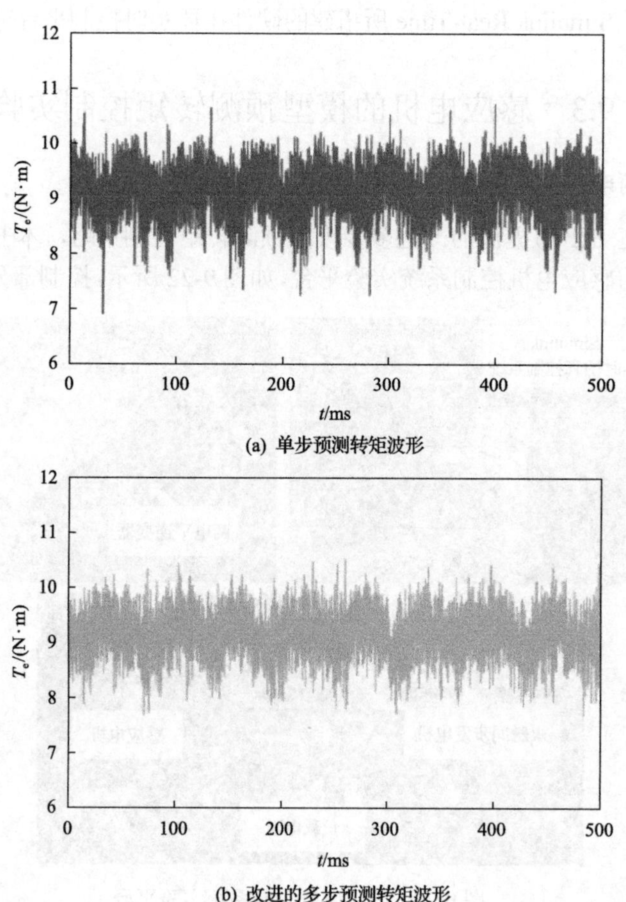

(a) 单步预测转矩波形

(b) 改进的多步预测转矩波形

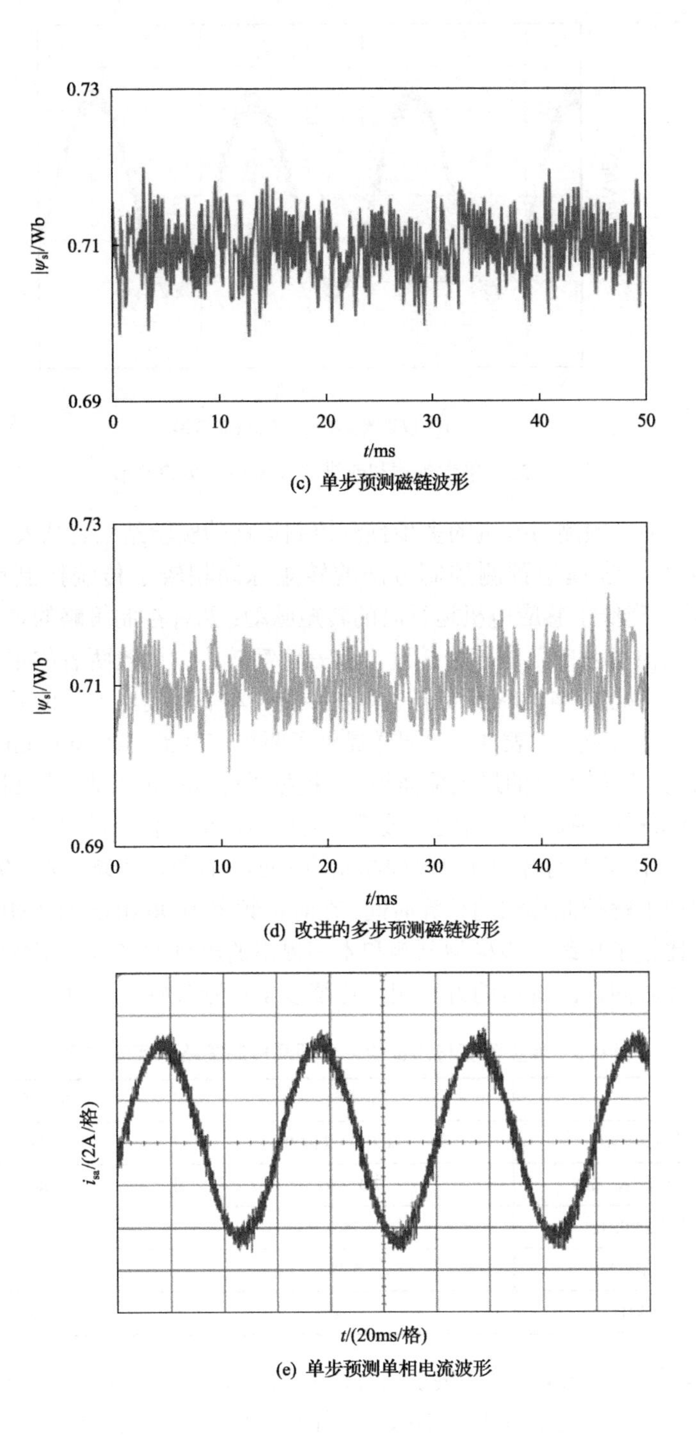

(c) 单步预测磁链波形

(d) 改进的多步预测磁链波形

(e) 单步预测单相电流波形

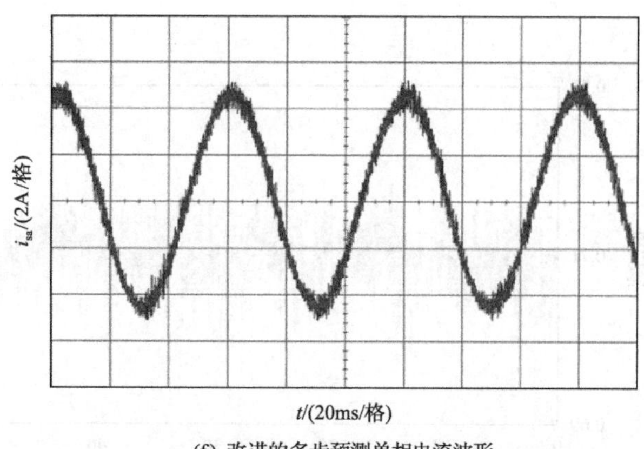

(f) 改进的多步预测单相电流波形

图 9-23　单步预测和改进的多步预测实验波形

表 9-2 为单步预测与改进的多步预测控制策略的实验结果。从表 9-2 中可得，本书所提出的多步模型预测控制方法的转矩脉动相较于传统控制策略下降了 32.4%，有效地降低了感应电机运行时的转矩脉动；两种控制策略的定子磁链幅值实际值与给定值偏差的范围较为接近，偏差值都较小；比较两者的定子相电流的 THD 值，多步预测的电流畸变要弱于单步预测；本书所提出方法的开关频率略低于传统方法的开关频率。表 9-2 中同样提供了两种控制策略在 Simulink Real-Time 实时控制系统上所能运行的最大采样频率，根据采样频率可以估算控制策略的总计算时间(包括采样的模数转换时间、数模转换输出通道的转换时间和预测控制部分的计算时间等)，可得两者的计算时间相差约 10μs，计算时间增加约 20%。同时为了更为直观地了解控制算法的计算时间，在时钟频率为 90MHz 的 TMS320F28069 芯片上测试比较了传统多步模型预测和本书提出的改进的多步模型预测在循环计算部分的计算时间，改进后的方法相较传统多步预测节省了 46.1%的计算时间。

表 9-2　单步预测与改进的多步预测控制策略的实验结果

参数	单步预测	改进的多步预测
磁链偏差范围/Wb	−0.012～0.009	−0.011～0.010
转矩脉动范围/(N · m)	7.0～10.7	7.8～10.3
最大采样频率/kHz	25.0	20
带载电流 THD/%	5.30	5.25
开关频率/kHz	5.4	5.3

图 9-24 为电机空载启动和突加负载转矩情况下的实验波形。从图 9-24 中可看出，感应电机的启动电流小于 10A；突加负载后，转矩响应迅速，并且定子磁链十分稳定。

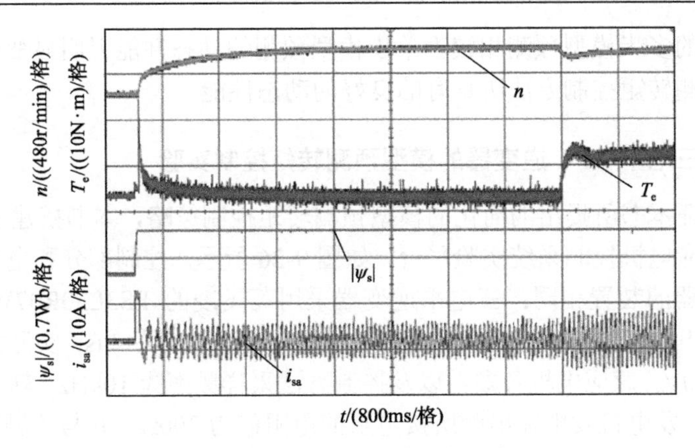

图 9-24　电机启动和加载实验波形

图 9-25 为感应电机在空载状态下，从正转 500r/min 切换至反转 500r/min 的实验波形。正反转切换过程中，定子磁链幅值无明显波动，转矩在切换瞬间有小幅增长，后又恢复为原始状态。

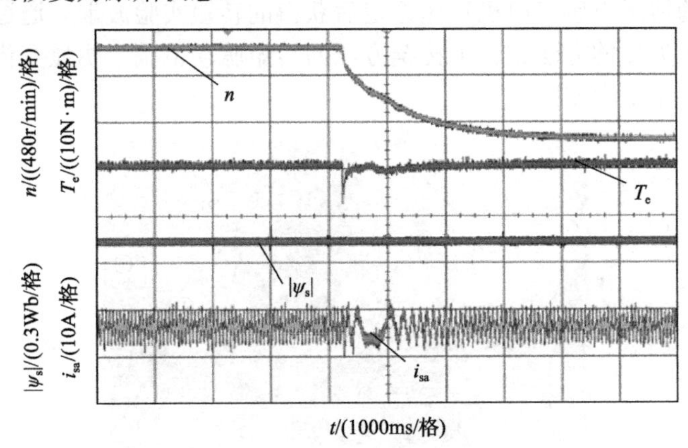

图 9-25　电机正反转实验波形

表 9-3 为单步预测与改进的多步预测控制策略的动态响应实验结果。可看出，转速几乎没有超调，加载后响应迅速，但由于逆变器直流侧电压较低和实验 PI 控制器参数设计的问题，系统的调节时间较长。通过表 9-3 的结果对比，可以认为

表 9-3　单步预测与改进的多步预测控制策略的动态响应实验结果

参数	单步预测	多步预测
调节时间/s	2.0	2.0
恢复时间/s	0.6	0.6
正反转换向时间/s	3.3	3.3

本书所提出的多步模型预测相较于单步模型预测的动态性能无明显变化，仍拥有传统模型预测转矩控制方法所具有的良好的动态性能。

9.3.2　基于三电平 NPC 逆变器的模型预测转矩控制实验

为了验证本书所提出的简化的模型预测转矩控制策略，本书搭建了基于 NPC 逆变器的感应电机控制系统实验平台，如图 9-26 所示。控制部分和电机与第 8 章两电平逆变器的装置相同；三电平逆变器采用英飞凌的 FS3L30R07W2H3F_B11 IGBT 模块和西门康的 SKHI 61 控制驱动模块，死区时间为 2μs。实际实验的直流侧电压为 300V，感应电机各参数以及控制方法采样频率为 10kHz。转速给定值设为 500r/min；发电机发电输出侧所接电阻的电阻值为 300Ω，并与接触器相连，由控制系统控制实现电机负载转矩大小的改变。转速、定子磁链幅值、电磁转矩和定子 A 相电流波形通过实时仿真控制系统的 4 个数模转换通道输出，并用示波器观察。表 9-4 为感应电机控制系统实验平台组成。

图 9-27 和图 9-28 为永磁同步发电机接入电阻负载时，采用全电压矢量和简化电压矢量的情况下感应电机转速稳定后获得的转矩实验波形。通过初步比较可得，简化电压矢量的方法相较于传统方法的转矩脉动范围无明显变化，在转矩的控制性能上并无太大差别。

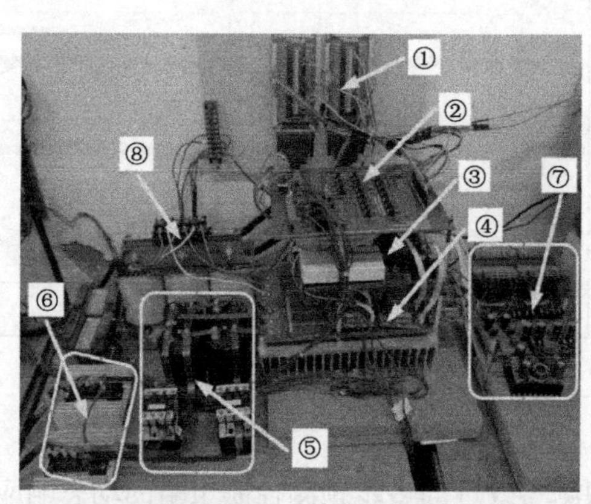

(a) 整流桥和NPC逆变器实验平台图

(b) 感应电机与负载

(c) 实时仿真控制器

图 9-26　基于 NPC 并网逆变器并网实验系统实物图

表 9-4　感应电机控制系统实验平台组成

基于三电平 NPC 逆变器感应电机实验平台			
1	PCI-6229 接线端子排	7	驱动及数字信号板电源
2	数字信号光耦隔离板	8	输出滤波器
3	开关信号驱动板	9	感应电机
4	NPC 逆变器主电路	10	永磁同步发电机
5	DC 电容及其充放电电路	11	负载电阻
6	DC 整流桥	12	Real-Time 控制系统

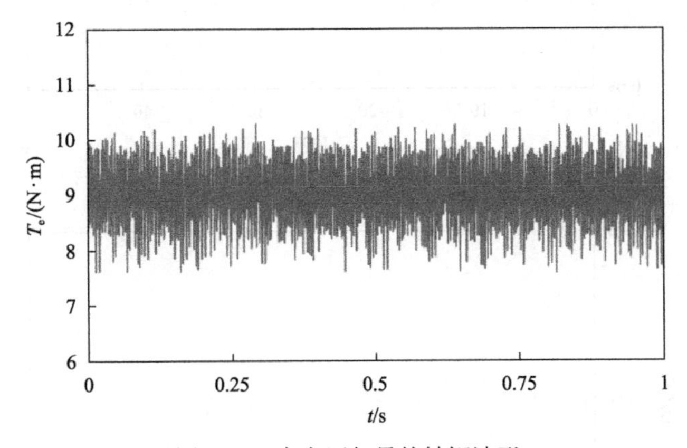

图 9-27　全电压矢量的转矩波形

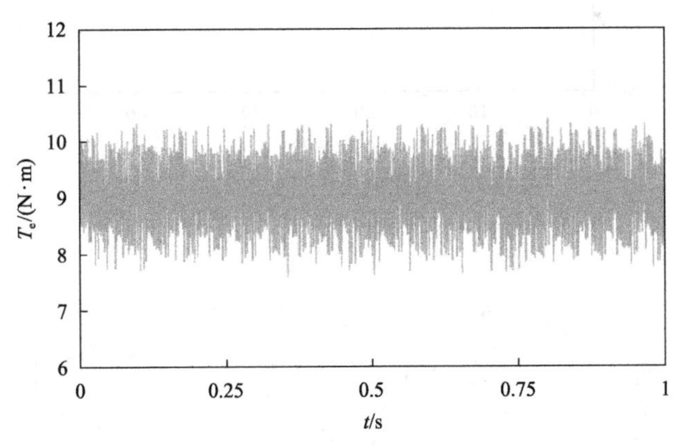

图 9-28　简化电压矢量的转矩波形

图 9-29 和图 9-30 同样为带载后，采用全电压矢量和简化电压矢量的情况下感应电机转速稳定后获得的定子磁链幅值的实验波形。由于磁链值变化幅度较小，因此采用 Real-Time 系统自带的数据记录功能进行数据存储，然后进行绘制。通过初步比较可得，简化电压矢量的方法相较于传统方法的磁链脉动范围略有增大。

图 9-31 和图 9-32 则为发电机带载后，采用全电压矢量和简化电压矢量的情况下感应电机转速稳定后获得的定子 A 相电流的实验波形。实验波形通过 Real-Time 的数模输出通道将电流波形输出到示波器上显示。

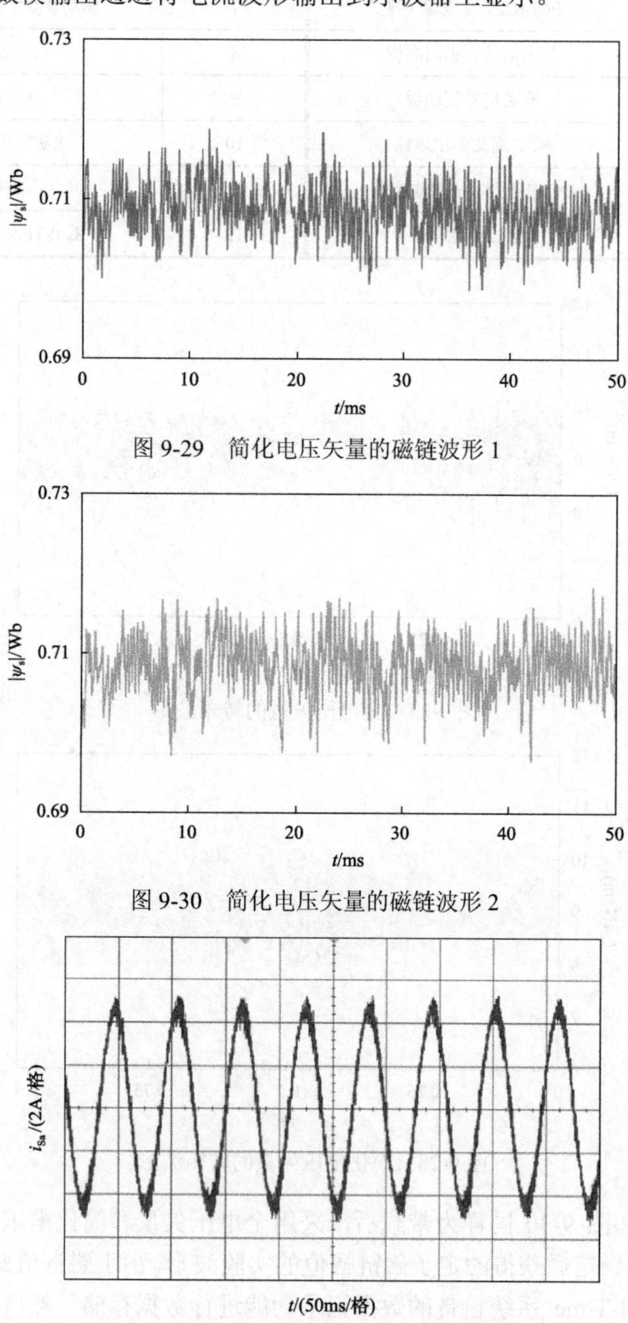

图 9-29　简化电压矢量的磁链波形 1

图 9-30　简化电压矢量的磁链波形 2

图 9-31　全电压矢量的单相电流波形

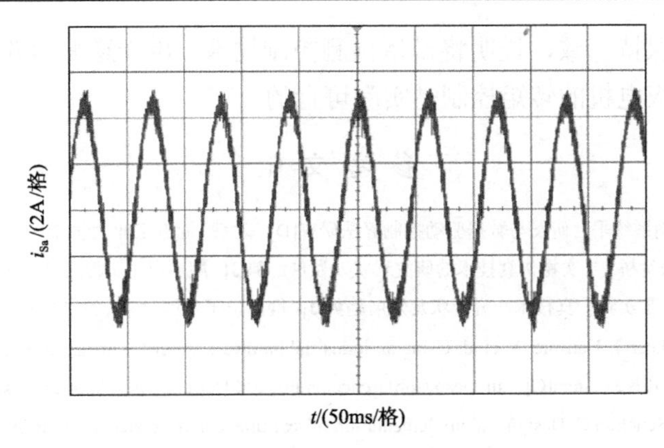

图 9-32　简化电压矢量的单相电流波形

表 9-5 为两种控制策略的实验结果。从表 9-5 中可得，本书所提出的简化的 MPTC 的转矩脉动相较于传统控制策略略有增大；两种控制策略的定子磁链幅值实际值与给定值偏差的范围较为接近，偏差值都较小；比较两者的定子相电流的 THD 值，简化的 MPTC 的电流畸变只比传统 MPTC 增加 0.11%；表 9-5 中同样提供了两种控制策略在 Simulink Real-Time 实时控制系统上所能运行的最大采样频率，根据采样频率可以估算控制策略的总计算时间(包括采样的模数转换时间、数模转换输出通道的转换时间和预测控制部分的计算时间等)，可得两者的计算时间相差约 30μs。

表 9-5　简化的 MPTC 与传统 MPTC 实验结果

参数	简化的 MPTC	传统 MPTC
磁链偏差范围/Wb	0.697～0.718	0.699～0.717
转矩脉动范围/(N · m)	7.58～10.40	7.60～10.30
最大采样频率/kHz	20	12.5
带载电流 THD/%	4.97	4.86

9.4　本 章 小 结

本章首先利用宿主机和目标机搭建了一个基于 Simulink Real-Time 的实时控制平台，用于对三电平 NPC 逆变器和感应电机实施硬件在环实时控制，然后阐述了适用于三相三电平 NPC 逆变器并网/离网两种运行方式下的系统实验平台的设计结构原理，并介绍了实验电路主要硬件设备的选型和设计。最后对本书所提逆变器并网运行时的不平衡及电流限幅模型预测控制方法、离网运行时的多步模型预测电压控制方法以及感应电机的模型预测转矩控制进行实验验证。实验结果与仿真结果基本保持一致，说明将模型预测控制技术应用于逆变器并网和离网的运行控制以及感应电机的转矩控制是实际可行的。

参 考 文 献

[1] 林骋. 网络化控制系统平台研发与数据驱动控制算法研究[D]. 北京：北方工业大学, 2017.

[2] 郑国, 杨锁昌, 张宽桥. 半实物仿真技术的研究现状及发展趋势[J]. 舰船电子工程, 2016, 36(11): 8-11.

[3] 黄建强, 鞠建波. 半实物仿真技术研究现状及发展趋势[J]. 舰船电子工程, 2011, 31(7): 5-7.

[4] Saey P, de Landtsheer T, Hauspie W, et al. Using an industrial hardware target for matlab generated real-time code to control a torsional drive system[C]. European Conference on Power Electronics and Applications, Lille, 2013.

[5] Baoran A, Liu G, Senchun C. Design and implementation of real-time control system using RTAI and matlab/RTW[C]. 2012 UKACC International Conference on Control, Cardiff, 2012.

[6] Bullock D, Johnson B, Wells R B, et al. Hardware-in-the-loop simulation[J]. Transportation Research Part C Emerging Technologies, 2004, 12(1): 73-89.

[7] 黄显林, 鲍文亮, 卢鸿谦, 等. 基于 xPC 的光电平台系统半实物实时仿真[J]. 应用光学, 2012, 33(1): 19-25.

[8] 谢晗, 吴光强, 邱绪云. 基于 xPC 目标的实时仿真技术及实现[J]. 微计算机信息, 2006, 22(34): 200-202.

[9] Ren W, Steurer M, Baldwin T L. Improve the stability and the accuracy of power hardware-in-the-loop simulation by selecting appropriate interface algorithms[J]. IEEE Transactions on Industry Applications, 2008, 44(4): 1286-1294.

[10] 辛业春, 江守其, 李国庆, 等. 电力系统数字物理混合仿真接口算法综述[J]. 电力系统自动化, 2016, 40(15): 159-167.

[11] 蔡毅. 基于 MATLAB/RTW 实时仿真系统的设计与研究[D]. 天津：天津大学, 2005.

[12] 潘衡尧. 基于 Sim-Stim 界面模型的分布式发电半实物仿真系统的控制策略研究[D]. 重庆：重庆大学, 2017.

[13] 宋炜. 基于 MATLAB 的无人机硬件在回路仿真技术研究[D]. 南京：南京航空航天大学, 2008.

[14] 杨丹. 基于 xPC Target 的伺服系统半实物仿真平台开发[D]. 哈尔滨：黑龙江大学, 2015.

[15] 宋剑. 航空发电机实时仿真系统的设计与研究[D]. 天津：中国民航大学, 2011.

[16] 吴汉. 面向卫星姿控系统的半物理实时仿真环境的研究[D]. 武汉：华中科技大学, 2009.

[17] 苗立冬. xPC 目标驱动程序开发中的关键问题研究[J]. 计算机工程, 2009, 35(19): 239-241.

[18] 陆献标. 基于 xPC 目标的实时仿真系统验证平台开发[D]. 长春：吉林大学, 2013.

[19] 苗立东. xPC 目标机的启动方法研究[J]. 计算机应用与软件, 2009, 26(6): 83-84.

[20] 江绍明, 毕效辉. 采用 U 盘制作 xPC 目标启动盘[J]. 自动化与仪表, 2008(6): 53-56.